전자공학의 구조와 흐름

– 전파공학을 중심으로 –

조 영 기 저

홍릉과학출판사

머리말

우리는 정보통신 시대에 살고 있다. 무선 단말기(휴대폰) 하나로 언제 어디서나 원하는 사람과 통신을 할 수 있는 유비쿼터스 통신 시대에 살고 있으며, 이러한 통신 서비스에 방송이나(휴대) 인터넷 서비스 등의 다양한 서비스가 융합되어 가고 있는 과정에 있다. 동시에 기술적으로는 단말기에 사용되는 소자들의 저전력화와 소형화를 목표로 발전되고 있다.

그러나 이러한 통신분야에서의 전자공학의 발전과 더불어 전공의 세분화가 가속화되면서 전자공학 내부의 인접 전공간의 단절은 물론, 물리학이나 화학과 같은 전자공학과 관련된 기초과학(basic science) 분야와의 장벽 또한 심화되어가고 있다. 이러한 경향의 부정적인 결과로 석·박사 과정 학생들의 지적 영역이 특수 전공 영역의 자폐적 수준에 머물러 있다는 비판적인 견해로부터 자유롭지 못하다. 또한 이러한 결과로 학제간의 보다 종합적인 연구 분야는 물론 기초과학 분야의 위축이 불가피하게 초래되고 있다고 볼 수 있다. 이와 동시에 최근의 IT를 중심으로 하는 전자전기 관련 기술 분야에서는 소자 및 단말기 내부 회로의 소형화와 저전력화 추세와 병행하여 다양한 서비스(통신, 방송 그리고 휴대 인터넷)를 하나의 단말기로 구현하려는 시대 흐름에 맞추어, 기존의 전자공학 관련 소자 기술이 분자 규모 수준에서 시도되어지고 있다. 이러한 결과로 유기 전자공학(organic electronics), 분자 전자공학(molecular electronics) 또는 스핀 전자공학(spin electronics)의 학문 분야들이 시도되어 발전되고 있다. 이렇게 소자 제조 기술이 분자 규모나 초분자 규모에서 시도되고 있다는 점에서 나노 전자공학(nanoelectronics)이라고 통칭되어 불려지는 시대로 진입하고 있는 상황이다.

지금까지 논의에 근거해서 최근의 전자공학 기술 분야에서 우리가 겪는 가장 현저한 두 가지 특징은 다음과 같이 요약될 수 있다.

첫째, 전자공학을 중심으로 한 IT분야의 발전과 더불어 전공의 세분화가 가속화되면서 인접 전공간의 단절은 물론 기초 과학과의 단절 또한 심화되고 있다. 따라서 앞으로 글로벌 무대에서 새로운 시장을 열어갈 종합적 연구능력이 상실되어가고 있는 지적 풍토로 전락해가고 있다는 점이다.

둘째, 전자공학 관련 기술들이, 필요한 소자들을 분자 수준에서 요구되는 성능을 낼 수 있는 정도까지 발전되어 가고 있으며 이러한 결과로 인하여 분자 전자공학과 같은 나노 전자공학 분야로 발전되어 가고 있다는 점으로 요약될 수 있다는 것이다.

따라서 점차로 학제간 연구(물리, 화학, 생물학과 전자공학)의 중요성이 부각되어가고 있는 상황이다.

앞에서 기술한 전공간의 장벽이나 인접 기초 과학과의 장벽을 극복하고, 소형화 및 저전력화와 다기능을 갖는 단말기 형태를 분자 레벨의 공학 기술로 구현하는 시대를 감당해내기 위해서는 "Device Physics Level로부터 System Level까지"의 개론이 필수적이며 이를 통하여 학제(學際)적인 시대에 요구되는 협력적 자세(cooperation)와 개방성(openness)을 얻을 수 있다고 생각된다. 따라서 본 연구에서는 전자공학 내의 세부 전공간의 장벽을 낮추고 이웃 전공이나 인접 기초 과학 분야에 가능한 한 의미 있게 접근할 수 있는 자세나 능력을 갖는 데 도움이 되도록 하는 "전자공학의 구조와 흐름"에 대한 개론을 전파공학을 중심으로 구성해보고자 한다. 즉 전자공학 관련 IT분야의 전공자들이 각 세부 전공의 편협성을 극복하고 이웃 전공이나 관련 기초과학에 보다 적극적으로 다가설 수 있는 데 도움이 되는 개론을 함께 생각해보고자 하는 것이다.

목차에서 볼 수 있듯이, 이 책은 현 시점에서 전자공학이 전공 내부에서 겪고 있는 전공간의 편협성이나 전공 외부와의 단절되어가는 상황을 다소나마 극복되는 방향으로 도움이 되도록 구성되었다.

그러나 아직은 구성면에서도 미흡하고 설명 방식에도 고쳐야 할 점이 엄청 많은 데다가 설명 분야별로 난이도의 변화가 심하게 느껴진다. 또한 마이크로프로세서와 같이 중요한 부분도 포함되지 못하고 있는 상황이다.

각 연구자들의 영역은 부분이다. 그러나 독자 여러분 각자의 부분적인 영역은 어떤 전체의 어떤 부분일까 하는 질문을 생각해야 한다. 본 글은 그런 물음에 대한 조그만 답변을 만들어 가는 데 도움이 되고자 하는 소망으로 시도되었다. 미흡하기 짝이 없는 느낌을 지울 수 없는 글이어서 문고본 정도의 부담 없는 분량으로 출간되어, 지금 상태로는 독자 여러분들이 잠시 휴식을 취하러 짧은 여행길에 오를 때 지니고 갈 수 있는 포켓 북(pocket book)의 형태이지만 언젠가는 우리 모두가 심적 부담을 느낄 수 있는 중요한 책으로 발전되어야 한다고 생각한다. 그것은 독자 여러분들의 몫이거나 필자의 부채일 수도 있다. 여기에서는 아주 작은 화두를 던지는 것으로 생각해주시길 바란다.

그리고 본 글을 작성하는 데 있어서 압축 분야는 경북대 전자전기컴퓨터학부의 윤병주 교수님께서, 변조 분야는 배건성 교수님께서, 메모리 분야는 정연배 교수님께서, 임베디드 시스템 분야는 강순주 교수님께서, 고집적 회로 분야는 이동호 교수님께서, 전도도 분야는 석정영 교수님께서, 그리고 이동통신 분야의 표준화 분야는 박준구 교수님께서 바쁜 시간을 내어 기꺼이 도와주셨는데 이에 대한 고마움을 표현하고 싶다.

차례

C·H·A·P·T·E·R 1

전기와 자기 및 전자기파의 역사 / 1

C·H·A·P·T·E·R 2

전자공학의 구조 / 23

2.1 검파 구조(detector structure)는 어떻게 발전되어왔나? ··· 25
2.2 검파기 구조의 발전과 증폭기의 출현 ··· 27
2.3 궤환회로의 출현 ··· 31
2.4 공진회로 구조(resonant structure)와 동조회로의 출현 ··· 32
2.5 비선형성(nonlinearities)의 응용 분야 ··· 34
2.6 다결합 공진 구조(many coupled oscillator structure) ··· 51
2.7 기억소자(Memory)의 개념 ··· 58
2.8 압축(companding)의 개념 ··· 67
2.9 변조의 개념 ··· 75
2.10 임베디드 시스템 개요 ··· 85
2.11 고집적 회로 전공의 현황과 전망 ··· 92

C·H·A·P·T·E·R 3

전자공학 분야의 중요 개념들 / 95

3.1 페이저양과 순시치와의 관계 ··· 97
3.2 임피던스 개념(Impedance Concept) ··· 99
3.3 Kirchhoff Current Laws(KCL)의 재음미 또는 증명 ··· 101
3.4 집중소자(Lumped element)와 분산소자(distributed element) 개념 ··· 109
3.5 옴의 법칙에서의 유동 속도와 전송선에서 신호 전송 속도 ··· 110
3.6 고집적 회로에서의 표류용량 ··· 113

C·H·A·P·T·E·R
4
전기전자공학 분야에서의 개념적 단자(Monad)로서의 저항(R), 커패시턴스(C) 그리고 인덕턴스(L) / 115

4.1 저항(Resistance)의 개념 ······ 117
4.2 정전 용량(capacitance)의 개념 ······ 131
4.3 코일(coil)의 개념 ······ 139

C·H·A·P·T·E·R
5
생명체에서의 전송선 개념 / 147

C·H·A·P·T·E·R
6
자연에서의 에너지 수신 시스템으로서의 광합성 / 157

6.1 광합성의 안테나 전자 전달 성질의 응용 ······ 161
6.2 덴드리머(dendrimer) ······ 162

C·H·A·P·T·E·R
7
반도체 분야의 기술 발전 동향 / 169

C·H·A·P·T·E·R
8
소형화의 한계와 가능성 / 181

8.1 소형화의 현재 발전 정도 ······ 184
8.2 새로운 나노 세계(The New Nanometer World) ·· 185
8.3 국부 탐침 방법(Local Probe Method) ······ 186
8.4 소형화 기술 이후(post-miniaturization) ······ 188

차례

C·H·A·P·T·E·R 9

나노 세계(분자 전자공학 또는 나노 전자공학)의 측정 방식 / 193

9.1 근접장 주사 광학 현미경 개념 ······ 195
9.2 주사 터널링 현미경의 개념 ······ 202
9.3 AF 마이크로스코프의 개념 ······ 206

C·H·A·P·T·E·R 10

전자공학의 흐름과 전망 / 211

C·H·A·P·T·E·R 11

분자 전자공학 즉 나노세계의 주요 화두로서 전도도란 무엇인가? / 217

11.1 고전적인 드루드 모델과 옴의 법칙 ······ 223
11.2 양자 역학에서의 전도도 ······ 226
11.3 양자 수송이론과 전도 현상 ······ 227
11.4 양자 수송이론으로부터 구한 결과로써의 전도도 234

C·H·A·P·T·E·R 12

분자 전자공학(Moletronics) 관련 개발 현황 / 239

C·H·A·P·T·E·R 13

분자 전자공학 소자 / 243

13.1 양자점(quantum dot) ······ 245
13.2 쿨롱 봉쇄와 단일 전자 트랜지스터 ······ 246

C·H·A·P·T·E·R 14 분자 전자공학 특강 구성의 일례 / 253

C·H·A·P·T·E·R 15 향후 전자공학 / 265

C·H·A·P·T·E·R 16 학문적 경향 / 271

C·H·A·P·T·E·R 17 이동통신 기술의 발전 동향 / 275

용어설명 278

맺음말(Concluding Remarks) 279

찾아보기 281

차례

01 전기와 자기 및 전자기파의 역사

전기(electricity, 電氣)와 자기(magnetism, 磁氣)가 우리 인류의 호기심을 끌기 시작한 것은 기원전 6세기 전후 고대 그리스 시대부터 시작된다. 이러한 전기와 자기 현상은 전연 별개의 현상으로 인식되어오다가 19C 중후 반 영국의 물리학자인 맥스웰(James Clerk Maxwell)에 의하여 전자기파(electromagnetic wave)의 존재가 이론적으로 예언되면서 두 현상의 통합적 이해 단계를 맞는다. 그리고 곧이어 헤르츠(Hertz)에 의해 전자기파(전자파)의 존재가 실험적으로 검증되고 마르코니(Marconi)에 의하여 무선통신시대를 열어가게 된다.

그 당시, 맥스웰은 스스로의 연구를 위하여 교수직을 떠나 스코틀랜드 자택으로 돌아가 은거 생활을 시작했다. 그리고 그곳에서 맥스웰 방정식을 만들고 그러한 방정식으로부터 얻은 파동방정식에서 전계 또는 자계(전자기파)의 파동이 거의 빛의 속도 $v = 1/\sqrt{\epsilon_0 \mu_0}\,(3\times 10^8 m/\mathrm{sec})$와 같은 속도로서 공간을 진행한다는 사실을 이론적으로 밝혔다. 1864년의 일이었다.

맥스웰이 그러한 이론적 결과에 도달하기 전의 지적 상황을 살펴보는 것도 흥미로울 것이다. 실제적으로 전기와 자기 현상이 상호 연관성(interconnection)을 가질 것이라는 추측이 맥스웰 이전에도 부단히 있어 왔다.

가장 흥미로운 결과는 독일의 베버(W. Weber(1804~1891))와 콜라우슈(R. Kohlraush (1809~1858))에 의하여 만들어졌다. 1856년 이 두 학자는 정지상태의 두 전하간에 작용하는 정전기력(electrostatic force)과 움직이는 두 전하체간에 작용하는 자기력(magnetic force)간의 비(ratio)를 조사하는 과정에서 광속에 해당되는 숫자(상수치)를 얻고 매우 당혹해 한 일이 있었다. 이에 대하여 좀더 상세히 논의해보자.

이미 독자들께서 잘 알고 있는 바와 같이 정지 상태의 두 전하 q_1과 q_2가 거리 d로써 떨어져 있을 때 서로 작용하는 힘 f는 쿨롱(Coulomb)의 법칙에 의하여

$$f = k_1 \frac{q_1 q_2}{d^2} \qquad \cdots\cdots (1)$$

로 주어진다. 또한 다음 그림 1.1에 주어진 바와 같은 실험적인 상황에서 두 도선(즉 전류가 흐르고 있는 길이가 L인 두 도선)간의 작용력은 앙페르 법칙으로부터

$$f = k_2 \frac{i_1 i_2}{d} \cdot L \qquad \cdots\cdots (2)$$

로 주어진다.

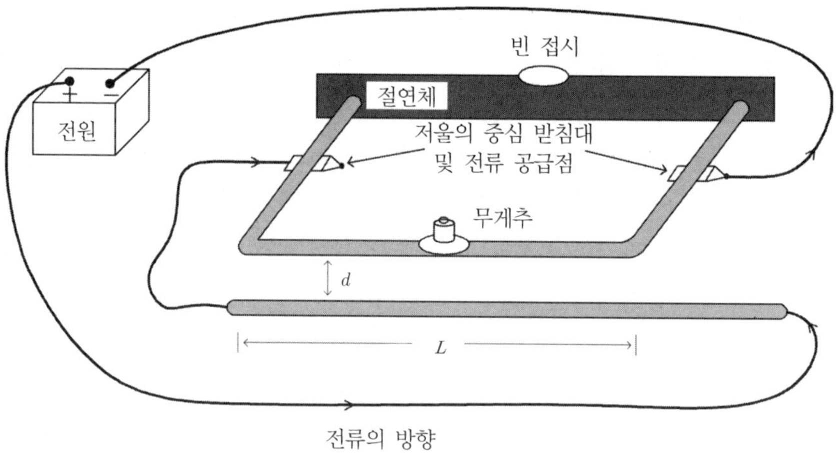

[그림 1.1] 전류가 흐르는 도선 사이에서 작용하는 힘을 측정하기 위한 "전류 천칭(天秤)"

[그림 1.1]에서는 전류가 반대방향이므로 아래에 위치하고 있는 도선이 고정되었다고 가정하고 위에 위치한 도선이 자유롭게 움직일 수 있는 상황이라고 가정하면, 서로 척력을 미치므로 위에 위치한 도선이 위로 향하는 힘을 받으므로 그림과 같이 무게추를 놓아 평행을 이루게 하고 있다. 이러한 전류가 흐르는 도선은 자석(magnet)에 힘을 미치기 때문에 자기력(magnetic force)이라고 불리운다.

여기에서 잠시 원형 막대자석에 대하여 살펴보자. 아래 [그림 1.2]에서와 같이, 막대자석(bar magnet: [그림 1.2]의 오른쪽 상단 그림)을 얇게 나누어도, 나누어진 얇은 조각([그림 1.2]의 왼쪽 상단 그림)도 역시 자석으로 작용한다는 사실은 잘 알려져 있다.

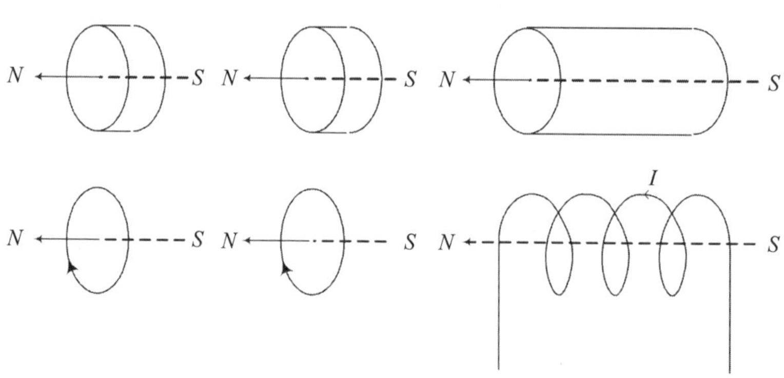

[그림 1.2] 단면이 원형인 얇은 자석은 환형 전류와 동일한 자장을 주기 때문에 오른쪽 그림에서와 같이 원형 막대자석은 코일과 동일한 효과를 준다.

또한 각각의 얇은 조각 형태의 자석은, [그림 1.2]의 왼쪽 하단부에 도시되어 있는 원형 고리 전류(loop current)가 만들어주는 자장의 모습을 살펴본다면, 얇은 원판 조각 형태의 자석과 원형 고리 전류가 동일한 효과를 준다는 것을 알 수 있다. 또한 이러한 몇 개의 원형 고리 전류를 연결하여 [그림 1.2]의 오른쪽 아래 그림과 같이 코일을 만들면 전자석(artificial magnet)이 되는 것도 잘 알려진 사실이다. [그림 1.2]의 왼쪽 하단 그림에서의 두 개의 원형 고리 전류는 서로 인력을 작용하는데, 다음 [그림 1.3]과 같이 반경이 매우 큰 두 개의 원형 고리 전류를 가정하고 두 원형 고리를 각각 자석으로 보았을 때 서로 인력이 작용하므로, 각 도선에 흐르고 있는 전류를 구성하고 있는 전하체, 즉 예를 들어 하나의 전하체(편의상 + 전하를 선택하여)를 생각해보면, 전류가 흐르는 도선 대신에 [그림 1.3]의 오른쪽 그림과 같이 운동중인 전하체의 경우에 두 전하체 사이에 작용하는 작용력 f_m은

$$f_m = k_2 \frac{q_1 v_1 q_2 v_2}{d^2} \qquad \cdots\cdots (3)$$

가 된다. 여기에서 전류 i에 대한 정의(point definition)를 사용하면

$$i \equiv \frac{\Delta q}{\Delta t} \qquad \cdots\cdots (4)$$

로 주어지고, 전하 Δq가 Δt시간 동안 ΔL의 거리를 이동한다고 가정하면 속도 v는

$$v \equiv \frac{\Delta L}{\Delta t} \qquad \cdots\cdots (5)$$

이므로

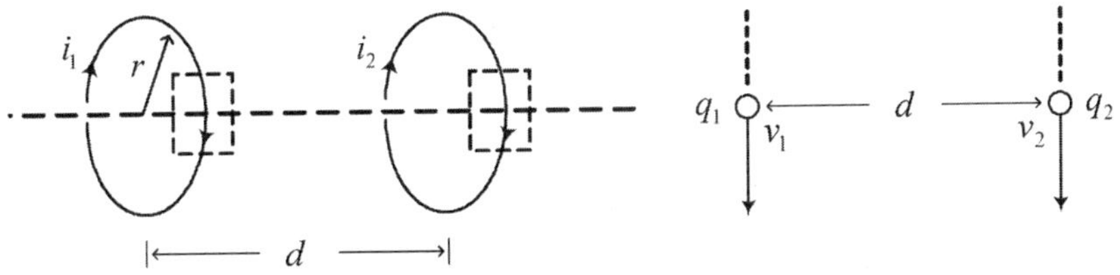

[그림 1.3] 두 개의 환형 전류는 서로 인력을 작용하는데, 왼쪽에서 점선으로 네모를 친 부분에서의 전하체의 운동을 오른쪽에 나타내었다.

$$i \equiv \frac{\Delta q}{\Delta L/v} = \frac{\Delta q}{\Delta L} v \qquad \cdots\cdots (6)$$

가 된다. 따라서,

$$(\Delta q) v = i \Delta L \qquad \cdots\cdots (7)$$

이 되므로, 식(3)에서 단일 전하체의 전하량 q를, 유한한 개수의 전하체들로 구성된 전하 패킷의 전하량으로 대체하게 되면, 운동중인 두 패킷 전하체간의 작용력 f_m은

$$f_m = k_2 \frac{i_1 (\Delta L_1)\, i_2 (\Delta L_2)}{d^2} \qquad \cdots\cdots (8)$$

이 된다. 여기에서 식(8)과 식(2)의 분모에 있는 d^2과 d가 다른 것은 식(8)에서 적분 과정을 거치고 난 후 식(2)를 얻게 되기 때문이다. 즉, 식(8)은 미세 전류소($I\Delta l$) 내에 포함되어 있는 속도 v로 운동중인 전하체, 즉 전하 패킷(charge packet)간의 작용력을 의미하므로, 길이가 L인 도선에 흐르는 전류간의 힘을 나타내는 식(2)를 구하기 위하여 적분 과정을 거쳐야 하기 때문에 표현의 차이가 있는 것이다.

지금까지 살펴본, 정지한 두 전하간의 작용력에 관한 전기 현상과, 평행한 방향으로 운동중인 두 전하체간의 작용력에 관한 자기 현상간의 어떤 밀접한 상호 연관성이 있지는 않을까 하는 문제는 많은 학자들의 관심을 끌어왔는데 베버와 콜라우슈가 대표적인 학자들이었다. 식(3)과 식(8)은 운동중인 두 전하체, 즉 전하 패킷(charge packet)간에 작용하는 힘에 대한 동일한 표현식인데, 적분 과정을 거쳐서 식(2)을 얻는 과정에서는 식(8)이 편리한 반면에, 정지상태의 두 전하체간에 작용하는 정전기력에 대한 표현식(1)과 비교해 볼 때, 식(3)이 훨씬 유사한 형태임을 알 수 있다.

베버와 콜라우슈는 식(1)과 식(3)으로부터

$$\frac{f_m}{f_{es}} = \frac{k_2}{k_1} v_1 v_2 \qquad \cdots\cdots (9)$$

로써 주어지는 표현식을 얻고 이 식에 근거하여 실험적인 연구를 거듭하게 된다.

여기에서 f_m은 운동중인 두 전하체 패킷간에 작용하는 힘으로 식(3)으로 주어진 작용력을 의미하며, 식(1)로 표현되는 정지상태의 두 전하간의 작용력과 비교하기 위하여 자기력(magnetic force)과 정전기력(electrostatic force)으로서 구별하고자 아래

첨자 m과 es를 붙인 것이다.

식(1)과 식(3)에서 볼 수 있는 정전기력과 자기력에 대한 역자 승의 법칙(inverse square law)은 이미 19세기 전반부에 널리 알려진 사실이었으며, 그 비례상수인 k_1과 k_2의 정확한 값을 구하는 데 많은 연구가 진행되어오고 있던 상황이었다. 1856년, 베버와 콜라우슈는 $\frac{k_2}{k_1}$의 값으로, $1/(3\times10^8)^2$를 얻었다.

그리고 앞의 식(9)를 $\left(\frac{k_1}{k_2}\right)f_m=(v_1v_2)f_{es}$로서 변형하고 양변의 차원(dimension)을 $\left(\frac{k_1}{k_2}\text{의 단위}\right)\times(Newtons)=\left(\frac{m}{\sec}\right)^2\times(Newtons)$로 정리한 후, $\sqrt{k_1/k_2}$의 차원이 속도의 차원[m/sec]과 같기 때문에 $\sqrt{\frac{k_1}{k_2}}=3\times10^8[m/\sec]$가 되어 빛의 속도와 동일하게 주어짐을 인지하였다.

이러한 내용은 당시에 엄청난 관심을 끌었다. 즉 이러한 결과가 우연의 일치(coincidence)인지, 아니면 앞에서 다룬 전기 및 자기 현상과 빛이 어떤 근본적인 관계에 있는 것인지에 대한 논의들이 활발하게 전개되었다. 이 뿐만 아니라, 그 당시 많은 과학자들이 측정하고 있었던 광속의 정확도도 0.1% 이내의 정확도를 지닌 수준에 이르고 있었다. 광속에 대한 측정은 1675년 뢰메르(1644~1710)에 의하여 시작되었는데 맥스웰이 전기자기학에 관한 연구를 하고 있을 당시에는 피조(M. Fizeau)에 의한 실험 결과로서 매우 정확한 측정치가 알려져 있는 상황이었다.

맥스웰은 이미 자신이 만든 방정식으로부터 얻은 파동방정식의 해가, 공간을 $v=1/\sqrt{\epsilon_0\mu_0}$의 속도로 진행(또는 전파)하는 전계 성분과 자계 성분을 동시에 지니며, 이러한 전계와 자계 성분이 파의 진행 방향과 수직인 횡단면에만 존재하는 그 어떤 파동이라는 것을 인식하고 있었다. 맥스웰이 이미 구한 속도에 대한 표현식 $v=1/\sqrt{\epsilon_0\mu_0}$에 ϵ_0와 μ_0와 값을 대입하여 본 결과, 베버와 콜라우슈가 구한 값(3×10^8m/sec)과 이미 피조에 의하여 얻어진 광속의 측정치와 같다는 것을 확인하면서 얼마나 놀랐겠는지를 생각해보라.

전혀 별개로 인식되어왔던 전기 현상과 자기 현상이 이론적으로 통합되면서 얻어진 파(또는 파동)로써 공간을 빛의 속도로 진행한다는 사실을 이론적으로 확인한 상황에서 "전자기파(electromagnetic wave)"라는 명칭이 부여되고 "빛은 전자기파의 한 형태(주파수 대역만 다른)"라는 예언이 나온 것이다. 이러한 예언에 대한 실험적 검증은 헤르츠(Hertz)에 의해 이루어지고, 곧이어 마르코니(Marconi)에 의해 무선통신 시대로 접어들게 되었다.

다시 기원전 6세기로 돌아가보자. 마찰에 의하여 대전된 호박(amber)이 작은 지푸라기 조각이나 깃털 등을 끌어당긴다는 현상이나 천연 자석인 자철석간에 작용하는 힘에 대한 인식이 시작된 시대가 바로 기원전 6세기였다. 특히 고대 그리스 지역 이오니아(Ionia) 지방의 자연 철학자인 탈레스(Thales)의 관찰에서 비롯되었다고 많이 알려져 있다. 무엇보다도 특기할 만한 것은 탈레스가 호박이 근처의 작은 지푸라기 조각이나 깃털 등을 끌어당기는 힘을 작용하기 위하여는, 호박을 반드시 천과 같은 다른 물체와 마찰을 해줘야 하는 반면에, 자철석간의 작용력은 그러한 마찰 과정을 필요로 하지 않는다는 사실을 알고 있었다는 것이다. 그리고 대략 2000년이라는 세월이 지나도록 전기(마찰전기)와 자기 현상에 대한 별다른 발전은 이루어지지 않았다. 16세기 초에 가서야, 영국 여왕 엘리자베스(Elizabeth) I세의 시의였던 길버트(William Gilbert)에 의하여 부분적인 발전의 시기를 맞는다. 길버트는 호박 외에도 유황(Sulphur)이나 유리(Glass) 또는 왁스 같은 물질도 마찰하게 되면 다른 작은 물체들을 끌어당긴다는 사실을 관찰했었고, 또한 지구가 하나의 큰 자석임을 이해하였으며, 이러한 관찰들을 1600년에 "De Magnete"라는 책에 수록하여 발표하였다.

17세기 중반에 독일, 마그데부르크(Magdeburg)의 시장이었으며 진공 실험으로 황제 페르디난드 III세와 구경꾼들을 놀라게 했던 게리케(Von Guericke)에 대한 언급을 하지 않을 수 없다. 그때 당시 유럽사회에서는 고대 그리스의 아리스토텔레스의 지적 영향력이 맹신에 가까운 정도였었고, 따라서 아리스토텔레스의 자연에 진공은 있을 수 없다는 주장이 "자연은 진공을 싫어한다(Nature abhors a vacuum)"로써 전해내려오고 있는 상황이었다. 이러한 상황에서 게리케에 의하여, 내부가 진공 상태로 만들어진 두 반구로 짜여진 구를 분리하기 위하여 말 16마리가 동원되어(한쪽 반구에 각 8마리의 말이 연결된 상태로) 겨우 분리할 수 있었던 상황이 재연되었을 때, 수많은 구경꾼들과 황제 페르디난드 III세는 얼마나 놀랐겠는가? 진공에 대한 아리스토텔레스 이래의 상식이 깨지게 되었다.

무엇보다도 게리케의 업적은 마찰 전기를 보다 효율적으로 얻기 위하여 농구공만한 유황구를 만들어 유황구에 관통시켜 고정한 축의 한쪽 끝을 운전대와 같은 핸들에 연결하여, 핸들을 회전하여 유황구와 바닥과의 마찰에 의하여 많은 양의 정전기를 효과적으로 얻는 장치를 고안하고, 여기에서 더 나아가 충전된 유황구에 기다란 형체의 도체 스트립을 접촉한 후 분리했을 때에 그러한 도체 스트립도 충전되어 종이 조각이나 깃털 또는 작은 나무 조각 등을 끌어당긴다는 사실을 관찰했다는 사실에 있다. 이는 전기적 효험이라고 하는 것이 물질(여기에서는 도체 스트립)을 따라 이동한다는 중요한 발견에 해당된다.

여기에서 전기적인 효험이 이동한다는 표현의 내용에 대하여 무언가 유체와 같은 것이 흐른다는 개념이 형성되었고 이러한 개념을 놓고 일 유체설과 이 유체설로 대립하게 되었다. 특히 프랑스의 식물학자였던 샤를 듀페이(Charles DuFay)는 전기(electricity)라는 것이 두 가지 종류, 즉 두 가지 유체로 되어 있다고 보고하였다. 그가 어떻게 하여 이러한 결론에 도달하였는지 알아보자.

먼저 그는 유리막대와 명주천을 마찰하여 두 물질을 대전하고 난 후, 가볍고 동시에 마찰전기를 잘 얻을 수 있는 스티로폼(Styrofoam)과 같은 물질을 두 개의 조그만 구(sphere)의 형태로 만들어 [그림 1.4]에서와 같이, 가까운 간격을 유지하여 설치하였다. 먼저 한 스티로폼 구를 대전된 유리막대 구로 접촉하여 유리막대 구의 전기를 얻도록 하고 나머지 하나의 스티로폼 구는 대전된 명주천에 접촉하여 실험한 결과 [그림 1.4(b)]와 같이 서로 당기는 힘이 작용함을 확인하였다. 그리고 두 개의 스티로폼 구를 유리막대 또는 명주천으로만 접촉시킨 경우에는 [그림 1.4(c)]와 같이 서로 밀치는 힘이 작용하게 됨을 관찰하였다.

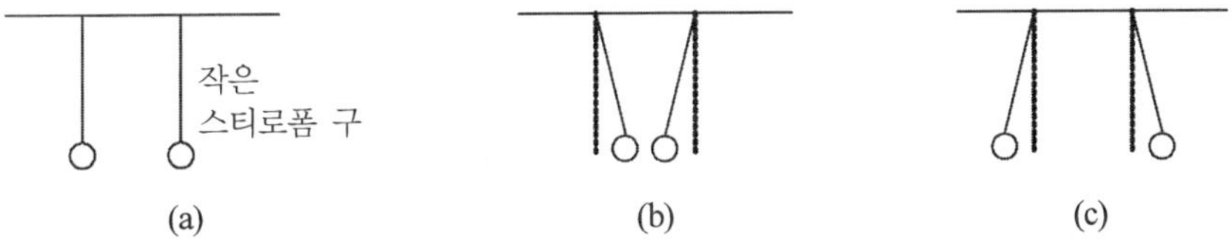

[그림 1.4] 듀페이의 실험

이러한 듀페이의 실험 결과를 정리해보면 다음과 같다.

(a) 스티로폼 구를 대전된 유리막대나 명주천에 접촉시키지 않은 경우에 두 스티로폼 구 사이에는 어떠한 작용력이 없다[그림 1.4(a)].

(b) 한 스티로폼 구를 대전된 유리막대에, 다른 스티로폼 구를 대전된 명주천에 각각 접촉시킨 후, 두 스티로폼 구는 서로 당기는 힘을 작용한다[그림 1.4(b)].

(c) 두 스티로폼 구를 대전된 유리막대나 또는 명주천만으로 접촉시킨 후, 두 스티로폼 구는 서로 밀치는 힘이 작용한다[그림 1.4(c)].

이러한 관찰에 입각하여 듀페이는 1733년에, 전기 유체는 마찰에 의하여 두 종류로 나눠진다고 추측하였다.

그의 표현에 따르면, 유리막대와 같은 물체는 점액질(vitreous)의 전기 유체로, 명주천이나 호박 같은 물체는 송진성(resinous)의 전기 유체로 대전된다고 했다.

1747년 미국의 벤자민 프랭크린(Benjamin Franklin)은 보다 현재의 지식에 가까운 설명 방식을 제안했다. 즉 마찰 과정 중에 어떤 단일의 전기 유체가 마찰중인 두 물체간에 흘러서 이동하게 되고 그 유체를 얻는 물체가 +전하로 대전되고, 그러한 유체를 잃는 쪽이 −전하로 대전된다는 설명 방식을 제안하였다(프랭크린의 경우 +대전은 듀페이의 경우 점액질의 전기 유체에 해당된다).

프랭크린이 이러한 결론에 다다르게 되는 과정에 대하여 살펴보자. 프랭크린은 일유체이론(one-fluid theory)을 한 단계 더 높은 단계로 발전시켰다. 그는 한 실험에서 왁스(전하의 손실을 막기 위한 절연체로서)로 된 스탠드 위에 A, B 두 사람을 서 있게 한 다음, 유리막대와 명주천을 마찰시킨 후, A에게는 유리막대를, B에게는 명주천에 대전된 전하를 주었다. 그리고 나서 A의 손가락 끝과 제 3자인 C의 손가락을 가까이 하자 스파크가 튀는 것을 관찰했다. B의 경우에도 마찬가지 결과를 관찰했다. 또한 A와 B의 손가락 끝을 먼저 접촉한 후에 A 또는 B의 손가락 끝을 C의 손가락 끝에 가깝게 위치하게 했을 때 그러한 스파크가 튀지 않음을 확인했다. 프랭크린은 이러한 관찰을 통하여 A와 B에 얻어진 전기 유체량이 크기는 같고 부호가 반대일 것이라는 결론에 도달하였다. 이는, 마찰에 의하여 유리막대에서 얻은 전기 유체(+전하)는 명주천에서 잃은 전기 유체(−전하)와 양적으로 같다는 것을 의미한다. 이것은 참으로 의미심장한 인식이었다. 전하는 생성되거나 파괴되지 않는다. 다만 한 물체에서 다른 물체로 이전할 뿐이다. 다른 과학적 인식에 다가선 것이었다. 우리는 지금 이러한 물리적인 사실을 전하의 보존(conservation of charge)이라 부른다.

17세기와 18세기에 전하체(즉, 두 물체의 마찰 시 두 물체간에 이동한다고 생각되어지는 전기유체)와 물체를 구성하는 일반물질(ordinary matter)이 물체 내부에서 연속적으로 분포 되어 있는것으로 생각되어왔다. 그러나 19세기에 걸쳐 원소들간의 화학결합에 적용되는 간단한 법칙들에 의하여 물질들이 원자로 구성되어 있다는 개념이 보다 유력하게 되었다. 또한 이러한 화학적인 지식들로부터, 분자들이 어떤 기본적인 전하량의 정수배에 해당되는 전하량을 지니는 이온들로서 분해될 수 있다는 개념에까지 이르게 되었다. 계속된 실험에 의하여 이러한 개념의 타당성이 검증되어가면서 전하는 이산적인 값을 갖는 형태로서 양자화되어 있는 것으로 귀결되었는데, 1909년 밀리컨(R. A. Millikan)에 의하여 전하의 양자화된 값(즉, 전자의 전하량)이 대략 $e = 1.602 \times 10^{-19} C$로 밝혀진다.

전자공학 분야에서 매우 중요한 신호의 전송개념은 1729년 영국의 스테판 그레이(Stephen Gray)에 의해 이루어졌다고 볼 수 있다. 당시 63세의 가난한 늙은이였던 그는 습기를 먹은 기다란 실(moist packthread)의 한쪽 끝에 대전된 유리막대를 접촉시켰을 때, 실의 다른 한쪽 끝의 근처에 있는 작고 가벼운 깃털이 실의 끝부분으로 달라붙게 되는 현상을 관찰하였다. 이는 바로 정전기의 전송(electrostatic transmission)에 해당된다. 이러한 현상에 포함되어 있는 물리적인 내용에 대하여 살펴보자.

이는 [그림 1.5]에 도시된 바와 같이 대전된 유리막대를 습기가 있는 실에 접촉하게 되면 유리막대에 있었던 대전된 전하의 일부가 습기를 포함한 실을 따라 이동하여, 실의 오른쪽 끝에 있는 가벼운 깃털이 실에 달라붙게 되는 것이다. 이러한 실험 과정을 통하여 정전 전송(electrostatic transmission: 전하가 습기 찬 실을 통하여 이동한다는 사실)이 이루어진다는 사실이 인식되었다.

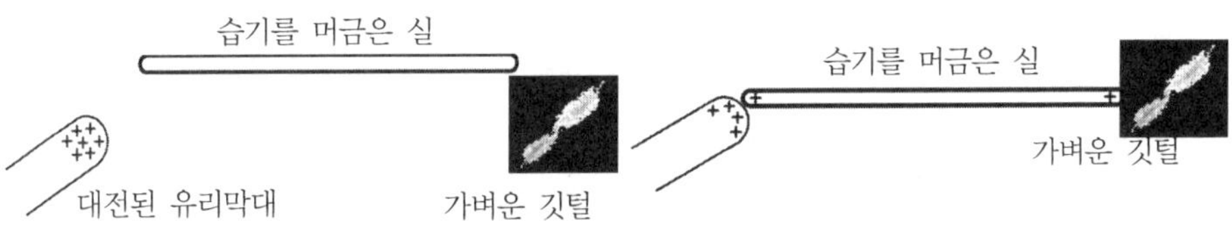

(a) 대전된 유리막대를 습기를 머금은 실에 접촉하지 않으면 깃털은 움직이지 않는다 (b) 대전된 유리막대를 습기를 머금은 실에 접촉하면 깃털이 실에 달라 붙는다

[그림 1.5] 스테판 그레이의 전기 전송 실험

특히 그러한 정전 전송 현상을 실현하기 위하여 습기를 머금은 실을 지지하기 위한 목적으로, 다음 [그림 1.6]과 같은 철사줄을 사용하여 천정에 고정하게 되면 실의 한쪽 끝의 근처에 있는 가벼운 깃털이 움직이지 않는데 반하여, 명주실을 이용하여 천정에 고정하게 되면 깃털이 실의 한쪽 끝으로 달라붙게 된다는 사실을 관찰하게 되었다.

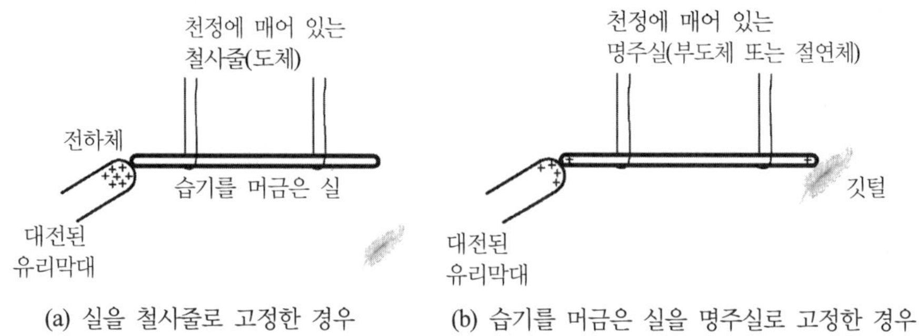

[그림 1.6] 습기를 머금은 실을 천정에 고정하기 위하여 [그림 1.6(a)]와 같이 철사줄을 사용하면 전하체들이 천정으로 흘러나가게 되지만, 명주실을 사용하면 전하체들이 실의 끝부분까지 이동하게 되어 [그림 1.6(b)]에서와 같이 오른쪽에 있는 깃털을 잡아당기게 된다.

[그림 1.6(a)]와 같이 철사줄로 고정한 경우, 대전된 유리막대 전하가 습기를 머금은 실을 따라 이동하다가 천정에 연결 고정된 철사줄로 빠져나가 천정을 통하여 대지(ground)로 흘러나가게 되는데, 이에 반하여 [그림 1.6(b)]의 경우, 명주실이 부도체이므로 대전된 유리막대의 전하(일부)가 천정으로 빠져나가지 않고 습기를 머금은 실의 끝 쪽으로 이동하게 되어 깃털이 달라붙게 되는 것이다. 이러한 실험을 통하여 철사줄과 같은 도체(conductor)와 건조한 명주실과 같은 절연체(insulator)로 구분해야 할 물리적인 필요성을 이해하게 되었다.

여하튼 그레이의 실험은 정전 전송(electrostatic transmission) 즉, 전하가 습기를 머금은 실(요즈음 지식으로는 전도도가 비교적 큰 물질에 해당되는)을 통하여 이동된다는 사실을 밝혀준 것으로 유선통신의 시초라고 볼 수 있겠다. 그레이의 실험이 있은 후 24년이 지난 1753년 2월 17일 에덴버러의 스코츠 매거진(Scots Magazine)이라는 잡지에 흥미로운 통신 방식이 제안되었다. 앞서 논의한 정전 전송 실험에서 습기를 머금은 실(요즈음 개념으로 도체에 해당되는)의 역할을 하는 도체선 26가닥을 서로 절연한 채로, 상당한 거리에 걸쳐 설치하고 26가닥에 알파벳 글자 26개를 할당하여 멀리 떨어진 곳의 도체선 끝부분의 근처에 가벼운 깃털이나 종이조각을 놓고 송신단 쪽에서 대전된 물체를 26가닥 중 한 가닥에 접촉시키면 그 가닥을 통하여 멀리 떨어진 수신단으로 전하가 이동하여 그 근처에 놓여 있는 깃털이나 종이조각이 수신단의 도체선으로 달라붙게 된다.

생각해보라. 송신단에서 대전된 물체를 송신단의 한 끝에 순차적으로 접촉시키면 수신단에서 이미 각 도선에 할당된 알파벳을 알고 있으므로 수신단의 도체선 끝부분으로 순차적으로 끌려가는 깃털이나 종이 조각을 보고 정보를 받을 수 있는 것이다. 1770년에서 1830년까지 이러한 정전 전송(electrostatic transmission) 방식이 수 마일의 거리에 이르는 규모로서 여러 곳에서 사용되었다. 그러나 본격적인 실용화나 상업적 단계에는 미치지 못하였다. 하지만 이러한 초기 형태의 통신 방식이 전송선 개념(transmission-line concept)을 확고히 세워주었다는 역사적인 의미를 지닌다는 점을 인정해야 할 것이다.

전기가 필요할 때마다 마찰전기를 일으켜야 하는 번거로움을 덜기 위한 목적으로, 1744년 폴란드의 라이덴 대학(University of Leyden)에서 라이덴 축전기(Lyden jar)가 만들어졌고 마찰에 의하여 얻어지는 전하들은 이 라이덴 축전기에 저장되어 필요할 때, 그 축전기에 저장되었던 전하(당시에는 전기 유체)를 꺼내어 쓸 수 있다는 점에서 큰 인기를 끌었다.

그러한 큰 인기 때문에 각 실험실이나 연구실에 필수품이 되었으며 동시에 많은 사람들에게는 호기심의 대상이었다. 라이덴 축전기 양단에서(양단 사이의 전압이 강할 때) 관찰되는 희미한 불꽃 방전(dazzling spark)은 많은 사람들의 관심을 모으기에 충분했으며, 그러한 라이덴 축전기의 양단에 손을 대었을 때, 느껴지는 전기적인 충격 또한 중대한 관심의 대상이 되었다. 이렇듯이 라이덴 축전기는 어떤 이에게는 장난감으로, 또 다른 사람들에게는 호기심이 대상으로 다가왔는데 일부 과학자들에게는 계속 연구하여 위대한 발견으로 갈 수 있다는 기대와 함께 중요한 학문적 주제로 받아들여졌다. 미국의 벤자민 프랭크린이 대표적인 예에 속한다. 그는 라이덴 축전기의 양단에서 관찰되는 희미한 불꽃 방전이 본질적으로 구름의 축전된 전하가 방전되어 일으키는 번개(lightening)와 동일한 것으로 생각하고 이를 그의 유명한 연(kite)을 이용한 실험을 통하여 증명하였다.

라이덴 축전기는 전하를 축척해두는 장치로서 인기를 끌었지만 축전된 전하가 방전되면 더 이상 전류를 흘려줄 수 없다는 본질적인 결함이 있었다. 1800년에 이러한 단점을 극복할 수 있는 구조가, 즉 일정한 전류를 흐르게 할 수 있는 배터리 구조가 발표되었다. 동물 전기(animal electricity)를 주장했던 갈바니(Galvani)와 논쟁을 벌여왔던, (만 네 살이 되도록 말문을 열지 않아서 부모 속을 끓였던) 알렉산드로 볼타(Alessandro Volta)가 구리(+극)와 아연(−극)을 전해질 용액(electrolyte)에 담근 구조를 이용하여, 방전만 되면 더 이상의 전류를 흘릴 수 없는 라이덴 전지와는 달리, 일정한 전류를 흘릴 수 있는 전원(source: battery)을 만드는 방법을 제시하였다. 이러한 전원의 발명에 힘입어 1820년 덴마크의 젊은 교수였던 외르스테드(Oersted)는 전류가 흐르는 도선 아래에 위치한 나침반의 바늘(자석의 일종)이 전류의 방향에 수직인 방향으로 회전한다는 사실을 발견하게 된다. 이 실험의 의미는 전류가 자석(나침반의 바늘)을 움직이게 할 수 있다는 전류의 자기적 효과(magnetic effect)를 천명한 것이다. 이 실험으로 인하여 두 가지 분야가 극적으로 발전하게 된다. 하나는 앙페르와 페러데이에 의한 전기자기학의 이론적인 발전이요, 또 다른 분야는 유선통신 분야의 기술적인 발전을 촉발한 것이다. 먼저 프랑스의 앙페르는 자석(나침반의 바늘과 같은)이 원형(또는 환형) 전류와 같은 자기장을 만들어 준다는 사실을 밝혀내고, 전류가 흐르는 두 환형도선간에 작용하는 힘에 대한 표현식을 얻었다. 이어서 페러데이(Faraday)는 전류(전하의 흐름)가 자석(나침반의 바늘)에 작용력을 작용한다는 외르스테드의 실험으로부터, 역으로 자석 또한 전류를 흐르게끔 할 수 있을 것이라는 생각에 입각해서 환형 코일 근처에 자석과 동일한 효과를 줄 수 있는 환형 전류를 놓고 환형 코일에 전류가 흐를 수 있는지를 조사했다. 결국 오랜 실험 끝에 자석의 역할을 하는 환형 전류가 연결되는 순간이나 끊어지는 순간에만 환형 코일에 전류가 흐르게 된다는 사실을 밝혀내게 된다.

이것이 바로 그 유명한 페러데이의 전자기 유도법칙이다. 외르스테드의 실험, 앙페르와 페러데이의 연구를 통하여, 그 동안 분리된 것으로 인식되어왔던 전기 현상과 자기 현상이 서로 관련되어 있다는 분명한 인식을 하게 된다. 페러데이의 연구결과, 즉 자속의 시간적 변화가 전계(환형 전류를 흐르게 하는 기전력에 해당되는)를 준다는 사실로부터 훗날 맥스웰(J. C. Maxwell)은, 자연계에 관한 그의 대칭적인 자연관에 입각하여 전계의 변화 또한 자계를 줄 수 있을 것이란 생각을 하게 된다. 이러한 결과로 그는 전계와 자계가 파의 진행 방향에 수직인 횡단면(transverse plan) 상에서 서로 수직인 채로, 파의 진행 방향으로 광속(빛의 속도)으로 전파(propagation)한다는 사실을 밝혔으며, 이를 근거로 하여 빛이라는 것이 전자기파의 일종이라는 사실을 예견하게 된다. 인류의 역사를 통하여 분리된 것으로 간주되어왔던 전기 현상과 자기 현상이 전자기파라는 파동 현상으로 통합되면서, 동시에 빛이라고 하는 현상 또한 전자기파의 파동 현상으로 통합되어 인식되는 소중한 발전 단계에 이른 것이다. 뒤이어 헤르츠(Heinrich Hertz)에 의하여 전자기파의 존재가 실험적으로 증명되고 계속해서 마르코니(Marconi)에 의하여 전자기파(또는 전파)의 실용화 단계, 즉 무선통신의 실용화 단계에 들어서게 된다.

또 다른 한 가지 발전 분야는 이미 전술한 바와 같이 유선통신 분야를 들 수 있다. 즉 전류가 흐르는 도선 근처에 나침반의 바늘이나 이와 동등하게 전류의 자기적 효과를 예민하게 감지해 낼 수 있는 수신 장치를 만들 수가 있었다. 외르스테드의 실험결과, 즉 전류의 자기적 효과가 밝혀지고 난 직후, 가우스 정리로 유명한 가우스(Gauss)나 코일의 단위로 유명한 헨리(Henry)의 연구를 거쳐 영국에서는 1839년, 위트스톤(Wheatstone)과 쿡(Cook)에 의하여 미국에서는 1844년, 모르스(Morse)에 의하여 유선통신의 첫 역사로서 전신(telegraph)이 상용화된다. 미국이나 영국의 경우, 신호를 보내는 선로로써, 절연된 도선을 지하에 매설하여 사용하려고 시도했었으나, 결과가 만족스럽지 않다는 사실을 알고 즉시 전봇대나 나무에 전선을 걸쳐서 사용하는 구조가 채택되었다. 이 결과 1850년대까지는 유럽과 미국에 수천 마일에 해당되는(조잡한 형태이지만) 전신용 전송선(telegraph transmission line)이 가설되어 사용되었다. 그러나 그 당시의 설계 방식은 모두 경험적이었고, 어떠한 측정장치도 없었으며 심지어 전신용 설비 엔지니어들조차 옴의 법칙 정도에도 친숙하지 못했던 그런 상황이었다.

육지에서의 전신 전송선이 계속해서 증설되면서, 강이나 호수와 같이 수중에서의 전신 전송선(케이블)을 가설해야 할 필요성도 동시에 대두되었다. 그 당시 적절한 절연 물질이 마땅치 못한 상황이었지만 그래도 1851년 영국해협(English channel)에 약 40마일에 해당되는 해저 케이블이 성공적으로 가설되었고 그 후 20~30년 동안에 걸쳐 대략 300마일 정도의 길이에 해당되는 해저 케이블이 유럽의 여러 곳에 가설되었다. 이러한 긴 길이의 해저 케이블을 통한 전신 통신의 수신과정에서, 전송된 펄스파가 원래 구형파의 모습에서 많이 일그러지는 등의 신호 왜곡(signal distortion)과 같은, 그 이전에는 몰랐던 전송 현상(transmission phenomena)을 경험하게 된다.

당시 그러한 통신사업에 관련된 사업가들은 당연히 유럽과 미국 사이의 해저 케이블 통신에 지대한 관심을 갖고 있었는데, 엄청난 해저 케이블 가설비용이 부담스러운데다가, 송신신호가 대서양 횡단과 같은 먼 거리에 걸친 해저 케이블을 지나고도 수신단에서 식별 가능한 신호를 수신할 수 있는지에 대한 확신을 가질 수가 없었던 상황이었기 때문에 투자를 망설이고 있었다. 그러한 상황에서 에딘버러 대학의 자연철학(natural philosophy) 분야 교수인 윌리엄 톰슨(William Thomson)에게 자문을 구하게 되는데 이야말로 산학 프로젝트의 첫 번째의 바람직한 예가 될 것이다. 훗날 캘빈경(Lord Kelvin)의 작위를 받은 톰슨은 1855년, 해저 케이블용 균일 전송선(uniform transmission line)의 해석을 위하여 분포회로 해석(distributed circuit analysis) 방법을 시도하게 된다. 이는 분포회로 개념을 처음으로 사용한 예가 되는데 톰슨은 해저 케이블을 케이블의 진행 방향으로 단위 길이당 직렬 저항성분과 병렬 커패시턴스 성분으로 나타내어, 그 결과로서 얻은 파동방정식이 확산 방정식(diffusion equation)과 동일한 표현식이 됨을 확인한다. 곧 이어 그는 케이블에서의 신호 전송에 대한 충분한 연구를 거친 후에 전술한 등가회로적 표현에 단위 길이당 직렬 인덕턴스와, 마주보는 두 도체간의 절연의 불안전성으로 인한 누설전류(leakage)를 나타내는 단위 길이당 병렬 컨덕턴스가 추가되어야 함을 인식하게 되었다. 참고로 톰슨이 다룬 해저 케이블은 동축 케이블 형태였음을 기억하라.

톰슨은 더 나아가 그 당시 사용되었던 도체보다 전도도가 몇 배나 우수한 순수한 구리 도체를 만들도록 조언하였으며 당시에 수신단에서의 수신기로 사용되어왔던 검류계(galvanometer)의 민감도(sensitivity)보다 훨씬 성능이 뛰어난 검류계를 제안하여 해저 케이블 통신 시스템의 성능을 크게 발전시키기도 했다. 해저 케이블 가설 시 해저케이블이 지녀야 하는 기계적인 강도면에서 충분히 보완된 후에 드디어 1858년, 톰슨이 자문한 방식대로 대서양 횡단 전신용 해저 케이블이 가설되었다. 역사적인 순간이었다. 그러나 몇 주간의 교신을 했지만 결국 절연의 실패로 그 가설된 선로는 더 이상 작동하지 않았다. 불행하게도 미국의 남북전쟁(civil war)에 의하여 해저 케이블 가설에 대한 재정지원은 끊기게 된다. 하지만 1866년경 여러 개의 해저 케이블이 다시 가설되고 그 중의 일부는 전신용 통신으로 그후 수십 년에 걸쳐 사용되었다. 우리나라의 경우, 1885년도 인천－서울－신의주를 잇는 서로(西路) 전신선이, 1888년 서울－전주－대구－부산을 잇는 남로(南路) 전신선이, 1893년에 서울－원산(후에 경흥까지 연장되는)을 잇는 북로(北路) 전신선이 가설되었다는 점도(모두 합하여 삼로 전신선이라 불림) 기억할만한 가치가 있다.

육상 전신용 통로가설 및 운용과는 달리 해저 케이블의 설계가설 및 운용은 많은 기술적인 문제들을 접해야 했기 때문에, 이러한 누적된 경험을 거쳐 새로운 전문인력들이 형성되는데 말할 것도 없이 이들은 유선통신 분야의 원리나 기술에 많은 지식을 체득한 부류에 해당된다. 전자전기 분야에서 최초로 결성된 이 분야 전문인력들의 직업적인 조직은 1871년 영국에서 설립된 "Society of Telegraph Engineers"였는데 구성원 대부분이 해저 전신 관련 종사자들이었다. 그후 1880년에 이 조직의 기존 명칭에 "Electrician"을 추가하여 1889년 현재의 IEE(Institute of Electrician Engineers) 조직으로 틀을 갖추게 된다. 5년 후에 미국에서는 AIEE(American Institute of Electrician Engineers)가 결성되게 된다. 훗날 무선통신의 발전으로 IRE(Institute of Radio Engineers)가 1912년에 구성되고 다시 51년이 지난 1963년, IRE와 AIEE가 통합되어 현재 IEEE(Institute of Electrician Electronics Engineers)이 조직을 갖추게 된다.

1876년의 전화의 발명은 통신을 위한 전송선에 대한 많은 문제점을 고민하게 만들었다. 수신단에서의 음성복원(voice reproduction)을 위한 주파수 대역은 기존의 전신전송에 비하여 수백 배 정도되는 주파수대를 필요로 했다. 기존의 전신 통신선, 즉 기존의 전신선로를 이용하여 도시간의 전화선로로 사용하려는 시도는 당연한 것이었다. 그러나 기존의 전신선이 대지를 회귀(return)선로로 사용했던 사실을 생각해 본다면, 전신선보다 훨씬 주파수가 높은 광대역을 필요로 하는 전화선은 어떠했겠는가?

육상의 전신 통신을 위한 선로는 도체에 가까운 선로를 지상에서 연결하도록 설치하고 접지 회귀선(ground return path)을 사용해왔는데, 이러한 경우 수신단에서 받을 수 있는 신호 레벨의 급감된 레벨이나 이에 따른 정보자체의 거의 알아볼 수 없는 요해도(了解度, garbled unintelligibility) 때문에 전체 케이블의 떨어지는 성능이 심각하게 열화되었다. 이러한 끊임 없는 좌절을 겪으면서 그 후로 대략 40년 동안, 비교적 완만하지만 꾸준하게 경험적인 발견이나 이론적인 연구를 통하여 지속적으로 발전되어왔다. 이때 참으로 특이한 인물이 나타났는데 올리버 헤비사이드(Oliver Heaviside)라는 그 사람이다. 정말로 이런 사람이 있을 수 있을까? 그는 뚜렷한 학벌이라고는 거의 없었다. 사촌누이가 휘트스토운과 결혼했기 때문에 그(휘트스토운)의 조카라는 직함을 얻었고 그의 형이 영국사회에서 그나마 잘 알려졌다는 이유 하나로 그 자신의 이름(존재)을 전할 수 밖에 없었던, 그래서 세상을 뜬지 오랜 뒤에 미국에서 "고독 속의 현자"(A sage in solitude)라는 이름으로 출판되었던 책을 쓴 올리버 헤비사이드였다.

그는 불과 24세의 나이에, 그러니까 1874년부터 그가 세상을 떠날 때까지 50년 동안을 거의 은거한 채로 세상을 살았다. 20세기 중반에서 세상을 떠날 때까지 50년 동안을 전송선 이론과 회로 이론, 벡터 해석, 연산자 수학, 전자장 이론이나 그 외 다양한 수리 물리 분야에 전념하면서 어떤 한 개인이 전자전기 관련 분야나 물리학 분야에서 이룩할 수 있는 양보다 엄청나게 많은 분량의 뛰어난 일을 해내었던 것이다. 전송선에 대한 이론 뿐만 아니라 요즈음 잘 알려져 있는 맥스웰 방정식의 표현식(우리에게 친근한)도 그가 흘린 땀의 결과로 기억되어야 한다.

19세기 말에 이르면서 전신이나 전화선이나 평행한 두 도선으로 구성된(전도도가 큰 두 개의 마주보는 도선으로 구성된) 전송선로가 신호(전신신호나 음성신호나 관계 없이) 전송에 가장 적합한 형태라는 사실이 알려진다.

따라서, 땅(또는 대지)을 회귀선(return path)으로 하는 설계방식은 폐기되었다. 헤비사이드는 그가 얻은 방정식의 결과로부터, 모든 실제적인 선로에서 음성신호(voice signal)와 같은 대역폭을 갖는 신호를 멀리 떨어진 수신단으로 보낼 때, 다른 분포정수 즉 단위 길이당의 직렬 저항성분과 병렬 커패시턴스 성분과 병렬 컨덕턴스 성분을 변화하지 않게 하면서 단위 길이당의 인덕턴스 값을 증가시켜준다면 신호의 손실(loss)도 줄이면서 신호의 왜곡이 없는, 즉 수신단에서의 충실도(fidelity)가 좋은 신호를 수신할 수 있다는 사실을 밝혔다. 이것은 바로 신호해석(signal analysis)에서 가장 중요한 개념 중의 하나인 무왜(無歪, distortionless) 조건에 해당된다.

한편 미국에서는 1900년경, 콜롬비아 대학의 마이클 퓨핀(Michael pupin)과 벨 전화 연구소(Bell Telephone Laboratories)와 조오지 컴벨(George Campbell)이, 앞서 전술한 헤비사이드가 밝혔던 바대로 선로의 분포 인덕턴스를 증가시킬 수 있는 실질적인 방법을 제시하게 된다. 이들은 집중소자 형태(우리가 늘 보는 코일 형태)의 인덕턴스, 즉 코일을 대략 1마일 간격으로 설치하는 방법을 제안하여 선로의 신호 전송 품질을 성공적으로 개선할 수 있음을 보였고 그 후 30여 년간 이러한 방식을 채택하여 수 만 마일에 해당되는 선로가 설치되었다. 이러한 집중소자 코일을 일정간격으로 설치하는 것을 코일 장하(induction loading)라 불렀다. 실제적으로 이러한 코일 장하는, 코일 장하를 하지 않는 경우, 동일한 신호 전송 품질을 유지하기 위하여 사용해야 하는 구리선의 반경에 비하여 보다 작은 반경(smaller gauge copper wire)을 갖는 구리선을 사용하기 때문에 경제적으로 엄청나게 절약할 수 있는 이점을 가져다 주었다.

전화 분야에서 널리 쓰여왔던 카본 마이크로폰(carbon microphone)은 음성 에너지의 기계적 입력에 비하여 수천 배의 출력 전력을 주기 때문에 일종의 기전적 증폭기(electromechanical amplifier)이였다.

1890년 이후로 이러한 증폭기의 특성을 이용하여 장거리의 전화선 누설 성분(선로의 단위 길이당 주어지는 병렬 컨덕턴스 성분)에 의한 신호 감쇄를 보완하고자 하는데 엄청난 노력이 이루어진다. 요즈음 이야기로는 선로의 일정 간격마다 증폭기, 즉 리피터(repeater)를 설치하는 예에 해당되는 것이다. 그러나 엄청난 노력에도 불구하고 그 결과는 만족할 만한 수준에 이르지 못했기 때문에 사용화 단계로 접어들지는 못했다.

수동회로(passive circuit)로 구성되는 음성 주파수대의 전화선로의 가능한 최대 통신거리(peak potential)는 1911년 뉴욕시와 콜로라도주 덴버 사이에 있었던 간단한 대화를 통신했던 예로부터 잘 알 수 있다. 이 때의 통신선로는 비교적 두꺼운 두 개의 평행한 도선으로 일정한 간격마다 전봇대를 이용하여 평행하도록 유지한 형태였다. 이 경우에 증폭기(amplifier)는 사용되지 않았으며, 비교적 반경이 두꺼운 도선을 채택하여 직렬저항 성분을 낮추고 모든 가능한 실질적인 코일 장하를 통하여 비교적 높은 직렬 인덕턴스를 만들어주었음에도 불구하고 그 결과는 만족스럽지 못했다. 그러한 선로로는 오로지 하나의 음성 주파수대 신호만을 보낼 수 있었으며 이러한 운용 방식의 경험으로부터, 2천마일 이상의 거리에 해당되는 그런 선로를 가설한다는 것은 그 당시의 기술 수준으로 볼 때 경제성이 없다는 결론이 내려졌다. 따라서 3천마일 이상의 거리에 있는 지역에 있는 사람들에게는 그리 유쾌하지 않은 결론이었다.

이러한 상황은 전기통신(electrical communication) 분야의 발전에 있어서 하나의 병목(bottle neck)이었다. 1912년 리 드 포레스트(Lee De Forest)는 1907년 그가 고안했던 열이온형(thermionic)의 오디온(audion)의 동작원리에 입각해서, 원시적이고 완전하지는 못했지만 나름대로의 삼극 진공관(triode amplifier)을 만들어 전화사업(telephone industry)에 발전의 기틀을 만들어주었다. 2년 동안 산업체 관련 연구소에서의 엄청난 노력 끝에, 보다 안정적인 삼극관이 개발되어 드디어 1915년 대서양을 횡단하는 전화선이 가설되었다. 3극관이 보다 나은 성능의 진공관 증폭기(vacuum tube amplifier)로 발전되면서, 장거리 선로상에서의 손실(loss)은 안정적인 증폭기의 이득(gain)을 이용해서 비교적 저렴하게 보완될 수 있었으며 선로상의 신호 왜곡(signal distortion) 또한, 어떤 신호 주파수대역에서의 대역특성을 등화할 수 있는 회로(equalizing network)를 채택함으로써, 요구되는 범위 내로 제어할 수 있게 되었다.

그렇다고는 해도, 아직까지는 선로가 길어질수록 가설내용이 증대되기 때문에 한 선로가 하나의 송수신에 국한된다면 너무나 비경제적임에 틀림없다. 이러한 관점에서 전화산업에 종사하고 있는 엔지니어들은 보다 경제적이고 효율적인 송수신방법을 찾고 있었다. 가설 비용이 많이 드는 장거리 선로에 여러 음성 주파수대의 신호를 동시에 보내고 받으면 주어진 선로의 사용자수를 늘릴 수 있기 때문에 경제적으로 엄청난 이득을 기대할 수 있다는 것이 자명했다. 이러한 방향으로 연구가 다양하게 이루어지면서 이러한 분야의 연구가 50년 이상을 전화산업(telephone industry)의 주된 관건으로 부각되면서 당대의 주요 연구 내용을 구성하게 된다. 변조(modulation)개념과 주파수 분할 다중방식(FDM: Frequency Division Multiplexing)이 본격적으로 다루어지게 된 것이다.

한편 전자관(electronic tube)에 관한 군사적 이용 측면에서의 관심과 세계 제 1차 대전 동안 전자관을 이용한 회로 장치에 관한 연구는 전자전기 분야의 증폭기(amplifiers), 발진기(oscillators), 여파기(filters)나 그 외 다양한 전자소자 분야에 비약적인 발전을 촉발시켜주었으며 이에 힘입어 드디어 1919년 장거리용의 반송파 주파수(carrier frequency) 전화 시스템이 최초로 가설되었다. 이 시스템에서는 한 주파수 대역폭이 대략 4kHz인 음성주파수 채널(voice frequency channel) 여러 개를 서로 다른 높은 주파수 대역으로 옮겨서 여러 사용자들이 한 선로를 동시에 사용할 수 있게끔 한 시스템으로서 이 초창기의 반송파 시스템은 한 선로(동축 케이블이나 평행 이선식 형태가 많이 쓰였음)의 양 방향 중에서 한 방향마다 대략 30kHz까지의 주파수를 사용하여, 세 개의 전화 채널을 다루도록 했는데, 요즈음의 표현 방식으로는 주파수 분할 다중방식에 해당한다.

이미 살펴보았듯이 코일 장하(induction loading) 기술은 전신전화사업 초창기의 사반세기 동안, 장거리 통신이 중요한 역할을 했다. 생각해보자. 코일 장하를 통해서 장거리 통신에서 중요한 무왜곡 조건(distortionless condition)을 구현할 수 있었다는 사실을. 그러나 이러한 코일 장하(induction loading)는 주파수가 충분히 낮은 경우에만 그 효력을 발휘할 뿐이었다. 주파수가 대략 3~4kHz보다 높은 경우, 직렬로 부하된 코일(loaded coil)들은 선로를 단순한 저역통과 여파기(low-pass filter)로 전락시켜, 3~4kHz보다 높은 주파수대의 신호들은 선로를 따라 전송될 수 없었다. 하물며 반송파 주파수 시스템의 경우, 반송파에 의하여 변조된 주파수 성분은 매우 높기 때문에 더 이상 이야기할 필요가 없었다. 따라서 1925년부터 1940년 사이에 걸쳐 그 이전에 코일 장하(induction loading)라는 이유로 설치되었던 수백만 개에 달하는 코일의 대부분이 제거되었다. 전자전기통신 분야의 역사에 있어서 가장 흥미로웠던 아이러니(irony)이었다.

유선통신 산업(wire-line communication industry)이 초창기의 음성 주파수 대역에서 수동적 전송 방식(증폭기를 쓰지 않는)의 매우 제약적인 기술적 수준에서, 진공관 증폭기를 사용하여 다중 채널 주파수 방식의 기술적 수준으로 발전되어가는 동안 (이러한 기술적 가능성은 적어도 육상 통신의 경우에는 완벽한 것으로 생각되었다.), 동시에 자유공간에서의 전파를 이용한 통신 방식, 즉 무선통신 방식도 점진적으로 발전되어오고 있었다.

1895년부터 1902년까지 마르코니가 행한 일련의 실험적 결과들은 국지적 전신이나 대륙간 전신이거나 관계 없이, 전신(telegraphy)이 도선 없이도 무선으로만 전파를 이용하여 송수신될 수 있음을 여실히 보여주었다. 이제 무선전신(wireless telegraphy)이 각광을 받으며 그 종사자수에 있어서도 증가 추세에 있었지만, 아직은 육상선로나 해저 케이블을 이용하여 이미 안정된 전신 전화 서비스를 공급하고 있는 유선통신산업에는 아직 위협적인 경쟁자로서는 느껴지지 않았다. 그러나 1차 세계대전을 거치면서 송신기로서, 열 이온성의 진공관 전력증폭기와 수신기로서의 다양한 형태의 민감도(sensitivity)가 좋은 진공관이 개발되면서 무선통신이 단연 활력을 띠기 시작했다. 이 결과로써 무선 분야의 전문적인 기술 인력군(group)이 형성되기 시작했는데 1912년, 두 개의 조그만 무선 전신 엔지니어 그룹이 병합되면서 IRE(Institute of Radio Engineers)가 구성되었다. IRE가 AIEE와 합쳐 1963년 현재의 IEEE 조직으로 개편되었다는 사실은 앞서 논의한 바와 같다.

1차 세계대전을 거치면서 이룩된 기술 발전은 이미 1920년대 초반에 라디오 방송산업(radio broadcasting industry)을 일으키게 했는데 이때 사용된 주파수는 대략 1MHz 근처의 주파수였으며, 그 후로의 기술적인 발전은 큰 변혁을 이루어내지 못했다. 뒤이어서 보다 높은 주파수의 전파에 대한 전파 특성(propagation characteristics)도 부단히 연구되었는데 이 결과 3~30MHz에 해당하는 단파(short waves)의 특징적인 장거리 전파 특성이 밝혀지게 되었다. 1930년 이전에 세계 최초의 대륙간 전화 서비스를 목적으로 전화 관련 산업계에 의하여 그러한 단파대에서의 회로 기술들이 채택되었는데, 이는 그후로도 30년간을 유일한 상업적인 해법으로 전화 산업을 이루어왔다.

1920년에서 1930년 이전까지의 10년 동안 반송파 주파수를 사용하는 전화 기술과 고주파 무선(high frequency radio)통신 기술 분야에 종사하는 엔지니어들의 숫자도 급속히 증가하였고, 높은 주파수 영역을 다루게되면서 수 파장의 길이에 해당되는 전송선 회로(transmission line circuit)를 해석해야 하는 필요성도 점차 증대되어 갔다. 이러한 결과로 인하여 이 시기부터 전송선 이론(헤비사이드에 의해 정립된) 개념이 전자전기 분야의 대학원 과정의 교과과정에서 나타나기 시작한다. 그리고 1930년대를 거치면서 전자소자 기술이나 전자회로 기술이 수십 MHz에서 수백 MHz 영역으로 확대되면서 FM 방송이나 이동전화 서비스와 TV나 레이더 기술 시대를 열어가게 된다. 동시에 전송선 이론도 보다 널리 사용되면서 대학원 교과과정에서 학부의 교과과정으로 재편되게 된다. 그리고 제 2차 세계대전을 거치면서 통신공학적 관심 영역은 UHF와 초고주파 영역 모두에 걸쳐 확장되어 상업용 TV나 초고주파 통신 링크(microwave communication links)와 전파 천문학(radio astronomy),

그리고 우주탐사(space exploration) 분야와 계속적으로 증가되는 군용 분야 등에서 다양한 연구가 활발하게 진척되어갔다. 이러한 결과로 인하여 전송선 이론(transmission line theory)은 전자전기공학 분야의 필수 교과과정으로 자리잡게된 것이다.

그러한 발전 과정을 거치면서 1949~1954년 사이에 출간된 관련 분야 서적을 살펴보면 위에 상술한 내용을 좀 더 실감 있게 느낄 수 있을 것이다. 여러분들이 많이 접하게 되는 텍스트 서적 중에서 대표적인 것을 들자면, 조단(Jordan)과 발맹(Balmain)이 쓴 "Electromagnetic Waves and Radiating Systems"과 라모(Ramo)와 휘너리(Whinnery)가 쓴 "Field and Waves in Communication Electronics"가 그 예가 된다.

1950년대와 1960년대를 거치면서 전기전자 분야의 관심 주파수 한계는 고체 물리(solid state)소자와 전자소자(free electron device) 기술을 이용하여 100GHz를 넘는 전원을 만들 수 있었으며, 양자 전자 레이저(quantum electronic laser)를 사용해서 수백 GHz로부터 수백 THz, 적외선 영역, 가시광 계열이나 자외선 영역의 전원도 가능하게 되어 그(한계라는) 의미가 본질적으로 퇴색되면서 현재에 이르게 되었다.

제1장 **제2장** 제3장 제4장 제5장 제6장 제7장 제8장 제9장 제10장

CHAPTER

제17장 제16장 제15장 제14장 제13장 제12장 제11장

02 전자공학의 구조

본 장에서는 전자공학 관련 전공자들이 인접 전공과의 장벽을 낮추고 세부 전공의 좁은 범주에 머무르지 않고 극복하여 여타 전공과의 협조 체제를 이룩하는 데 도움이 되려는 목적으로 전자공학(전파공학을 중심으로 한)의 개념적 구조와 흐름에 대한 개론을 구성해보기로 한다. 먼저 전자공학의 구조적 관점에서 전자공학의 개념적 구성요소 블록(block)들을 살펴보기 위하여 먼저 무선통신의 초기시대부터 검파기로 널리 사용되었던 코히러(coherer)로부터 어떻게 하여 증폭 구조로 발전해 갔는가를 살펴보고, 에너지(전력선)나 신호(signal)를 전송해주는 도파 구조(guiding structure), 전파 에너지를 송수신하거나 탐지(sensing)하는 복사소자(radiating structure), 그리고 여러 가지 주파수대의 신호를 지닌 전파(또는 전기) 에너지로부터 원하는 주파수대의 신호를 선택적으로 잡아내는 공진(또는 동조)회로 구조(resonant structure), 기억소자(memory device)의 구조 및 발진 구조(oscillator structure)와 주파수 체배(frequency multiplication) 또는 변조(modulation)에 널리 쓰이는 비선형소자(nonlinear device structure) 구조에 대하여 개념적으로 이해해보고자 한다. 이러한 구조들을 전자공학의 구조를 이루고 있는 개념적 블록으로 보고 살펴보도록 한다.

2.1 검파 구조(detector structure)는 어떻게 발전되어왔나?

전파를 실용화하는 데 가장 중요한 것은 전파를 고감도로 검출해내는 일이다. 무선통신시대에 이러한 목적으로 가장 관심을 집중시켰던 구조는 금속가루의 고착작용(固着作用)을 이용한 구조였다.

이러한 금속 고체가루의 고착작용은 1850년에 잠시 발견되었다가 잊혀져 오다가 1866년에 S. 바레이에 의하여 재발견되어 전선의 피뢰기로 이용되었다. 즉 전신선(telegraphy transmission line)에서 낙뢰를 피하려는 목적으로 전신선에 스파크 갭을 설치하여 한 단자를 접지하면 낙뢰에 의한 선로의 피해를 방지할 수 있었다. 다시 말하면 전신 신호와 같은 정도의 소전력에서는 스파크 갭을 통하여 방전이 일어나지 않지만, 낙뢰 정도의 큰 전력일 때는 방전을 일으켜서 스파크 갭이 단락되기 때문에 낙뢰 전류를 대지로 흘려주게 되어 전신용 전송선을 포함한 장치의 피해를 방지할 수 있었다.

이 경우에 스파크 갭을 금속가루로 둘러싸두면 대지로의 방전이 훨씬 더 효과적으로 일어난다는 사실을 관찰할 수 있었는데, 바레이의 이러한 관찰 결과도 다시 잊혀졌다가 1889년 프랑스의 E. 브랑리(Branly)와 영국의 O. 로지(Lodge)에 의하여 다시 빛을 보게 된다.

브랑리는 아래 [그림 2.1(a)]에서와 같이 금속가루를 에보나이트 관 속에 넣은 다음 유도코일에 의한 전기 불꽃 방전(이러한 불꽃 방전에서 전파 에너지가 나온다는 사실은 널리 알려져 있었다.)과 에보나이트 관내 속의 금속가루의 전기저항과의 관계에 흥미를 느끼고는 여러 가지 금속물질로 된 가루를 실험한 다음 알루미늄 가루를 이용하여 라디오 콘덕터(radio conductor)라는 장치를 만들었다.

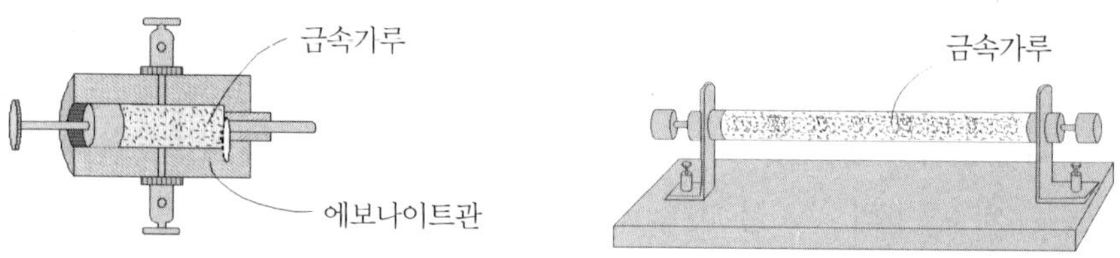

(a) 브랑리형 (b) 로지형

[그림 2.1] 코히러(1890년)의 구조

브랑리가 라디오 콘덕터에 관심을 기울인 것은 학문적인 테마, 즉 전파(불꽃 방전)와 라디오 콘덕터의 전기저항과의 관계에 국한된 흥미 때문이었다. 그는 그가 연구한 라디오 콘덕터를 실제로 전파통신 분야에 이용하려는 생각을 하지 않았다고 한다. 참고로 로지가 사용했던 형태는 [그림 2.1(b)]에 주어진 바와 같이 약간 변형된 모습이다.

한편 영국의 조지는 전신 전송선(telegraphy transmission line)에서 사용되어왔던 피뢰기의 연구로부터, 금속가루에 전자기파가 입사하게 되면, 금속가루가 서로 고착해서 전기저항이 감소한다는 사실을 관찰하였는데, 전파 현상에 관심이 많았던 그는 이 원리를 이용해서 전파 검출기(detector)를 개발하였는데 이것이 바로 무선통신 시대 초기에 널리 사용되었던 코히러(coherer)이다. 그리고 이 코히러를 사용해서, 다음 [그림 2.2]에 주어진 것과 같은 구조를 지닌, 전파의 도래를 벨소리로 검출하는 전파 수신 장치를 개발하게 된다.

[그림 2.2]에 도시된 바와 같이 전파가 수신 안테나 쪽으로 입사하여 코히러를 지나면 코히러 내부의 금속가루들이 고착(서로 촘촘히 엉겨붙는 현상)되어 전기 저항치가 현저하게 감소한다. 이때 폐회로 A에 전류가 흐르게 되어 릴레이가 스위치 온(접속)이 되어 폐회로 B에 의한 전류가 흐르게 되고 "트램블러(振動機)를 작동시켜 진동기의 작은 봉(棒)이 코히러를 두드리고 이 결과로 코히러 내부의 금속가루들의 고착된 상태로부터 원래의 고착되기 이전의 상태로 된다. 전파가 코히러에 도착하고 난 후 진동기의 작은 봉이 코히러에 충격을 가하기 전까지 폐회로 B에서는 전지 B에 의하여 수신 인자기(印字器, 기호를 인쇄하는 장치)가 작동되어 부호를 기록할 수 있다. 이 경우에 인자기 대신에 벨을 설치하여 소리로도 듣게 할 수 있다.

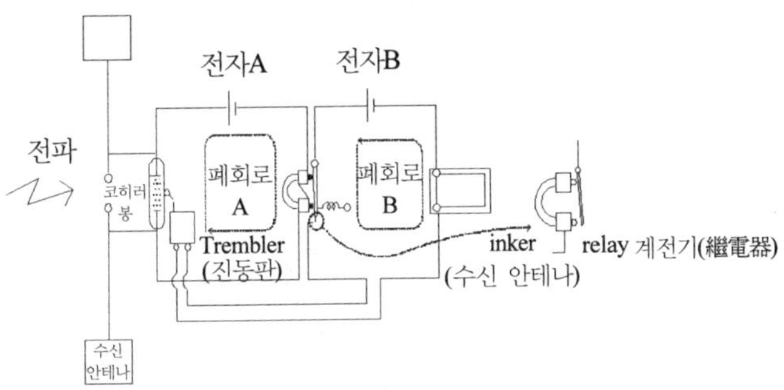

[그림 2.2] 전파수신기(로지, 1894년) : 한번 고착된 금속가루는 그대로 고착상태를 계속하기 때문에, 금속가루에 충격을 주어서 원상으로 만드는 장치가 붙어 있다.

여기에서 중요한 것은 이러한 코히러 장치가 원래 헤르츠가 수신 검파 장치로 사용했던 루프 안테나(loop antenna)보다 훨씬 민감도(sensitivity) 면에서 앞선 성능을 지녔다는 점이다. 이렇듯이 수신 장치도 서서히 그 민감도가 개선되는 방향으로 진전되어가고 있었다.

2.2 검파기 구조의 발전과 증폭기의 출현

코히러는 100마일이나 200마일에 이르는 거리에서도 실제적으로 사용될 수 있었지만 코히러 근처에서 발생하는 전기 스파크나 그 외 먼 지점에서 발생한 천둥번개에 의하여 야기되는 오동작이 너무 빈번하다는 단점이 있었다. 보다 발전된 검파기 구조의 발전과정을 알아보기 위해서는 에디슨의 전구에 의한 연구까지 거슬러 올라간다. 에디슨은 그가 발명한 전구 내부의 유리면이 검게 되는 이유에 대하여 조사하다가 다음 [그림 2.3]과 같은 구조에서, 전구 내부의 진공과 인가전압이 어떤 조건을 만족하게 되면 필라멘트로부터 P쪽으로, 즉 기존의 전류방향과 반대되는 방향으로 무엇인가가 흐르면서 전구 내부에서는 푸른색의 글로우 방전이 나타난다는 것을 관찰했다. 그는 이러한 관찰 결과를 기록해두었는데, 그에 대한 설명을 할 수는 없었다. 1883년도의 일이었다. 이로부터 이러한 현상을 에디슨 효과(Edison effect)라 불려지면서 많은 관심을 끌었다.

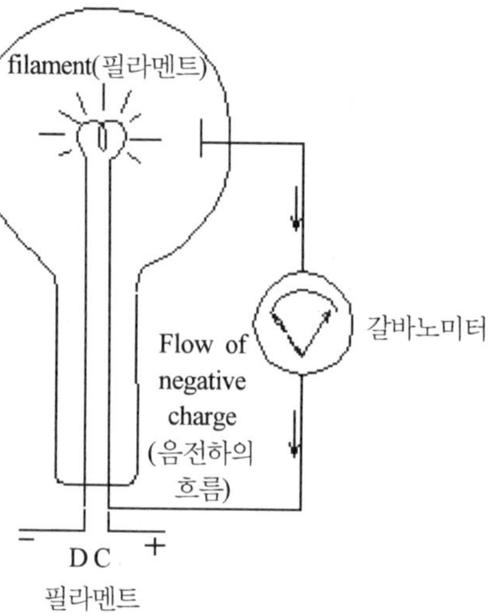

[그림 2.3] 에디슨 효과 : P가 필라멘트보다 높은 전위가 되도록 하면 고열의 필라멘트로부터 P로 전류가 흘러 갈바노미터가 움직이는데 P가 필라멘트에 비하여 낮은 전위가 되면 전류가 흐르지 않는다.

1897년 영국 캐번디쉬 연구소의 J.J. 톰슨이 그 무엇인가의 흐름이 바로 전자(electron)였음을 규명하면서, 모든 금속이 균일하게 분포된 양전하 물질에 묻혀 있는 음전하들의 형태로 구성되어 있을 것이라고 추론했다. 이는 이른바 원자의 플럼-푸딩 모델(plum-pudding model)이라 불렸는데, 러더포드(Rutherford)의 원자핵 발견을 거쳐 N. 보어(Niels. Bohn)의 원자 모델로 발전해나가게 된다. 여하튼 전파공학의 발전과정과 현대 물리에서의 물질의 근본적인 구조 문제는 이렇듯이 긴밀한 역사적인 관계를 유지하면서 발전해왔다.

한편 런던의 에디슨 전광회사(Edison's Electric Light Company of London)에서 에디슨의 과학기술 자문역을 해오면서 그의 실험과정을 지켜보아왔던 A. 플래밍(Fleming)은 에디슨의 진공전구(에디슨 효과를 관찰했던)가 무선 신호의 검파기로서 사용될 수 있을 것이라는 생각을 했다. 이 시대의 무선전파 신호를 검파하는 방식은 전파를 소리로 바꾸어 소리로써 인지하는 방식이었다. 따라서 전파의 주파수가 높기 때문에 전파를 정류하여 가청 주파수 영역으로 주파수를 낮추는 과정이 필요했다. 플레밍은 먼저 캐소드(cathode, 음극)와 아노드(anode, 양극)를 갖는 진공관을 만들고 직류전원을 캐소드에 인가하여 열 전자들이 지속적으로 방출하도록 만들었다. 그리고 수신단 안테나의 회로부에 연결했다. 이렇게 되면 아래 [그림 2.4]에 도시된 바와 같이 전자파에 의하여 안테나 단자에 걸리는 전압이 아노드가 캐소드보다 높은 반 주기 동안만 전류가 흐르게 되고 나머지 반 주기 동안에는 전류가 흐르지 않게 된다.

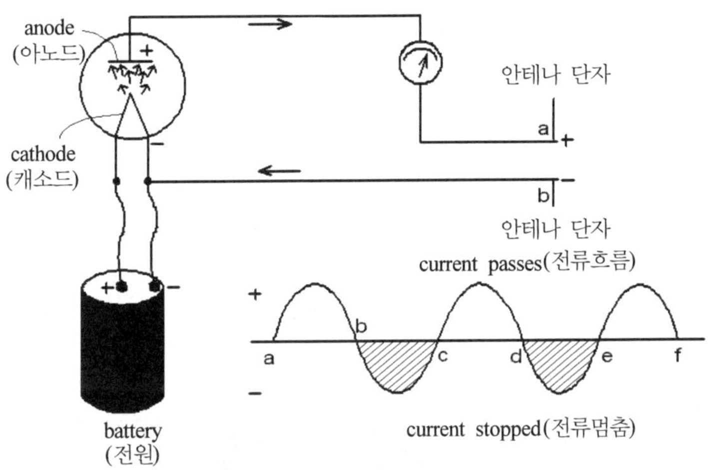

[그림 2.4] 플레밍의 초창기 검파회로 : 안테나 단자 a가 b에 비하여 높은 전위일때만 전류가 흐르게 되어 결국 전류가 한 방향으로만 흐르게 되는 결과를 준다.

이러한 작용이 플레밍의 원했던 검파 작용이었다. 하지만 이러한 초기상태의 2극 진공관은 거의 동일한 시기에 고안되었던 광석 검파기(crystal detector)와 비교하여, 썩 만족할 만한 것이 되지 못했다. 뒤에 드 포레가 캐소드와 아노드 사이에 그리드라고 하는 극을 추가하여 그리드의 전압을 조정하여 캐소드에서 아노드로 흐르는 전자의 양을 조절할 수 있도록 만든 구조를 제안하고 나서야 비교적 안정된 검파기 구조가 출현하게 된다.

이 구조, 즉 그리드까지(캐소드와 아노드와 함께) 포함해서 3극 진공관이라고 불리우는 이 검파 구조는 앞서 다룬 플레밍의 2극 진공관에 비해 캐소드에서 아노드로 흐르는 전하체(전자)의 흐름을, 훨씬 효과적으로 제어할 수 있었다.

이는 플레밍의 2극 진공관의 경우, 캐소드에서 방출되는 전자의 양이 주로 캐소드의 가열 정도에 의존하는 데 반하여 드 포레의 3극 진공관의 경우에는 그리드의 전압에 의하여 정교하게 제어될 수 있기 때문이다.

드 포레는 그 후 잠시 진공관 연구에 손을 떼었다가 3년 후 다시 연구하여 1912년 그가 만든 3극관의 신호 증폭작용(signal amplification)을 발견해서 큰 관심을 끌었는데 그 원리는 아래 [그림 2.5]에 도시되어 있는 바와 같이 그리드에서의 작은 전류(또는 전압)가 출력쪽(즉 아노드와 캐소드간)에 상당히 큰 전류(또는 전압)로 증폭되어나오는 모습을 보면 알 수 있다.

이것이 최초의 전자공학 분야의 증폭기 구조가 되는데 오디온(Audion)이라 불리어졌다. 이른바 3극 진공관인데 후에 트랜지스터나 FET에 그 자리를 내주게 된다.

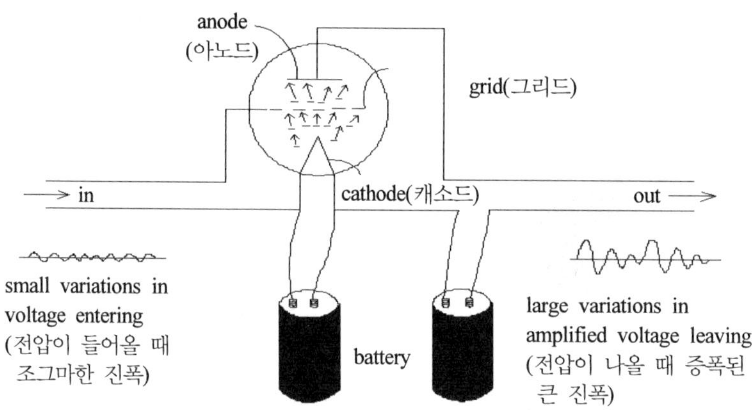

[그림 2.5] 드 포레가 만든 초창기의 3극 진공관 증폭기 모습 : 그리드를 추가함에 따라 그리드의 작은 전류가 크게 증폭되어 출력에 나타난다.

2.3 궤환회로의 출현

3극 진공관 즉 오디온(Audion) 같은 귀중한 기술적 발견을 포함하여, 드 포레의 이름이 연관되어 있는 또 다른 중요한 업적이 있는데 이 업적이 바로 FM 변조로 이름을 남긴 에드윈 암스트롱(Edwin Armstrong)과 송사(訟事)에 얽힌 이야기가 된다. 전자통신공학 분야에 도저히 빼놓을 수 없는 중요한 개념인 궤환(Feedback)에 관련된 재판에서 두 사람은 첨예하게 대립한다. 궤환회로는 3극관을 사용하여 발진회로를 구성하거나 검파기로서의 민감도(sensitivity)를 개선시키는 데 사용될 수 있었다. 어쨌든 두 사람간의 주장은 무선통신의 역사상 가장 논란의 여지가 많았던 재판이었다. 1913년, 컬럼비아 대학의 대학원생 조교였던 암스트롱은 IRE(Institute of Radio Engineers) 학회에 새로운 형태의 재생회로(regenerative circuit)를 발표하면서 그러한 형태의 회로구성이 3극관의 무선신호를 검파할 때 매우 효과적이며 감도도 매우 개선시킨다고 주장했다. 불과 5개월 뒤에 드 포레는 동일한 원리의 회로 구조에 대하여 특허를 출원한다. 그 특허 내용은 곧 상업적으로 중요한 의미를 갖고 있다는 것이 밝혀지면서 누가 더 먼저 발명했는지 진실 여부를 밝히는 일이 매우 중대하게 되었다.

드 포레는 스스로가 작성해왔던 노트를 제출하면서, 그가 동료 반 이튼(Van Etten)과 함께 연구를 하는 동안 3극 진공관의 출력을 입력 측으로 궤환을 걸어서 3극 진공관의 증폭도가 개선됨을 관찰하였다고 주장하였다. 하지만 그 개념(궤환)을 실제로 활용해본 사실이 있었다는 것은 입증하지 못했고 다만 그 동작 원리만을 설명하였기 때문에 일심에서 암스트롱에게 패하게 된다. 그리고는 1917년 그(드 포레)가 그나마 보유하고 있던 궤환 관련 특허도 팔아버린다. 여하튼 이 재판으로 전자공학의 회로 분야에서 가장 중요한 개념 중의 하나인 "궤환"이 우리에게 처음으로 다가왔던 사건임에는 틀림없다. 드 포레는 창의력이 매우 뛰어난 사람으로 알려져 있으면서 어떤 것 하나도 사업적으로 성공한 일이 없는 사람이었다고 한다. 독창적인 많은 사람들이 그러했듯이 드 포레도 그가 처리할 수 있는 일보다도 훨씬 더 많은 아이디어의 소유자였음에 틀림없다. 암스트롱은 훗날 그가 생전에 그렇게 주장했던 FM의 장점이 상업적으로 성공하는 모습을 보지 못하고 비운의 삶을 마감하게 된다. 사업적 실패와 경제적인 어려움 속에서 자살하고 만다. 드 포레의 업적을 다시 한번 정리해보자. 그는 스스로가 고안한 3극관이 검파기와 증폭기로써 사용될 수 있음을 보인 것은 물론 궤환을 이용하여 발진기(oscillator) 구조의 전자파 전원을 만들기도 했던 것이다.

2.4 공진회로 구조(resonant structure)와 동조회로의 출현

마르코니의 전파 송수신 실험이 성공을 거둔 뒤 무선국이 여러 곳에서 개국되자, 마르코니의 송수신 시스템은 공간을 전파하고 있는 모든 전파를 수신하기 때문에 통신을 원치 않는 신호국에서 온 전파도 잡히게 되는 커다란 문제점에 봉착하게 되었다.

이러한 상황하에서 유익하게 사용될 수 있는 물리적 현상이 바로 공진(resonance)에 해당된다. 전파공학의 역사상 처음으로 전파에 관계되는 공진 현상을 처음으로 확인한 사람은 헤르츠였다. 그는 수신용 루프 안테나의 길이가 어떤 특정한 길이에 해당될 때 그 안테나에 최대의 진폭 전압이 유기된다는 사실을 관찰하였다. 공진이란 어떤 특정 주파수에서 전기 회로상의 전압 또는 전류가 최대로 증대되는 현상을 의미한다. 한편 로지는 루프 안테나의 공진 현상을 관찰하고, 당시 마르코니가 사용했던 공중선에 공진 개념이 도입될 수 없다는(공중선의 길이가 사용 주파수의 파장에 비하여 매우 작기 때문에) 사실을 이해했다. 그리고 이를 극복하기 위한 목적으로 1898년 전파 통신의 혼신을 방지할 수 있는 공진형 안테나(resonance type antenna)를 제안하였다.

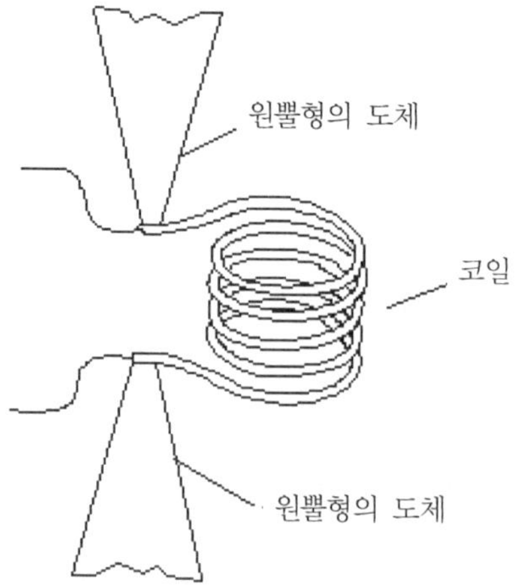

[그림 2.6] 로지의 동조용 공진 안테나 구조

로지가 제안한 안테나 구조는 [그림 2.6]과 같이 원뿔형(biconical type)의 구조로 만들고 원뿔의 형상을 변화시켜서 안테나의 정전용량(capacitance)을 변화시키면서, 원뿔의 급전부에 코일을 연결하여 이 코일로써 안테나의 유도성분(inductance)을 변화시킴으로써 정전용량과 유도성분의 중화(neutralization) 과정(안테나의 입력 임피던스를 용량성과 유도성이 상쇄되도록 하는 과정)을 통하여 안테나의 공진 상태를 얻어내고자 했다. 안테나(또는 복사) 구조 자체를 콘덴서와 코일로 구성되는 공진회로(resonant circuit)로 바라보았다는 사실이 흥미롭다.

한편 독일의 F. 브라운도 공진 현상의 중요성을 간파하고 있었다. 그러나 그는 안테나 구조 자체를 공진 구조로 다루지 않고, 그 대신에 급전회로(안테나에 연결되는)의 공진, 즉 동조회로(同調回路)를 급전회로에 도입하는 방법을 착안해내었다. 1898년 그는 코일과 콘덴서로 구성된 공진회로, 즉 동조회로를 안테나(복사)와 별도로 구성하여 아래 [그림 2.7]과 같이 안테나 구조에 변압기(transformer) 구조를 사용하여 결합시킨 구조를 고안하였다.

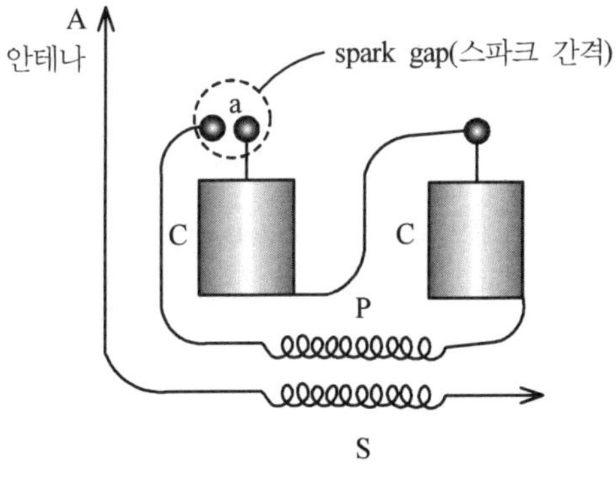

[그림 2.7] 브라운이 공진회로를 사용하여 안테나 구조와 변압기(transformer)로써 결합시킨 구조.

여러 무선국으로부터 오는 불필요한 전파에 의한 혼신은 무선 사업에 엄청난 부담이었다. 로지에 의한 안테나 구조의 공진과 브라운에 의한 급전회로부의 동조회로에 대한 특허권을 선점당한 마르코니는 절망스러운 상황일 수 밖에 없었다.

왜냐하면 공진 또는 동조의 개념만이 불필요한 전자파에 의한 혼신을 극복해내는 유일한 방법이었기 때문이다. 이 때 그는 마침내 두 가지 구조, 즉 로지와 브라운이 고안한 특허 구조를 통합하여 구성한 구조로써 1900년에 그 유명한 제 7777번째 의 영국 특허를 따냄과 동시에 두 개의 주파수를 동시에 송수신할 수 있는 다중 통신 시스템의 개발에 몰두하기 시작했다. 공진형 안테나와 동조회로의 실용화가 1902년 경부터 이루어지면서 통신국 사이의 혼신 문제가 해결되었을 뿐만 아니라 전파 통신의 거리가 현저하게 증가하게 된다. 이는 복사 시스템의 복사 효율(radiation efficiency)이 공진 구조나 동조회로를 채택함으로써, 상당히 개선되었기 때문이다. 이러한 과정을 통하여 주파수의 보다 효율적인 이용 단계로 접어들었다고 볼 수 있다.

2.5 비선형성(nonlinearities)의 응용 분야

용수철 진자에서 용수철을 과다하게 늘이면 용수철 진자의 운동은 훅(Hooke)의 법칙이 만족되는 영역에서 벗어나게 되어 더욱 복잡한 관계식으로 기술되어진다. 저항에 과다한 전류가 흐르게 될 때에도 전류와 전압과의 관계는 옴의 법칙의 선형적인 관계와 같은 단순한 식으로 표현되지 않는다. 또한 유전체에 매우 강한 전계를 인가한 경우에도 유전체내 원자의 분극률이 인가 전계와 선형적인 관계로 기술 되어지지 않는다. 선형적인 관계가 아니라 보다 복잡한 관계식으로 기술되어져야 한다. 그러니까 우리가 전자공학에서 너무나도 당연히 받아들이도록 길들여진, 선형적인 관계식(소신호 등가회로 파라미터 표현식이나 옴의 법칙과 같은)에서와 같이 응답(또는 결과 또는 출력) r이 여기(excitation 또는 원인 또는 입력) e에 선형적으로 비례하는 경우와 전혀 다른 방식으로 다루어져야 한다는 것이다.

비선형적인 현상 영역에서 여기(excitation) e와 응답(response) r은 일반적으로

$$r = ae^1 + be^2 + ce^3 + \cdots \qquad \cdots\cdots (1)$$

와 같은 형태로 주어지는데 위 식에서 a는 우리에게 친숙한 선형응답(linear response)과 관련된 계수이고 b와 c는 비선형적인 항에 관련된 계수를 의미한다. 보통 계수 a가 b 또는 c에 비하여 매우 크므로 개수 b와 c는 여기 입력 e가 큰 경우에 한해서만 기여를 하게 된다.

여기에서는 비선형성이라는 성질이 어떻게 나타나는지에 대한 물리적 의미를 살펴보고 그러한 성질들이 전자공학(특히 무선통신공학에서)에서 어떠한 응용 분야로 활용이 되는지를 살펴보고자 한다. 비선형성이 자연계나 공학 분야의 넓은 범위에서 중요하게 응용된다는 사실은 의심의 여지가 없다. 오늘날 우리가 알고 있는 무선

통신이나 TV방송조차도 비선형소자 없이는 불가능하며, 무엇보다도 우리가 보고 듣는 느낌조차도 눈과 귀라는 센서의 비선형성을 따라 느껴지는 것이다.

2.5.1 고조파 생성(Harmonic generation)

만일에 비선형계(nonlinear system)에

$$e = e_0 \sin(\omega t) \qquad \cdots\cdots (2)$$

와 같은 입력이 여기된다면 그 응답(response) r은

$$r = a e_0 \sin(\omega t) + b e_0^2 \sin^2(\omega t) + c e_0^3 \sin^3(\omega t) + \cdots \qquad \cdots\cdots (3)$$

가 되는데 이 결과는 식(2)를 식(1)에 대입하여 얻게 된다. 기본적인 삼각함수공식을 사용하여 모두 sin이나 cos 함수의 1차식으로 표현하면

$$r = a e_0 \sin(\omega t) + \frac{1}{2} b e_0^2 [1 - \cos(2\omega t)] + \frac{1}{4} c e_0^3 [3\sin(\omega t) - \sin(3\omega t)] + \cdots \qquad \cdots\cdots (4)$$

이 되는데 여기에서 우변의 첫째 항은 입력 주파수와 동일한 주파수를 지닌 출력인 반면 두 번째 항과 세 번째 항에는 각각 입력 주파수의 두 배와 세 배에 해당되는 주파수 성분을 포함하고 있음을 알 수 있다. 이러한 고조파 (입력 주파수의 2배 또는 3배의 주파수에 해당되는) 생성(harmonic generation)은 낮은 주파수의 입력으로부터, 비록 그 출력이 작기는 하지만, 보다 높은 주파수의 출력을 얻고자 할 때 매우 중요하다.

이러한 현상은 전자공학 분야에서 오랫동안 잘 알려진게 사실이지만 최근 기술의 성공적인 예는 1961년 P. A. 프랑켄의 광학 분야의 실험에서 찾을 수 있다. 프랑켄은 [그림 2.8]과 같은 그의 실험 장치에서 3kW의 고출력 펄스 루비 레이저로부터 나오는 붉은 빛(파랑이 6943Å인)을 수정 결정에 쬐어, 주파수가 루비 레이저에서 나온 빛의 두 배에 해당되는, 즉 파장이 3471.5Å인 녹생광을 만들었다. 녹색광의 출력세기는 루비 레이저의 입사광 세기의 대략 10^{-8}배였다. 이러한 2차 고조파(주파수가 2배인)가 생성되는 것은 수정 물질의 분극률(polarizablility)이 인가 전장에 어떠한 함수 형태로 주어지는가에 달려 있다.

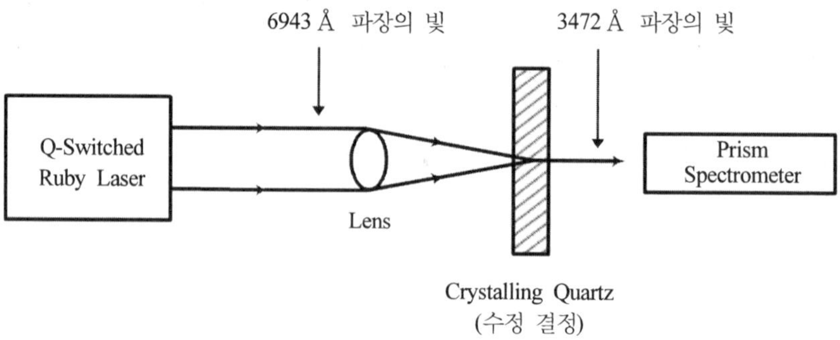

[그림 2.8] 고조파의 생성

즉 2차 고조파를 생성할 수 있는 물질 중에서 KDP(Kotassium Dihydrogen Phosphate)가 있는데, 이러한 물질의 경우, 인가 선상 E가 물질에 가해지면 물질 내부에 유기되는 다이폴 모멘트 P가

$$P = a_1 E + a_2 E^2 \cdots \qquad \cdots\cdots (5)$$

로 주어지며 이러한 표현식으로부터 2차 고조파를 생성하는데 요구되는 2차 비선형성(quadratic nonlinearity)이 $a_2 E^2$의 함수형태로 주어짐을 알 수 있다.

한편 방해석(calcite)과 같은 물질은 근사적으로 비선형 항이 $a_3 E^3$으로 주어지게 되므로 입사(또는 인가) 전계 주파수의 3배에 해당되는 주파수를 지닌 출력을 생성할 수 있다.

한 예로써 2차의 비선형성이 있다는 가정하에 있을 수 있는 진동운동에 대하여 좀 더 정량적으로 살펴보자. 가장 단순한 물리적 상황으로서, 감쇄가 없다는 조건하에서 자유롭게 진동할 수 있는 질량 M의 물체가

$$F(\text{복원력}) = -Kx + \varepsilon M x^2 = 0 \qquad \cdots\cdots (6)$$

의 복원력을 받고 있다고 하자. 물론 여기에서 K는 스프링 상수이다.

$\epsilon = 0$이면, 잘 알려져 있는 단진동 운동에 해당되지만 $\epsilon \neq 0$인 경우에는 운동 방정식(equation of motion)이

$$\frac{d^2x}{dt^2} + \omega_0^2 x - \varepsilon x^2 = 0 \qquad \cdots\cdots (7)$$

로 기술되며 여기에서 $w_0 = \sqrt{K/M}$는 선형 진동(linear oscillation)의 고유 진동수(natural frequency)이다. 방정식(7)의 해석적인, 간단한 함수 형태의 해(solution)는 존재하지 않지만, ϵ가 충분히 작은 경우, 방정식(7)의 해가 $\epsilon = 0$인 경우의 해인 $x_0 \cos(w_0 t)$와 크게 다르지 않다고 가정하여,

$$x = x_0 \cos(\omega_0 t) + \varepsilon x_1 \quad \cdots\cdots (8)$$

로 놓을 수 있다.

이제 비선형성에 의하여 야기되어 추가된 함수 x_1을 구하려고 한다. 위와 같이 ϵ가 충분히 작다고 가정하는 경우에는 섭동과정(perturbation procedure)을 사용할 수 있다. 즉 식(8)을 식(7)에 대입하여 얻은 결과식을 ϵ에 대한 올림차순으로 정리하고 ϵ의 1차항만 남기고 ϵ^2항과 ϵ^3항을 무시하면(ϵ가 충분히 작다고 가정했으므로, 즉 $\epsilon \ll 1$)

$$\varepsilon\left[\frac{d^2 x_1}{dt^2} + \omega_0^2 x_1 - x_0^2 \cos^2(\omega_0 t)\right] = 0 \quad \cdots\cdots (9)$$

의 결과식을 얻는다. 여기에서 ϵ는 작지만 0이 아니므로 중괄호 내부의 표현식이 영이 되어야 한다. 따라서 대괄호 내부의 미분 방정식을 풀어서 x_1의 표현식을 구하게 되면 그것이 바로 우리가 원하는 해가 된다. 이를 풀기 위하여 $\cos^2(w_0 t) = [1 + \cos(2w_0 t)]/2$를 사용하면

$$\frac{d^2 x_1}{dt^2} + \omega_0^2 x_1 = \frac{x_0^2}{2}[1 + \cos(2\omega_0 t)] \quad \cdots\cdots (10)$$

로서 주어지는 보다 다루기 쉬운 미분 방정식을 얻는다.
여기에서 방정식(10)의 해를

$$x_1 = A\cos(2\omega_0 t) + B \quad \cdots\cdots (11)$$

로써 가정하여 대입한 후, 양변을 계수 비교하여 A와 B를 구하면 된다. 이러한 과정을 거쳐서 A와 B를 구하면

$$A = -\frac{x_0^2}{6\omega_0^2} \quad , \quad B = \frac{x_0^2}{2\omega_0^2} \qquad \cdots\cdots (12)$$

로써 주어진다. 이로써 우리는 미분 방정식(7)의 해를 구한 셈이다. 물론 ϵ의 1차 항 정도의 정확도로서 근사적인 해에 해당되지만, 위와 같은 방법을 따라서 최종적으로 구한 근사적인 해는

$$x(t) \approx x_0 \cos(\omega_0 t) + \varepsilon \frac{x_0^2}{2\omega_0^2}\left[1 - \frac{1}{3}\cos(2\omega_0 t)\right] \qquad \cdots\cdots (13)$$

로 표현되며, 우리가 기대했던 바와 같이, 기본 주파수 성분인 w_0와 제 2고조파인 $2w_0$를 포함하고 있음을 볼 수 있다.

2.5.2 정류(rectification)란 무엇인가?

전파통신 분야에서 사용되는 많은 시스템들은 비선형성이라는 물리적 특성을 이용하여 매우 높은 주파수로 진동하는 입사 전장이나 전압 또는 전류와 같은 물리량 e로 여기(excitation)할 때, 원래의 주파수 성분과 함께 주파수와 관계 없는 출력, 즉 정상 성분(steady component)의 출력, 즉 DC성분 r을 낼 수 있는 소자들을 포함하고 있다. 앞서 다루었던 식(4)에서의 $1/2(be_0^2)$과 식(13)에서의 $\epsilon x_0^2/2w_0^2$이 바로 그러한 예에 속한다. 우리는 이미 그러한 출력성분이 소자의 2차 선형성(quadratic nonlinearity)에 의하여 얻어지는 결과라는 사실을 알고 있는데 $1/2(be_0^2)$과 $\epsilon x_0^2/2w_0^2$의 결과로부터, 이러한 출력이 입력에 여기된 진폭 e_0나 x_0의 제곱에 비례함도 알 수 있다.

이러한 변환 과정을 정류(rectification)라고 한다. 이러한 성질은, 예를 들어, 교류전류를 직류전류로 변환하는 것이 요구되는 전자전기 분야의 회로에서 참으로 널리 쓰이고 있다. 사실상 어떤 한 방향으로의 전류의 흐름에는 큰 저항을 보이며, 이와 반대되는 방향으로 흐르는 전류의 흐름에는 매우 작은 저항을 보이는 소자들은 그러한 정류작용을 효과적으로 수행해낼 수 있다. 이러한 목적으로 사용되는 중요한 소자로는 2극 진공관(thermionic diode), 광석 검파기와 PN접합이 있다. 이 중에서 정류기(rectifier)로써의 2극 진공관의 동작원리가 특히 이해하기가 쉽다. 2극 진공관에서는 캐소드와 아노드라고 하는 두 개의 전극이 있는데, 보통 음극으로 불리우는 캐소드는 가열되면 전자가 잘 방출될 수 있는 물질로 코팅되어 있으며 다른 극인

아노드(양극)는 코팅이 되어 있지 않고 가열하지 않은 상태에서 작동한다. 따라서 아노드가 양전압이 인가될 때는 전류가 흐르는 반면, 음전압이 인가되는 경우에는 전류가 흐르지 않게 된다. 아래 그림 2.9에 간단한 정류회로와 입출력 파형의 예를 도시하였다.

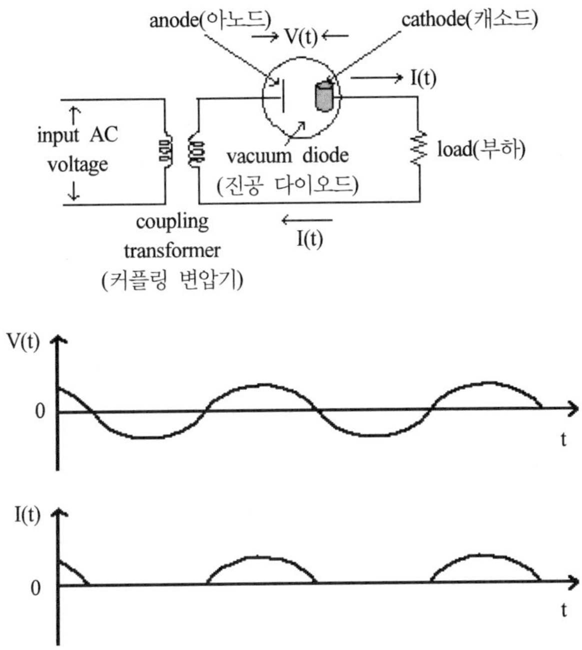

[그림 2.9] 간단한 반파장 정류회로와 입 · 출력 파형

2.5.3 검파란 무엇인가?

빛과 같이 매우 높은 주파수로 진동하는 전자파 에너지(electromagnetic energy)나 음파와 같이 높은 주파수로 진동하는 에너지를 우리의 눈이나 귀는 어떻게 탐지(detect)할까? 이러한 경우 탐지를 위하여 모든 기관에는 필요 불가결한 구성요소로 비선형소자(nonlinear element)에 해당되는 미세기관을 갖추고 있다. 이러한 용도로 전자통신 분야에서 널리 쓰이는 소자로는 전파 에너지를 탐지하는 데 쓰이는 광석 다이오드 검파기(crystal diode detector), 빛 에너지를 탐지하는 데 쓰이는 광 다이오드(photo diode)나 광 체배기(photomultiplier), 그리고 소리 에너지나 전자파가 에너

지를 탐지하는 데 쓰이는 다양한 열량계 소자(calorimetric device) 등이 있다.

이러한 용도로 쓰이는 장치들은 하나의 공통적인 성질을 갖고 있다. 즉 그들 장치 모두는 음파나 전자파의 음압이나 전계가 높은 주파수로 방향을 바꾸면서 나타내는 순시치에 반응하지 않고, 그러한 진동에 관련된 어떤 시평균치의 물리량에 반응한다는 것이다. 생각해보라. 예를 들어 광화학적이며 신경계(photochemical-neural)를 포함하는 인간의 눈의 반응속도로써 어떻게 가시광의 매 초당 10^{15}정도되는 진동을 따라잡을 수 있겠는가? 이동도(mobility)가 매우 좋은 전자의 흐름을 이용하는 광다이오드(photo diode)조차도 인간의 눈보다는 성능이 좋다고는 하지만 10^{15}정도의 진동을 따라잡기는 불가능하다. 이러한 상황에서 매우 유용한 소자로는, 여기 입력(excitation) e와 출력(응답) r이

$$r = Ae^2 \qquad \cdots\cdots (14)$$

으로 관계지워지는 자승 법칙 검파기(square law detector)를 들 수 있다. 이 식에서 A는 소자의 구체적인 물성에 따라 결정되는 비례상수이다. 만일 여기(excitation) 입력 e가 정현 함수로서 $e = e_0 \cos(wt + \phi)$으로 주어진다면 이 표현식을 식(14)에 대입하여 r에 대한 시평균(time-average)치, $\langle r \rangle$을 구하면

$$\langle r \rangle = \frac{1}{T}\int_t^{t+T} r(t)\, dt = \frac{1}{2}Ae_0^2 \qquad \cdots\cdots (15)$$

이 되어 이로부터 측정 가능한 물리량의 측정치 $\langle r \rangle$이 진동 진폭의 제곱에 비례함을 알 수 있다.

예를 들어 광 다이오드의 경우, 출력(응답) r은 단순히 입사광에 의해 생성되는 다이오드 전류가 된다. 여기 입력 e는 입사광의 전계에 비례하지만, 출력 $\langle r \rangle$은 입사광의 세기 e^2에 비례하게 되고 따라서 출력 전류가 입사광의 세기에 비례하기 때문이다. 실제로는 모든 검파기가 자승 법칙(square law)을 정확히 따르지는 않는다. 이런 검파기 종류는 여기 입력 e의 작은 레벨로부터 큰 레벨까지의 넓은 범위에서 자승 법칙을 따르지만, 앞에서 언급했던 광석 다이오드(crystal diode)와 같은 검파기 종류들은 여기 입력 e가 작은 레벨인 경우는 e에 선형적으로 반응하고 중간 레벨의 경우에만 자승 법칙을 따르면서, 큰 레벨의 경우에는 매우 복잡한 응답 특성을 보인다. 이런 경우에는 목적에 맞도록 측정 이전에 세심한 사전 캘리브레이션(calibration)을 해야 한다.

2.5.4 변조란 무엇인가?

정보나 음성이나 음악 등을 전자기파에 실어서 먼 거리까지 전송하는 것이 우리 인류의 중요한 통신수단이다. 높은 주파수를 사용하면 안테나를 포함한 송수신장치를 만드는 데 있어서나, 먼 곳을 전파해도 상대적으로 수신 진폭이 덜 감소한다는 면에서 편리하다. 그러나 무엇보다도 중요한 것은 서로 다른 각각의 메시지를 서로 다른 주파수를 사용하여 동시에 실어 보내주면, 간섭(interference) 없이 송수신이 가능하다는 것이다.

주파수가 비교적 높고 $e = e_0 \cos(wt + \phi)$로 주어지는 정현파가 있다고 하자. 어떤 송신기에서 이러한 정현파를 보내고 수신기에서 이러한 전파를 잡았다고 하면, 그 수신 전파에는 오직 그러한 정현파만이 있을 뿐 어떠한 정보도 없다. 정보(information)를 보내기 위해서는 메시지 자체가 그러한 정현파에 실려야 하는데 이는 미리 어떤 주어진 방식으로 진폭 e_0를 변화하든가 또는 각 주파수 w를 변화하든가 아니면 위상 ϕ를 변화하든가 함으로써 구현될 수 있다. 이러한 구현방식을 변조(modulation)라고 하는데, 앞의 경우를 좀 더 구체적으로 이야기한다면, e_0와 w와 ϕ을 각각 변화시키는 경우에 따라 진폭변조(amplitude modulation), 주파수변조(frequency modulation), 위상변조(phase modulation)라고 부른다.

여기에서는 간단히 진폭변조에 대하여 살펴보기로 한다. 일반적으로 상대적으로 높은 주파수의 순수한 정현파를 반송파(carrier)라고 하고

$$E_c = E_{oc} \cos(\omega_c t) \qquad \cdots\cdots (16)$$

로 표현하는 반면, 이러한 반송파에 실어보낼 메시지, 즉 반송파에 가해지는 신호로의 섭동(perturbation)은, 예를 들어, 음성의 경우 매우 복잡한 시간의 함수로서 주어지지만, 아무리 복잡한 함수라도 많은 수의 고조파로서 분해할 수 있기 때문에 음성 신호라 해도 많은 고조파 중 하나를 선택하여

$$E_m = E_{om} \cos(\omega_m t) \qquad \cdots\cdots (17)$$

로 표현한다. 따라서 진폭 변조 후의 반송파의 함수형태 즉, 신호를 포함하고 있는 반송파 E는

$$E = [E_{oc} + a E_{om} \cos(\omega_m t)] \cos(\omega_c t) \qquad \cdots\cdots (18)$$

이 되는데 이 식에서 대괄호 내부의 표현식이 반송파인 $\cos(w_c t)$의 진폭에 해당되므로 그 진폭이 시간에 따라 변화하는 경우로 보면 된다. 이 식에서 계수 a가 주어진 변조신호 E_{om}의 최대변이를 결정하고 있음을 알 수 있다. 식(18)을 삼각함수 공식을 사용하여 다시 표현하면

$$E = E_{oc}\cos(\omega_c t) + \frac{1}{2} a E_{om} \cos(\omega_c + \omega_m)t + \frac{1}{2} a E_{om} \cos(\omega_c + \omega_m)t \quad \cdots\cdots (19)$$

로 되어 식(18)이 결국 식(19)에서 볼 수 있는 바와 같이 반송파 주파수 w_c, 반송파 주파수 w_c와 신호 주파수 w_m의 합과 차, 즉 $w_c + w_m$과 $w_m - w_c$로 주어지는 세 주파수 성분으로 구성되어 있음을 알 수 있다.

다음 그림에 낮은 주파수대의 신호와 변조된 반송파의 시간적 변화를 도시하였다.

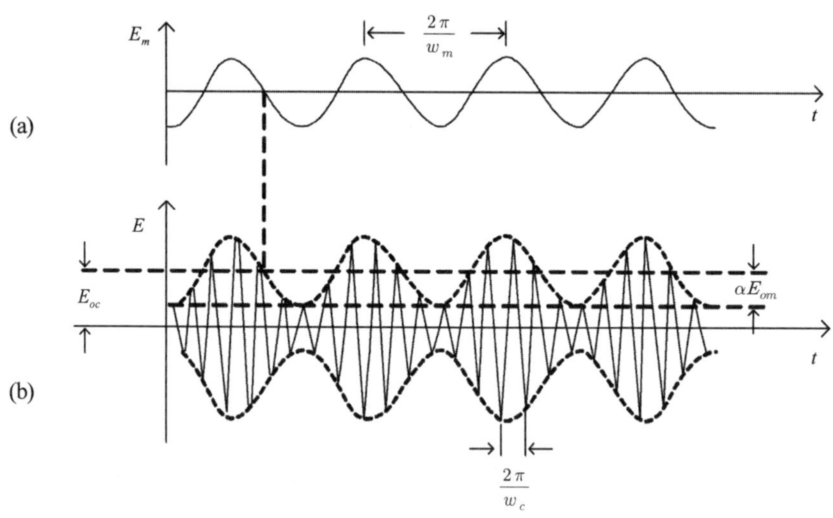

[그림 2.10] 낮은 주파수대의 신호(a)와 변조된 반송파(b)

일반적으로 반송파 주파수 w_c는 (예를 들어 수백 kHz에서 초고주파 영역에 해당되는) 신호 주파수(신호가 음성 또는 음악인 경우. 20kHz에서 20kHz영역에 해당되는)에 비하여 매우 높다. 식(19)의 주파수 스펙트럼을 주파수의 함수로 도시하면 다음 그림과 같다.

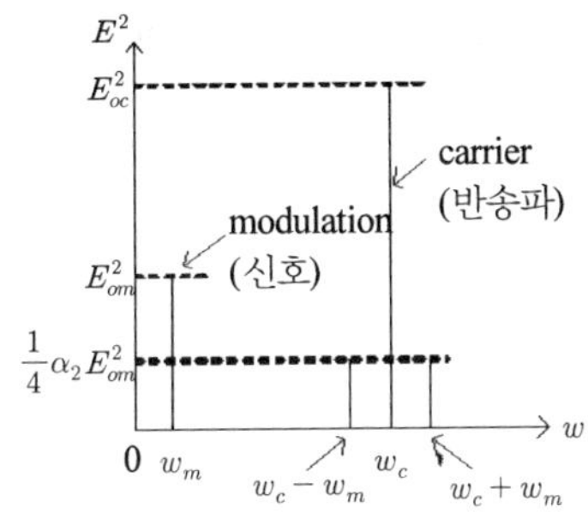

(a) 신호가 단일 주파수일 때

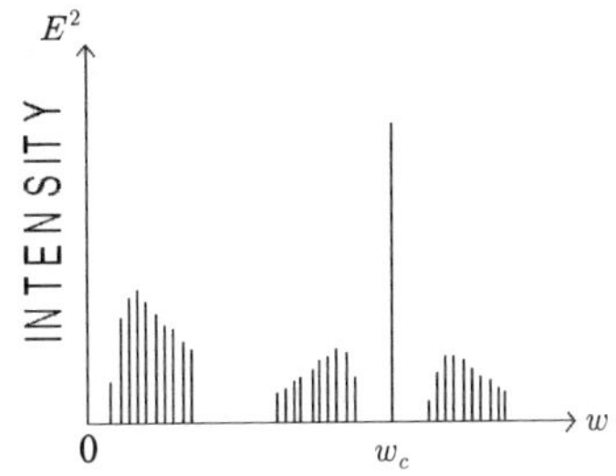

(b) 신호가 대역폭을 지닐 때, 즉 신호가 여러 주파수 성분을 포함할 때

[그림 2.11] 변조된 반송파의 주파수 스펙트럼

이미 언급한 바와 같이 일반적으로 낮은 주파수대의 신호는 하나의 주파수 성분만으로 구성되어 있지 않고 서로 다른 진폭을 갖는 많은 주파수 성분으로 구성되어 있기 때문에 보다 사실적으로 주파수 스펙트럼을 도시한다면 [그림 2.11(b)]와 같이 주어진다.

실제 진폭변조는 어떻게 할까? 반송파와 신호에 해당되는 두 개의 정현 전압을 비선형 전자소자에 인가하면 되는데 [그림 2.12]와 같이 (예로 3극 진공관을 비선형 소자로 사용하는 경우를 생각해보면) 3극 진공관의 캐소드와 그리드 사이에 반송파 전압과 변조하려는 신호 전압을 트랜스로 결합하여 직렬로 인가하면, 출력단(아노드와 캐소드 사이에)에 변조된 파형이 나타나게 된다.

진폭 변조 과정을 좀더 상세히 살펴보기 위하여 양극으로부터 흘러나가는 전류 I_p와 입력단의 그리드와 캐소드 사이의 전압 V가

$$I_p = aV + bV^2 \qquad \cdots\cdots (20)$$

로 표현되는 바와 같이 비선형적인 관계(nonlinear relation)로 주어진다고 하자. 물론 여기에서 a와 b는 3극 진공관의 특성에 따르는 상수라고 하자.

그리드와 캐소드 사이의 입력단 여기 전압 V가

$$V = V_{om}\cos(\omega_m t) + V_{oc}\cos(\omega_c t) \qquad \cdots\cdots (21)$$

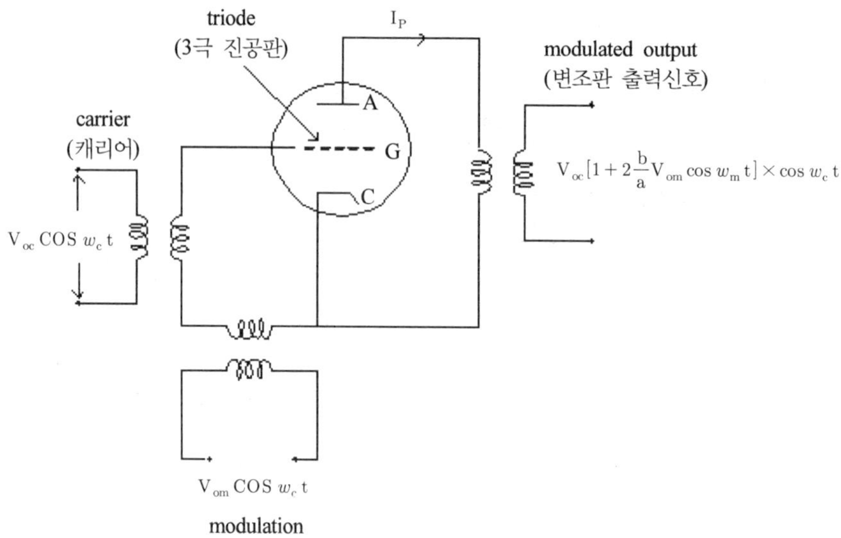

[그림 2.12] 3극 진공관의 비선형적인 전류-전압 특성을 이용한 간단한 변조회로 변압기를 사용하여 외부회로를 3극 진공관에 결합시키고 있다.
(여기에서 A : 아노드, G : 그리드, C : 캐소드)

로써 주어지는 경우, 이 표현식을 식(20)에 대입하여 삼각함수 공식을 사용해서 정리하면 출력단의 양극 전류 I_p는

$$\begin{aligned} I_p &= aV_{oc}\cos(\omega_c t) + aV_{om}\cos(\omega_m t) + bV_{oc}V_{om}\cos(\omega_c+\omega_m)t \\ &+bV_{oc}V_{om}\cos(\omega_c-\omega_m)t + \frac{1}{2}bV_{oc}^2 + \frac{1}{2}bV_{om}^2 \\ &+\frac{1}{2}bV_{oc}^2\cos(2\omega_c t) + \frac{1}{2}bV_{om}^2\cos(2\omega_m t) \end{aligned} \qquad \cdots\cdots (22)$$

로 표현된다.

이 결과식으로부터 알 수 있듯이 $\frac{1}{2}bV_{oc}^2$과 $\frac{1}{2}bV_{om}^2$과 같은 직류 성분 외에도 주파수가 w_c, w_m, $(w_c \pm w_m)$, $2w_c$ 및 $2w_m$인 6개의 성분이 포함되어 있다. 그렇지만 일반적으로 $w_c \gg w_m$이고 동시에 w_c근처의 스펙트럼 성분을 제외하고 나머지 스펙트럼 성분들은 여파기(filter)에 의하여 제거되었다고 하면 출력단 전류 I_p는 근사적으로

$$I_p \approx aV_{oc}\cos(\omega_c t) + bV_{oc}V_{om}\cos(\omega_c+\omega_m)t + bV_{oc}V_{om}\cos(\omega_c-\omega_m)t \qquad \cdots\cdots (23)$$

로 주어진다. 계속해서 삼각함수 공식을 사용하여 정리하면

$$I_p = aV_{oc}\left[1 + 2\left(\frac{b}{a}\right)V_{om}\cos(\omega_m t)\right]\cos\omega_c t \quad \cdots\cdots (24)$$

이 되어 앞에서 다루어 보았던 식(18)과 동일함을 알 수 있다. 실제로 식(24)의 우변에 비례하는 전자기파가 복사소자(안테나)를 통해 자유공간으로 복사해나아가는 것이다. 수신기(receiver)의 경우에는 이러한 과정이 역으로 이루어지고(변조된 신호를 복조함으로써) 오디오 신호가 AM 방송의 청취자에게 들리게 되는 것이다.

사람의 귀도 유사한 비선형성을 지니고 있다. 그래서 주파수가 다른 두 음조(tone)가 들릴 때 두 음조 외에 비선형성에 의하여 생기는 또 다른 음조들도 들을 수 있게 된다. 이러한 음조들을 결합 음조(combination tone)라 부른다.

인간의 귀의 비선형성의 특성도 구동 진동자 방정식(driven oscillator equation)에 진동자의 변위의 제곱에 비례하는 비선형성 항을 포함하여 고려함으로써 잘 기술할 수가 있다. 다시 말하면 귀속에 있는 달팽이관의 코르티(corti) 기관을 받치고 있는 섬유성막(basilar membrane)이나 고막(ear drum)을 앞에서 다루어 보았던, 복원력(restoring force) F가 $F=-kx+bx^2$으로 주어지는 용수철(spring)로써 모델링하면 잘 설명될 수 있다.

이러한 방식을 따라서 운동방정식(equation of motion)을 얻게 되면

$$\frac{d^2x}{dt^2} + \omega_0 x - \beta x^2 = A_1\cos\omega_1 t + A_2\cos\omega_2 t \quad \cdots\cdots (25)$$

가 되는데, 여기에서 A_1과 A_2는 주파수가 각각 w_1과 w_2인 입사 음파의 진폭을 의미하며 β는 비선형성에 관계된 상수로 매우 작다고 가정한다. 앞서의 논의(2.5.1절)에 입각해서 살펴보면 x에 대한 해는 주파수가 w_1, w_2, $2w_1$, $2w_1$, (w_1+w_2)와 (w_1-w_2)인 성분을 포함하게 될 것임을 알 수 있는데, 이 여섯 개의 주파수 성분 중에 (w_1-w_2)성분이 원래 입사 음파의 음조(주파수)보다 낮고 따라서 식별하기가 가장 용이한 성분이 된다. 이러한 성분을 인식함으로써 두 개의 음조가 들리고 있다는 사실을 감지하게 된다.

2.5.5 파라미트릭(parametric) 증폭이란 무엇인가?

고조파 발진기(harmonic oscillator)와 같은 진동계(vibrating system)의 경우 주기적인 외력(periodic external force)을 진동계에 인가해줌으로써 진동의 진폭을 크게 증폭시킬 수가 있다. 생각해보라. 어린이가 타고 있는 그네의 진폭을 키워주기 위하여 우리는 주기적으로 동기(synchronous)된 외력(external force)을 가해주었던 경험을. 더욱 흥미로운 상황이 있다. 어린이가 그네를 타기 시작하면 (즉 어린이가 타고 있는 그네의 작은 진동이 시작되면) 어린이 스스로가 그네 진폭을 증가시켜나가는 모습을 흔히 보지 않았는가? 어린이가 그네의 가장 높은 위치에 오면 그 꼬마는 일어나고 가장 낮은 위치에 오면 그 꼬마는 앉은 모습을 취한다. 참으로 주기적으로! 참으로 율동적으로(rhythmically)! 진동계의 중력 중심의 주기적 변동을 통하여 진동 진폭의 증폭(amplification)을 구현해가고 있는 것이다. 즉 진동계(vibration system)의 매개변수(parameter)의 주기적인 변화(periodic variation)를 통하여 진동 진폭의 증폭을 이루어낼 수 있는 것이다. 이러한 물리적 과정을 파라미트릭 여기(parametric excitation)라고 한다.

정략적으로 다루기 쉬운 간단한 예로서 단진자를 매어 놓은 실의 길이가 아래 그림과 같이 적절하게 변화할 수 있는 단진자(pendulum) 문제를 생각해보자.

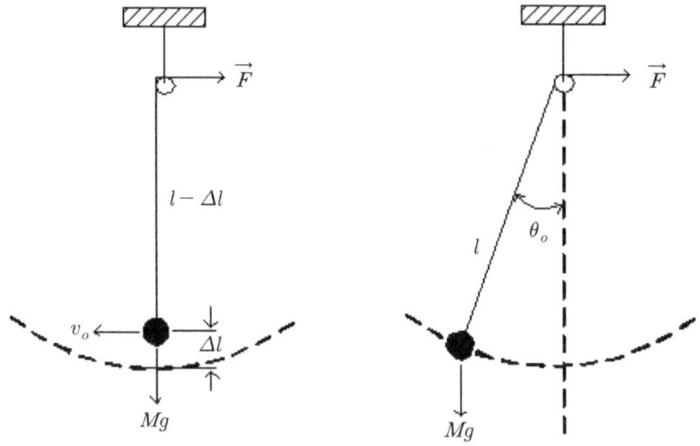

[그림 2.13] 단진자의 파라미트릭 여기

그림에 도시되어 있듯이 추가 수직인 위치에 있을 때 천정에 매단 도르래를 통하여 외력을 가하여 짧은 길이 Δl만큼 들어올리고, 가장 진폭이 큰 경우에 즉 θ_0일 때,

추를 연결한 실의 길이를 다시 Δl만큼 늘려 원래의 길이로 되도록 한다.

따라서 한 주기 T_0동안, 단진자 길이는 두 번 늘어나게 되고 두 번은 줄어들게 되어, 매개 변수(단진자 길이 l)의 주기적인 변이(variation)는 진동의 고유 주파수 $w_0 = 2\pi / T_0$의 2배의 빈도(또는 주파수)로서 주어지게 된다. 이는 어린이가 탄 그네가 진폭을 주기적인 외력을 가하여 증가되는 경우에 외력을 가하는 주파수 w가 그네의 고유 진동수 w_0와 동일할 때 가장 효율적인 진동 진폭의 증가가 이뤄질 수 있다는 사실과는 다르다는 점을 주목하자. 즉 지금 다루고 있는 파라미트릭 여기의 경우 파라미터(단진자의 길이)의 변이가 일어나는 주파수가 $2w_0$라는 점은 여기에서 우리가 비선형계(nonlinear system)를 다루고 있음을 시사하고 있는 것이다. 어떠한 진동(oscillation)이 형성되는 것은 단진자의 추를 주기적으로 올리고 내리는 데 작용했던 외력(external force)에 의한 일(work)에 기인되고 있음은 틀림없다. 추가 수직인 위치에 올 때마다 $Mg\Delta l$의 위치 에너지(potential energy)를 얻으므로 한 주기당 추가 얻는 위치 에너지는 $2Mg\Delta l$(한 주기당 추가 수직인 위치에서 Δl만큼 2번 올려지므로)이 된다. 그리고 추가 수직의 위치에서 최대의 편향(deflection)각도 θ_0가 될 때 $Mg(\cos\theta_0)\Delta l$의 위치에너지를 잃게 되고 한 주기당 2번의 최대의 편향각도 θ_0가 되므로, 한 주기당 추가 잃는 위치 에너지는 $2Mg(\cos\theta_0)\Delta l$이 된다. 이와는 별도로 추가 수직의 위치에 있을 때 속도가 최대 v_0이므로 원심력이 $M\frac{v_0^2}{l}$이 되어 이에 대항하는 힘으로 Δl 만큼 옮겨주는 데 드는 일(또는 에너지) 또한 $M\frac{v_0^2}{l}\Delta l$로써 추가로 얻는 에너지로써 고려되어야 한다. 이 경우에 한 주기당 2번을 해주어야 하므로 계(界)에 해주는 일은 $2M\frac{v_0^2}{l}\Delta l$이 된다. 물론 추가 수직의 위치로부터 최대의 편향각을 가질 때는 속도가 0이므로 원심력이 0이 되어 이 경우에는 원심력에 대항하여 추에게 해주어야 할 일(또는 에너지)은 0이 된다. 따라서 한 주기 동안 외력이 추에게 가해준 전체 일(또는 에너지) W는,

$$
\begin{aligned}
W &= 2Mg\Delta l - 2Mg(\cos\theta_0)\Delta l + 2M\frac{v_0^2}{l}\Delta l \\
&= 2Mg\Delta l\left[(1-\cos\theta_0) + \frac{v_0^2}{lg}\right]
\end{aligned}
\qquad \cdots\cdots (26)
$$

또한 추가 수직인 위치에 있을 때의 운동 에너지 $M\frac{v_0^2}{2}$는, 추가 수직으로부터 최대의 각도 θ_0로 편향되었을 때 (즉 추의 위치 에너지가 가장 클 때)의 위치 에너지

$Mgl(1-\cos\theta_0)m$와 동일해야 하므로

$$M\frac{v_0^2}{2}=Mgl(1-\cos\theta_0) \qquad \cdots\cdots (27)$$

이고, 이로부터

$$v_0^2=2gl(1-\cos\theta_0) \qquad \cdots\cdots (28)$$

의 표현식을 얻는다. 이어서 식(28)을 식(26)에 대입하여 v_0^2을 소거하여 W를 표현하면

$$W=6Mg\Delta l(1-\cos\theta_0) \qquad \cdots\cdots (29)$$

되는데 이 결과식에서 외부로부터 진동계에 가해지는 일(또는 에너지)이 양(+)이므로 진동(swing)의 진폭이 한 주기가 지날 때마다 계속해서 증가하게 될 것임을 알 수 있다.

진동하는 단진자를 기준으로 한, 외부에서 가해주는 외력의 위상(phase)이 매우 중요함을 유념하자. 추가 수직인 위치에 왔을 때 추의 수직 위치를 낮추도록 위상이 변한다면 단진자 진동계의 에너지가 외력이 공급되는 곳(예를 들어, 엔진을 가정하여)으로 에너지가 공급되며 이는 단진자의 길이를 변화시켜(늘려서) 단진자의 진동 진폭을 감소시킬 것이다.

역학(mechanics) 분야에서 흥미로운 현상들이 파라미트릭 소자(parametric device)를 많이 활용하는 전자공학 분야에서는 매우 중대한 의의를 갖는다. 역학 분야에서 단진자의 운동 방정식을 LC공진 회로의 전류에 대한 미분 방정식과 비교해보면, 단진자의 길이 h가 단진자의 운동 방정식과 갖는 관계는 LC공진 회로의 C가 전류에 대한 미분 방정식과 갖는 관계와 같음을 알 수 있다. 좀 더 엄밀히 이야기 한다면 h와 $1/C$이 각각의 방정식에서 동일한 역할을 한다는 것이 보다 정확하지만, h 또는 C를 주기적으로 변화시켜 줌으로써 단진자의 진폭이나 LC회로의 공진 전류를 증폭할 수 있다는 점에서 그러하다는 이야기다. 이러한 논거에 의하여 LC회로의 C를 주기적으로 가변시켜줌으로써 진동(공진) 전류나 전압의 진폭을 증폭시킬 수 있는 것이다. [그림 2.14]는 그러한 목적으로 사용될 수 있는 간단한 LC회로를 도시하고 있는데 그림에서 커패시턴스 $C(t)$는

$$C(t)=C_0+C_1(t) \qquad \cdots\cdots (30)$$

로 시간에 따라 변하지 않는 성분 C_0와 시간에 따라 변하는 성분인 $C_1(T)$의 병렬 연결 형태로 주어진다.

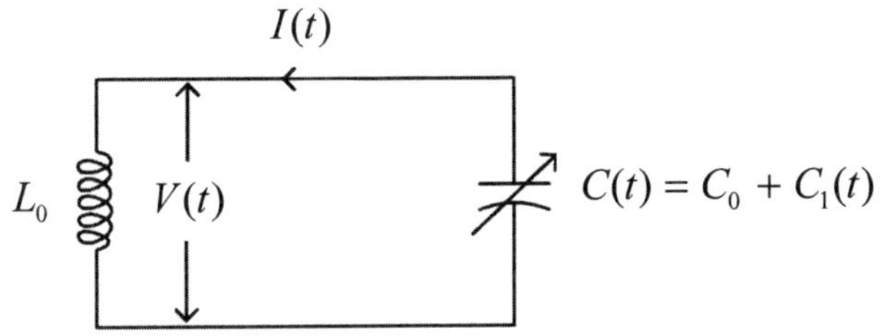

[그림 2.14] 파라미트릭 발진기(parametric oscillator) : 시간에 따라 변하는 커패시턴스 $C_1(t)$를 정확한 주파수와 위상을 갖게 한다면 전류 $I(t)$와 $V(t)$는 시간에 따라 지수 함수적으로 증가하게 된다.

위의 [그림 2.14]에서 시간에 따라 변하는 커패시턴스는 시간에 따라 커패시턴스의 양 극판 사이의 거리를 증감시켜줌으로써 만들 수 있다. 편의상 $t=0$인 시각에 축전기 C가 완전히 충전되어 있다고 하고, 바로 이 순간에 커패시턴스의 양극판 사이의 거리를 약간 증가시킨다고 가정하자. C의 양 극판간에는 서로 끄는 힘이 작용하고 있으므로 C의 양 극판 사이의 거리를 증가시키기 위해서는 외부에서 일(또는 에너지)을 가해주어야 한다. 축전기의 전하량은 즉각적으로 변화할 수 없으므로 외부에서 가해준 에너지는 축전기 극판 사이의 축전 에너지를 증가시키는 데로 쓰이게 된다. 따라서 $V=Q/C$로부터 축전기 극판 사이의 전압 V가 증가하게 됨을 알 수 있다(Q는 그대로인데 C가 감소하므로). 그리고 $t=\frac{T_0}{4}$, 즉 한 T_0주기의 $\frac{1}{4}$되는 시간 후에 축전기 극판을 원래의 간격으로 하면, 이 경우에는 축전기 양 극판에 충전된 전하가 없기 때문에 외부에서 일(또는 에너지)을 가할 필요가 없다. 물론 $f=\frac{1}{T_0}$은 공진회로의 공진주파수이다. 여기에서 다시 $\frac{T_0}{4}$ 뒤에 축전기의 양 극판 거리를 다시 증가시키고 이러한 과정을 계속하게 되면 $I(t)$와 $V(t)$가 계속 증가하게 되어 원하고자 하는 증폭(amplification)이 이루어지게 된다. 물론 실제적으로는, 커패시턴스의 변화를 순간적으로 급작스럽게 할 수는 없으므로, 정현적으로 변한다고 가정하면 식(30)은

$$C(t)=C_0+C_{01}\cos(2\omega_0 t+\varphi) \qquad \cdots\cdots (31)$$

로서 표현된다.

여기에서 이른바 펌핑 주파수(pumping frequency)라고 불리우는 $2w_0$는 LC회로의 고유 공진 주파수인 $w_0 = 1/\sqrt{L_0 C_0}$의 2배로 주어진다. 앞의 LC회로에서의 회로 방정식(circuit equation)을 구해보면 먼저 L_0에 걸리는 전압 V는

$$V = L_0 \frac{dI}{dt} \qquad \cdots\cdots (32)$$

로 주어지고, 전류의 경우는

$$I = -\frac{d}{dt}(CV) \qquad \cdots\cdots (33)$$

의 표현식에 $C = C_0 + C_1(t)$를 대입하여 정리하면

$$I = -C_0 \frac{dV}{dt} - C_1 \frac{dV}{dt} - V \frac{dC_1}{dt} \qquad \cdots\cdots (34)$$

가 된다. 계속해서 식(32)를 식(34)에 대입하여 정리하면 그 결과식은 다음과 같다.

$$\frac{d^2 I}{dt^2} + \frac{1}{L_0 C_0} I = -\frac{C_1}{C_0} \frac{d^2 I}{dt^2} - \frac{1}{C_0}\left(\frac{dI}{dt}\right)\left(\frac{dC_1}{dt}\right) \qquad \cdots\cdots (35)$$

여기에서 왼쪽의 표현식은 일반적인 LC공진 회로의 친숙한 형태의 미분 방정식인데 오른쪽 표현식은 $e.m.f.$(electromotic force)를 공급하는 전원(generator)의 구실을 하는 구동함수(forcing function) 역할을 한다. 그러나 이 전원은 단순히 외부에서 공급되는 정현파 전원이 아니라, 지금 다루고 있는 파라미트릭 증폭 시스템 내부의 비선형 소자를 의미한다. 파라미트릭 증폭기(parametric amplifier)는 저잡음 조건이 요구되는 무선 주파수대에서 특히 무선 주파수대역에서 유용하게 쓰인다. 사용되는 소자가 저항성분이 아니고 C와 같은 리액턴스 소자이기 때문이다. 실리콘 접합 다이오드와 같은 반도체 접합은 전압 가변 커패시터(voltage variable capacitor)로서 작용하는데 이러한 소자를 신호 주파수 w_0와 펌핑 주파수 $2w_0$를 갖는 두 전압 성분이 동시에 인가될 수 있는 방식으로 구성한다. 이러한 파라미트릭 증폭 방식을 이용했을 때의 이득은 수백에서 천 배 정도에 달한다.

2.6 다결합 공진 구조(many coupled oscillator structure)

여파기 개념(filter concept)에서 전송선 개념(transmission line concept)까지

공진회로 구조(resonant structure)를 서로 연결한 구조를 살펴보면 여파기 개념(filter concept)과 전송선 개념(transmission line concept)의 중요한 일면을 이해할 수 있다. 말할 것도 없이 가장 단순한 공진회로는 LC회로이다. 고립된 LC공진회로에 대하여는 교과서 수준의 회로이론에서도 많이 다루기 때문에 여기에서는 다루지 않겠다. 대신 고립된 각각의 공진회로가 결합되면 어떻게 되는가를 살펴보고자 한다. 먼저 LC 공진회로를 결합하는 방법으로는 아래 [그림 2.15]에서와 같이 3가지 방법이 있다.

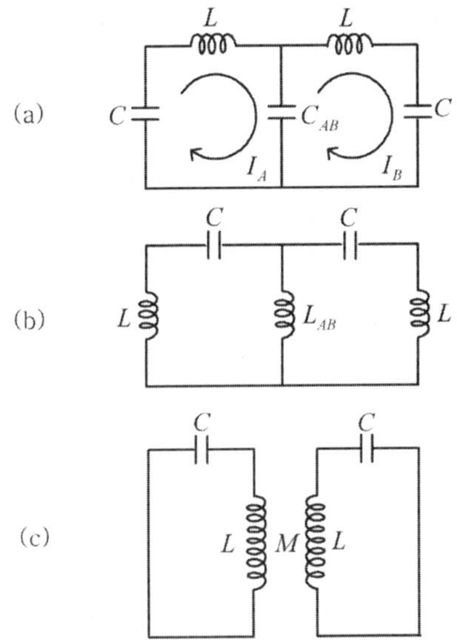

(a) C_{AB}를 통한 용량성 결합(capacitive coupling)
(b) L_{AB}를 통한 유도성 결합(inductive coupling)
(c) 상호 인덕턴스 M을 이용한 변압기 결합(transformer coupling)

[그림 2.15] LC 공진회로를 결합하는 세 가지 방법

그림에서 주어진 세 가지 결합 형태 중에 대표적인 예로서 공통지로(common branch)에 C_{AB}를 연결한 경우를 살펴보기로 한다. 이러한 경우 2개의 특성 주파수

(characteristic frequency)를 I_A와 I_B에 대한 두 개의 루프 방정식을 세워서, 구하면

$$\omega_1 = \sqrt{\frac{1}{LC}} \ , \ \omega_2 = \sqrt{\frac{1}{LC} + \frac{2}{LC_{AB}}} \qquad \cdots\cdots (36)$$

이 되는데 이러한 결과를, 오른쪽 루프를 끊고 왼쪽의 루프(L, C, C_{AB}로 구성된)만의 공진주파수인 $w_0 = \sqrt{(1/LC)+(1/LC_{AB})}$와 비교해 보면 흥미롭다. 두 공진회로의 결합 결과, 고립된 하나의 공진회로의 공진주파수 w_0가 w_1과 w_2로 갈라진다는 사실은 양자 역학 분야에서, 예를 들어, 고립된 각 수소 원자 내 전자의 에너지 준위가 모두 동일하다가 두 개의 수소 원자가 결합되어 수소 분자를 구성하게 되면 두 개의 전자들의 에너지 준위가 원래의 동일했던 에너지 준위로부터 원래의 준위와 다른 두 개의 에너지 준위로 갈라지게 되는 현상과 본질적인 유사성을 보인다. 여기에서 다결합 공진 구조(many coupled oscillator)에 대한 일반적인 문제를 다루기는 어렵다. 그러나 다소 미흡하기는 하지만 아래 [그림 2.16]과 같이 직렬 인덕턴스 L과 병렬 커패시턴스 C가 반복적으로 연결된 사다리 형태의 회로(ladder network)를 다루어보면 물리적인 이해를 얻을 수 있다.

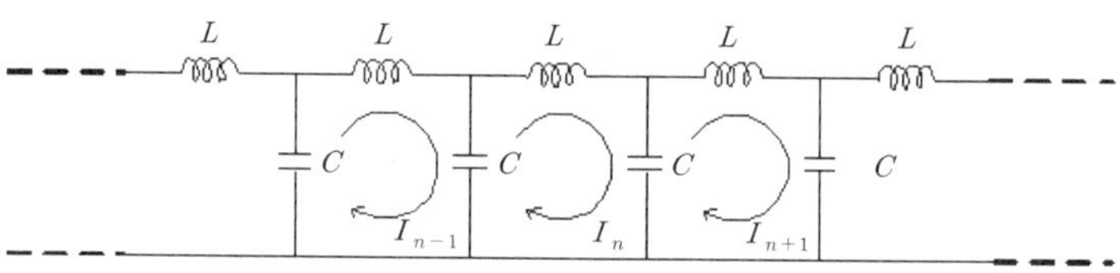

[그림 2.16] 직렬 L과 병렬 C로 구성된 회로를 반복적으로 연결하여 만든 사다리 회로망

루프 전류 I_n이 흐르는 n 번째 루프에 대하여 루프 방정식(loop equation)을 세우면

$$L\frac{dI_n}{dt} + \frac{1}{c}\int[I_n - I_{n-1}]dt + \frac{1}{c}\int[I_n - I_{n+1}]dt = 0 \qquad \cdots\cdots (37)$$

이 되는데 여기에서 다시 양변에 $\frac{d}{dt}$ 연산을 가하면

$$L\frac{d^2I_n}{dt^2} + \frac{1}{c}[I_n - I_{n-1}] + \frac{1}{c}[I_n - I_{n+1}] = 0 \qquad \cdots\cdots (38)$$

이 된다. 여기에서 n 번째 루프에 흐르는 전류 I_n이 시간에 따라 $I_n = I_n^0 e^{jwt}$로서 변화하는 주파수가 w인 정현 함수 형태라고 가정하고 식(38)의 좌변의 첫째 항에 대입하여 계산하면 $-Lw^2 I_N^0 e^{jwt} = -Lw^2 I_n^0$이 된다. 이 결과를 식(38)에 대입하여 정리하면

$$\frac{I_{n-1}^0}{I_n^0} + \frac{I_{n+1}^0}{I_n^0} = 2 - \omega^2 LC \qquad \cdots\cdots (39)$$

이 된다. 이 표현은 차분 방정식(difference equation)의 형태인데, 지금 다루고 있는 사다리 형태의 회로가 직렬 L과 병렬 C가 반복적으로 연결되어 있는 구조임을 감안한다면 이웃한 두 루프에 흐르는 전류간의 비, 즉 $\frac{I_{n-1}^0}{I_n^0} = \frac{I_n^0}{I_{n+1}^0}$가 어떤 일정한 값으로 주어질 수 있다고 예측할 수 있다.

따라서

$$\frac{I_{n-1}^0}{I_n^0} = \frac{I_n^0}{I_{n+1}^0} = \text{constant (일정 상수)} \qquad \cdots\cdots (40)$$

로 놓고 여기에서의 상수(constant)를, 상수의 위상이나 크기를 표현하는 데 편리하도록, $\pm\exp(+p)$로 놓는다. 물론 여기에서 P는 결정해야할 상수에 해당된다. 따라서

$$\frac{I_{n-1}^0}{I_n^0} = \frac{I_n^0}{I_{n+1}^0} = \cdots = \pm e^{+p} \qquad \cdots\cdots (41)$$

로 표현할 수 있다. 계속해서 식(41)을 식(39)에 대입하면

$$e^{+p} + e^{-p} = \pm(2 - \omega^2 LC) \qquad \cdots\cdots (42)$$

이 되고 $e^{+p} + e^{-p} = 2\cosh p$이므로, 이를 이용하여 식(42)를 다시 표현하면

$$\cosh p = \pm[1 - \omega^2 LC/2] \qquad \cdots\cdots (43)$$

이 되어 이 식으로부터, w와 L과 C가 이미 주어진 기지(旣知)의 상수이면, P를 구할 수 있다. 여기까지가 본 절에서 필요한 수학 내용의 전부이다. 이제 이러한 수학적인 내용들이 갖는 물리적 의미에 대하여 살펴보자.

먼저 P를 안다고 해보자. 그렇다면 우리가 지금 생각하고 있는 사다리 형태의 회로망에서 이웃한 두 루프 전류간의 전류의 비(식 41)를 안다는 것이다. P는 식(43)에서 보는 바와 같이 w와 L과 C의 물리적 상수들로 주어진다. 식(43)은 $y=\cosh P$와 $y=\pm[1-w^2LC/2]$로서 주어지는 두 함수를 그래프로 도시하여 그 교점으로 해를 구하게 되는 초월 방정식(transcendental equation)의 한 형태에 속한다.

그래프를 이용하여 근을 구하는 방법을 아래 그림에 도시하였다.

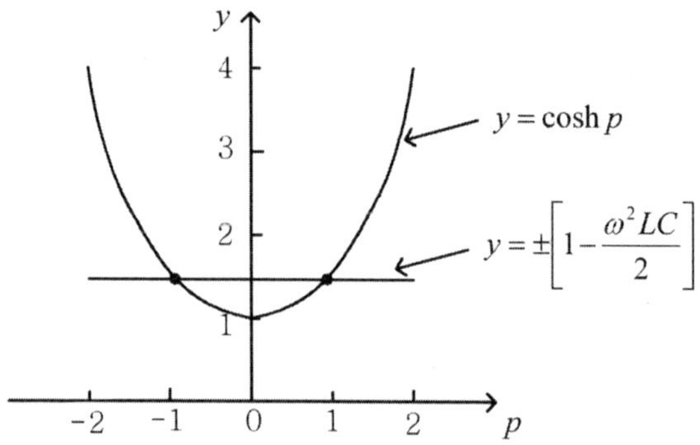

[그림 2.17] $\cosh p=\pm[1-(w^2LC)/2]$로 주어지는 초월 방정식을 그래프를 이용하여 구하는 방법

[그림 2.17]에 주어진 두 그래프의 교점을 구하면 그 교점이 지금 다루고 있는 초월 방정식의 근(root)이 되는 것은 말할 필요가 없다. 우리가 잘 이해해야 할 중요한 이야기가 있다. 그래프에서 명확히 볼 수 있듯이 $y\geq 1$일 때 즉 $(w^2LC)/2\geq 2$일 때에만 교점이 존재하게 된다는 것인데 이러한 사실은 우리가 지금 다루고 있는 시스템(계), 즉 직렬 L과 병렬 C가 반복적으로 연결되어 구성된 사다리 형태의 회로망(network)에 관련된, 어떤 중요한 임계 주파수(critical frequency)가 있다는 것을 의미한다. 물론 이 임계 주파수는 $(w^2LC)/2=2$로부터 구하면,

$$\omega_{crit}=\frac{2}{\sqrt{LC}} \qquad \cdots\cdots (44)$$

이 된다.

이러한 결과는 무엇을 뜻할까? 이러한 질문에 대한 답(answer)을 얻기 위하여, 사다리 회로망의 왼쪽의 먼 곳에서 주파수가 w인 전원을 인가해서 신호를 사다리 회로망을 통하여 오른쪽으로 보내고 있는 상황을 가정해보자. 신호는 사다리 회로망

의 오른쪽으로 진행해 가면서, $\frac{I_n}{I_{n+1}}=\exp(+p)$($P>0$으로 가정)의 함수 형태로, 지수 함수적으로 감쇄하게 될 것이다. 여기에서 $\frac{I_n}{I_{n+1}}=\exp(-p)$의 경우를 의도적으로 배제한 것은, e^{+p}의 경우에는 신호(전류)의 크기가 사다리 회로망을 따라 오른쪽으로 가면서 지수 함수적으로 증가하는 형태가 되는데 이는 물리적으로 불가능한 상황(physically impossible)에 해당되기 때문에 제외한 것이다.

여기까지 생각하면 초월 방정식 (43)의 해를 모두 구한 것일까? 그렇지 않다! 만일에 $w<w_{crit}$인 주파수를 갖는 전원을 사다리 회로망의 먼 왼쪽에 인가하여 $w<w_{crit}$인 주파수를 갖는 신호를 사다리 회로망의 오른쪽으로 보내는 상황을 생각해 보면 어떤 일이 생길까? 앞서 다룬 예는 P가 실수로 해당되는 경우에 국한된 것이다. 즉 P가 허수(imaginary)로 주어진 경우에 대하여 우리는 다루지 않았던 것이다. P가 허수이면 주파수가 $w<w_{crit}$인 영역(regime)에 해당되기 때문에 $w<w_{crit}$인 주파수를 갖는 신호가 사다리 회로망의 오른쪽으로 가면서 어떻게 될 것인지에 대한 물리적 이해를 얻을 수 있다.

좀 더 상세히 이야기해 보자. P가 허수이면 $P=jq$(q는 실수)로 놓을 수 있고 식(41)로부터

$$\frac{I^0_{n-1}}{I^0_n}=\frac{I^0_n}{I^0_{n+1}}=\cdots\cdots\cdots\cdots=\pm e^{jq} \qquad \cdots\cdots(45)$$

로 주어짐을 알 수 있다. 따라서 식(43)으로부터

$$\cosh p=\cosh(jq)=\cos q=\pm\left[1-\frac{\omega^2 LC}{2}\right] \qquad \cdots\cdots(46)$$

를 얻게 되는데 이 결과식으로부터 q값이 분명히 근으로서 존재한다는 사실을 확인할 수 있으며 쉽게 구할 수도 있다.

식(45)로부터는 신호 전류가 사다리 회로망의 오른쪽으로 진행해가면서 진폭의 변화없이 단순히 위상차만을 갖고 옮겨간다는 사실을 알 수 있으며 식(46)으로부터는 주파수가 영에서 $w_{crit}(2=/\sqrt{LC})$까지의 주파수대에 있는 신호 전류만이 감쇄없이 사다리 회로망의 오른쪽 단(stage)으로 진행해간다는 사실을 확인할 수 있다. 왜냐하면 $0\le w\le w_{crit}$인 주파수에 대하여 $|\cos q|\le 1$이 되기 때문이다.

따라서 우리가 지금 다루고 있는, 직렬 L과 병렬 C 회로가 반복적으로 연결되어 구성된 사다리 회로망은, $0 \le w \le w_{crit}$인 주파수를 갖는 신호만을 오른쪽 단(stage)으로 진폭의 감쇄 없이 통과시켜주므로 저역 통과 여파기(low pass filter)에 해당되는 것이다. 물론 $w > w_{crit}$인 주파수 성분들은 오른쪽 단으로 가면서 지수 함수적으로 감쇄되기 때문에 차단(cutoff)되는 것이다. $w > w_{crit}$인 주파수가 오른쪽으로 가면서 어느 정도로 지수 함수적으로 감쇄되는지는 반복적으로 연결된 단의 숫자(number of stages)와 사용 주파수 w가 w_{crit}에 비하여 얼마나 큰가에 따라 다르다. 실제적으로 4~5단(stage)으로 구성하면 저역 통과 여파기로서 충분하다.

여기까지 우리는 직렬 L과 병렬 C가 반복적으로 연결된 형태의 저역 통과 여파기에 대하여 다루어보았다. 우리가 다루었던 그 구조에서 L과 C를 바꿔주면 어떻게 될까? 즉 아래 그림과 같이 직렬 L과 병렬 C가 반복적으로 연결된 형태를 구성하면 어떻게 될까?

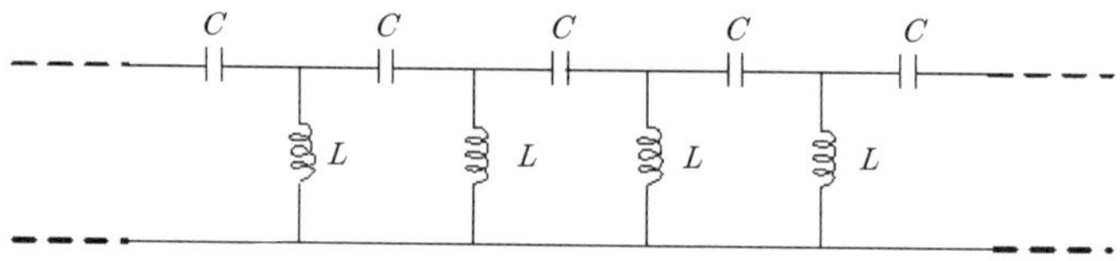

[그림 2.18] 직렬 C와 병렬 L로 구성된 회로를 반복적으로 연결하여 만든 사다리 회로망

이렇게 되면 저역 통과 여파기에서 고역 통과 여파기(high pass filter)로 된다. 앞에서 저역 통과 여파기에 해당하는 사다리 회로망에서 사용했던 해석 방법을 사용하면

$$\omega_{crit} = \frac{1}{2\sqrt{LC}}$$

로 주어지는 임계 주파수보다 큰 주파수를 갖는 신호는 사다리 회로망의 오른쪽으로 감쇄 없이 통과됨을 확인할 수 있다. 이러한 의미에서 고역 통과 여파기라 부르는 것이다.

지금까지 다루었던 저역 통과 여파기, 고역 통과 여파기－여기서는 다루지는 않았지만 대역 통과 여파기(band pass filter)까지 포함해서－는 전자공학 분야에서 매우 중요한 소자들이다. 여기에서 다룬 해석 방법은 음향학을 위하여 여파기 작용

(acoustical filtering)의 해석을 위하여, 역학적인 유사(analogy)를 할 때 개념적으로 동일하게 적용된다. 우리가 비교적 상세히 다루었던 구조, 즉 직렬 L과 병렬 C로 된 회로를 반복적으로 연결하여 구성된 사다리 회로망은, 저역 통과 여파기로 작용한다는 사실을 이미 살펴보았다.

여기에서 한가지 중요한 점을 유념해야 한다. 사다리 회로망 전체가 공간(space)에서 차지하는 체적은 한 점에 해당된다는 것이다. 물론 모든 L과 모든 C의 물리적인 체적(physical volume)도 영(zero)이면서 동시에 전체 사다리 회로망의 물리적 체적도 공간의 한 점에 해당된다는 것이다. 이러한 L과 C(또한 L과 C를 연결하고 있는 도선조차도)를 집중소자(lumped element)라고 한다. 좀 더 상세히 이야기하자면 회로이론에서 다루는 저항 R, 인덕터 L, 커패시터 C는 모두 그것들이 차지하는 물리적 체적이 한 점에 해당된다는 가정하에 회로이론이 정립된 것이다. 이와는 대조적으로 전송선(transmission line)과 같이 전송선의 길이가 실제적으로 물리적인 길이를 갖는 경우를 분포 소자(distributed element)라고 한다. 이러한 점을 유념하고, 직렬 L과 병렬 C를 반복적으로 연결하여 구성된 사다리 회로망의 루프 전류에 대한 표현식(45)를 살펴보면 루프 전류 I_n이

$$
\begin{aligned}
I_1 &= I_1^0 e^{j\omega\omega t} \\
I_2 &= I_2^0 e^{j\omega\omega t} = I_1^0 e^{j(\omega t - q)} \\
I_3 &= I_3^0 e^{j\omega\omega t} = I_2^0 e^{j(\omega t - q)} = I_1^0 e^{j(\omega t - 2q)} \qquad \cdots\cdots (47) \\
&\vdots
\end{aligned}
$$

로 기술되어 전류신호가 사다리 회로망을 오른쪽으로 한 단(one stage)씩을 지나가면서 e^{-jp}에 해당되는 위상차를 겪게 됨을 관찰할 수가 있다. 다시 한번 되뇌어보자. 우리가 지금 생각하고 있는 사다리 회로망(ladder network)이 차지하고 있는 물리적 공간이 한 점에 해당된다는 이야기는 이미 했다. 식(47)을 다시 한번 보자. 오른쪽 단(stage)으로 넘어가면서 루프 전류는 e^{-jp}만큼의 위상지연을 겪는다. 여기에서는 집중소자인 L과 C에 의한 위상 지연이다. 전송선 이론(transmission line theory)에서는 전류 또는 전압이 진행 방향으로 진행하면서 $e^{-j\beta\Delta l}$(진행거리를 Δl이라고 할 때) 만큼의 위상 지연을 겪는다. 이러한 전송선의 경우 β는 위상 정수(phase constant)로서 $\beta = w\sqrt{LC}$로 표현되며 L과 C는 전송선로의 단위 길이당의 인덕턴스와 커패시

턴스를 의미한다. 식(47)에서 볼 수 있는 이웃하고 있는 단을 흐르는 전류간의 위상차는 전송선의 경우와 비교하여 알 수 있듯이 신호가 사다리 회로망을 오른쪽의 이웃한 단으로 지나가면서 시간이 지연되고 있음을 함축하고 있다. 이것이야 말로 전파전파(電波傳播; wave propagation) 현상의 근본이 된다.

2.7 기억소자(Memory)의 개념

메모리는 시스템 내에서 데이터나 프로그램을 기억하는 장치로 넓은 의미로는 하드 디스크나 플로피 디스크 등의 외부기억장치(보조기억장치)도 포함되지만 단지 메모리라고 하는 경우는 프로세서가 직접 읽기나 쓰기를 할 수 있는 RAM이나 ROM 등의 반도체 기억 장치를 의미하는 경우가 거의 대부분이다. 특히 컴퓨터에서 RAM을 이용한 CPU의 작업 영역은 주기억장치(메인 메모리)라고 불리는데 컴퓨터의 성능을 크게 좌우하는 중요한 장치이다. RAM(Random Access Memory)의 용량이 크면 RAM보다 속도가 더 느린 하드디스크를 자주 읽지 않아도 되기 때문에 데이터를 가져오는 속도가 빨라진다. 즉, 메모리는 CPU가 필요로 하는 데이터와 명령어 체계를 보관하는 장소로서, 인간의 기억·기록능력을 전자적 수단에 의해 실현하는 장치로 컴퓨터나 통신기기, 방송기기, 교육·오락기기 등의 중요한 구성 요소가 되며 컴퓨터 시스템을 만드는 데 필수적인 요소라 할 수 있다.

최근 세계적 정보화 추세에 따라 메모리의 중요성이 더욱 증대되는 가운데, PC뿐만 아니라, 통신 기기 및 각종 네트워크 기기로 메모리의 수요가 확대되고 있는 실정이다. 더욱이 SoC 기반 설계가 반도체 산업의 중요 이슈로 부각되고 있는 시점에서 ITRS(International Technology Roadmap for Semiconductors)에 따르면 SoC 중 메모리가 차지하는 비중이 1999년 20%에서 2011년에는 90%까지 증가할 것으로 예측하고 있다.

메모리는 정보의 기억 메커니즘에 따라 크게 휘발성(volatile)과 비휘발성(nonvolatile) 메모리로 구분되며, 엄밀하게는 2진 데이터를 저장하는 메모리 셀의 종류에 따라 동작원리, 구조, 응용 분야 등이 결정된다. RAM 영역에 속하는 DRAM, SRAM은 휘발성 메모리이며, ROM 영역의 메모리인 Flash, EEPROM, EPROM, Mask-ROM 등은 비휘발성 메모리이다. 또한 마이크로프로세서의 클락과의 동기성에 따라 각각의 메모리는 동기식(Synchronous), 비동기식(Asynchronous)으로 구분되며 시스템과의 입출력 인터페이스의 형태에 따라 더욱 세부적으로 분류된다.

이상적인 메모리가 되려면 대용량 제작이 용이하고 저전력이면서 고속동작이 가능하고 비휘발성이어야 한다. 현세대 메모리 중에서는 이러한 조건을 만족하는 메모리는 아무것도 없다.

[표 2-1]에서 보는 바와 같이, 현재 가장 널리 사용되고 있는 DRAM은 대용량으로 제작이 가능하고 고속 동작이 가능하나 전원을 끊으면 정보가 모두 지워지는 휘발성이라는 결점을 갖고 있다. 이는 주로 PC나 워크스테이션, 서버의 주 메모리로 주로 사용된다. 또한 SRAM은 초고속 저전력 동작 특성은 있으나 기본적으로 SRAM 셀의 면적이 너무 커서 대용량 제작에 한계가 있다.

[표 2-1] 메모리 성능 비교

	FRAM	DRAM	SRAM	FLASH	EEPROM
Nonvolatile	yes	no	no	yes	yes
Random Access	yes	yes	yes	no	yes
Cell Size	1.5X	1X	3X	0.7X	2X
Read/Write Endurance	10^{12-15} / 10^{12-15}	∞ / ∞	∞ / ∞	∞ / 10^6	∞ / 10^6
Data Retention	10 년	0	0	> 10 년	> 10 년
Read/Write Speed	1X / 1X	1X / 1X	<1X / <1X	>1X / 10^5X	>1X / 10^5X
Data Writing Voltage	< 5 V	< 5 V	< 5 V	> 10 V	> 10 V

따라서 SRAM은 캐시 메모리, 통신장비의 버퍼 메모리에 주로 사용된다. 비휘발성이면서 대용량이 가능한 플래시 메모리는 최근 휴대용 기기의 발전으로 각광 받고 있는 메모리이나, 동작 속도와 전력소모 면에서 한계를 드러내고 있다. 이러한 이유로 현재 휴대용 기기에서 탑재되는 메모리는 고속 동작이 가능하고 전력소모가 적은 SRAM이나 DRAM 등의 휘발성 메모리와 플래시 메모리를 결합한 multi-chip package(MCP) 형태로 개발되고 있다.

2.7.1 DRAM의 동작 원리

DRAM은 전하 축적용의 커패시터와 전하 입출력 제어용의 MOSFET 소자로 구성된 반도체 메모리로서, 기억된 정보는 커패시터에 축적된 전하로 나타내어지는데,

MOSFET의 리크전류 등으로 인해 시간의 경과에 따라 축적된 전하가 감쇄되기 때문에 일정시간마다 기억정보를 유지 보존시켜주기 위해 재생용의 refresh가 필요하며 데이터 기억정보의 보관이 refresh 동작의 반복이라는 다이나믹한 과정을 통해 이루어지므로 dynamic RAM이라 부른다. DRAM의 속도는 그리 빠르지 않으나 고집적화의 실현으로 대용량이 가능하여 총 메모리 수요의 60~70%를 차지하고 있는 PC나 워크스테이션의 주 기억장치를 비롯하여 각종 디지털 정보가전기기에 널리 이용되고 있으며 그 응용범위도 계속 확대되고 있다.

메모리의 셀은 데이터의 유지 및 보존 장치, 셀을 선택하여 활성화하는 신호선(wordline), 셀의 데이터를 입·출력할 수 있는 선(bitline)으로 구성된다.

[그림 2.19]에 주어진 바와 같이 DRAM의 셀구조는 셀 자체의 증폭 기능, refresh 기능의 보유 유무, 읽기 과정에서 데이터 파괴로 인한 특별한 조치의 필요 유무 등을 고려하여 1~4개의 트랜지스터(transistor)를 사용한 여러 형태로 제안되었다. 현재, 소요 면적의 측면에서 우수성을 보이고 있는 1개의 MOS 트랜지스터(transistor)와 1개의 커패시터(capacitor)로 구성된 1T-1C 셀 구조가 4K DRAM 이래로 계속 사용되고 있다.

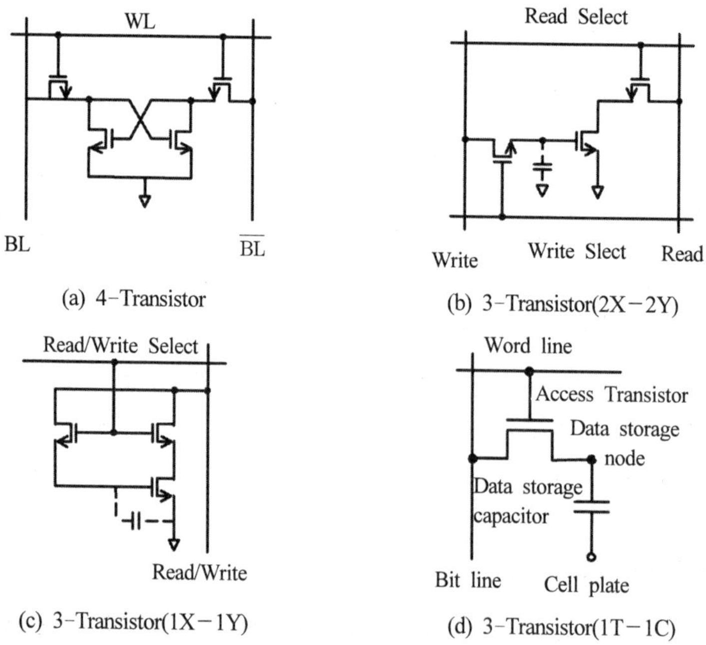

[그림 2.19] DRAM Cell 구조

[그림 2.19(d)]는 이러한 1T-1C 셀의 구조를 보여주고 있다. 데이터 저장 커패시터(data storage capacitor)에 양의 전하가 들어 있으면 데이터가 "1" 이고 음의 전하가 들어 있으면 데이터가 "0"이라는 식으로 정보를 저장한다. 실행 트랜지스터(access transistor)는 커패시터에 전하를 넣거나 빼내기 위해 데이터 저장 노드(data storage node)와 bitline을 연결하거나 셀이 활성되지 않은 시간 동안 전하를 저장하기 위해 커패시터를 bitline으로 끊어주기 위한 역할을 한다.

1T-1C 셀은 면적이 다른 셀 구조에 비해 작아 대용량화에 적합하지만 데이터를 한번 읽으면 데이터가 파괴되므로 다시 써주어야 하고 데이터가 일정시간 지나면 자연적으로 소멸되므로 주기적으로 다시 써주어야 하는 단점이 있다.

다음으로 [그림 2.20]에 주어진 DRAM의 기본 동작에 대하여 살펴보기로 한다. DRAM의 동작은 데이터가 저장되어 있는 데이터 저장 커패시터(data storage capacitor, CS)와 bitline의 기생 커패시터(CBL) 사이의 부하 공유(charge sharing)를 기본으로 하고 있다. 읽기 동작에서는 먼저 bitline이 VDD/2(half-VDD)로 프리차지(precharge)되고, 열 주소(row address)에 선택된 wordline의 실행 트랜지스터가 도통되어 CBL과 CS 사이에 부하 공유가 일어난다. 이때 CS에 데이터 '1'이 저장되어 있다면 CS에 저장되어 있던 전하들이 CBL쪽으로 흘러들어가 bitline의 전압을 $(V_{DD}/2)(1+C_S/C_{BL}+C_S)$의 크기로 상승시키며, CS에 데이터 '0'이 저장되어 있다면 CBL의 전하들이 CS쪽으로 흘러들어가 bitline의 전압을 $(V_{DD}/2)(1-C_S/C_{BL}+C_S)$의 크기로 감소시킨다.

[그림 2.20]에서 선택된 wordline이 WL0이라 하면 bitline BL은 저장된 정보에 의해 그 전압의 크기가 변한 상태이며 BL과 쌍으로 존재하는 $\overline{BL}$는 초기에 프리차지된 VDD/2를 그대로 유지하고 있을 것이다. 이 두 bitline의 전압차는 bitline 쌍에 연결되어 있는 감지 증폭기(sense amplifier)에 의해 원래의 고레벨(VDD)과 저레벨(GND)로 증폭되며 column switch에 의해 최종적으로 dataline(DL)에 인가된다. 쓰기 동작은 감지 증폭기의 동작까지 읽기 동작과 같다. 감지 증폭기의 동작 후에 원하는 데이터를 dataline을 통하여 해당하는 bitline에 인가하면 셀 커패시터(cell capacitor)에 데이터가 저장된다.

Refresh 동작은 데이터 저장 커패시터의 저장된 데이터가 누수 전류에 의해 소멸되기 때문에 데이터가 완전히 소멸되기 전에 데이터를 읽어서 다시 써넣어주는 과정이다. 이 과정은 wordline을 선택한 후, 실행 트랜지스터를 도통시켜주고 감지 증폭기를 동작시킴으로써 수행된다. 이때 한 wordline에 연결된 모든 셀이 동시에

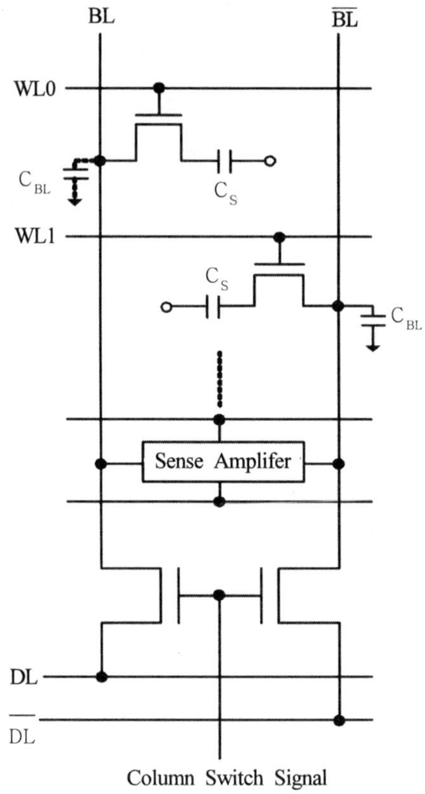

[그림 2.20] DRAM의 기본 구조

수행되며, 어느 정도의 전압차가 유지되어야 감지 증폭기에 의해 종전의 데이터를 다시 써줄 수 있기 때문에 이 동작은 반복적으로 수행되어야 한다.

계속해서, 최근 들어 휴대용 장비 분야에서 꾸준히 상용화되고 있는 플래시 메모리에 대하여 알아보기로 한다.

2.7.2 플래시 메모리의 동작 원리

플래시 메모리는 EEPROM의 한 종류로서 일반적인 EEPROM의 기능을 축소하는 대신 셀 면적을 작게 한 메모리이다. 일반적인 EEPROM과 마찬가지로 부동 게이트(floating gate)를 사용하며 이 부동 게이트의 전하 축적여부로 "1", "0"을 구분하므로 별도의 실행 트랜지스터(access transistor)를 필요로 하지 않는다. 플래시 메모리는 비휘발적인 특성을 가지고 대용량화가 가능하며, 하드디스크보다 내구성이 뛰어나고 플로피디스크에 비해 빠른 실행 속도를 가지고 있다. 따라서 하드디스크에 비해 느린 속도, 높은 동작전압의 필요에도 불구하고 디지털 카메라, PDA, MP3 player, 휴대전화, 이동형 디스크 등 많은 휴대형 장치에 사용되고 있다.

■ 플래시 메모리 셀 구조

플래시 메모리의 셀 구조는 [그림 21]에 나타나 있듯이 일반적으로 비트선과 접지선 사이에 셀이 병렬로 배치된 NOR형 구조와 직렬로 배치된 NAND형 구조로 나눌 수 있다. 각각의 셀들은 조정 게이트(control gate)와 tunnel oxide 사이에 부동 게이트를 가지는 트랜지스터 형태로 구성되어 있다.

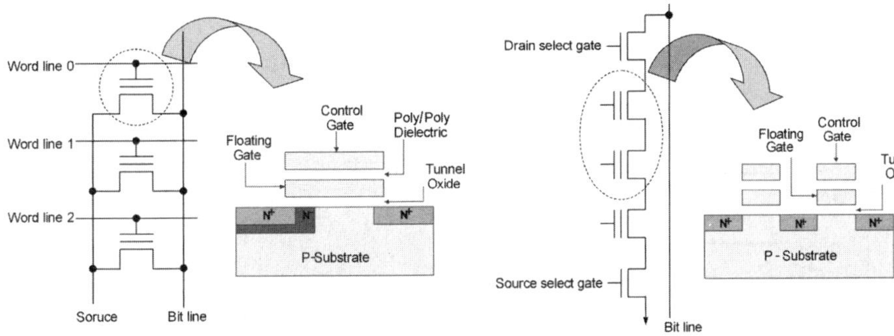

(a) NOR형 셀 구조 (b) NAND형 셀 구조

[그림 2.21] 플래시 메모리의 셀 구조

이 부동 게이트는 다른 부분과 절연되어 있기 때문에 고전압의 인가 없이는 축적된 전하가 소멸되지 않는 특성을 가지고 있다. 이는 플래시 메모리가 비휘발성의 특성을 가지도록 하는 중요한 요소로 작용한다. 속도와 전력 소모 면에서 NOR형 구조가 우수성을 보이며 셀 크기면에서는 NAND형 구조가 우수성을 보인다.

■ 플래시 메모리의 기본동작

플래시 메모리의 동작은 [그림 2.22]에서와 같이 써넣기(program), 지우기(erase), 읽기(read)의 세 동작으로 이루어진다. 게이트 및 소스에 인가해주는 전압의 크기에 따라 세 동작 중 하나의 동작이 수행된다.

써넣기 동작은 보통 hot carrier injection의 형태로 일어난다. 이는 소오스 전압을 접지로 하고 조정 게이트에 10V 이상의 고전압을 인가하면 채널을 통해 이동하던 전하들이 강한 전계로 인한 가속으로 높은 에너지 준위를 갖게 되며 이로 인해 tunnel oxide에 의해 형성된 에너지 장벽을 넘어 부동 게이트로 주입되는 것을 말한다. 이렇게 이동된 전하들이 부동 게이트에 축적되면 데이터 '0' 이 저장되는 것이다. 써넣기 동작은 gate와 drain에 바이어스가 가해진 셀에서만 일어나므로 바이트(byte) 단위로 동작이 가능하다.

지우기 동작은 조정 게이트를 접지로 두고 소오스에 10V 이상의 고전압을 가하면 부동 게이트에 축적되어 있던 전하가 tunnel oxide에 의해 형성된 에너지 장벽을 뚫고 소오스 쪽으로 흘러나가는 형태로 이루어진다. 이를 FN(Fowler-Nordheim) tunneling이라 한다. 지우기 동작은 소오스가 공통으로 연결된 모든 셀에서 동시에 이루어지므로 블록단위로 수행된다.

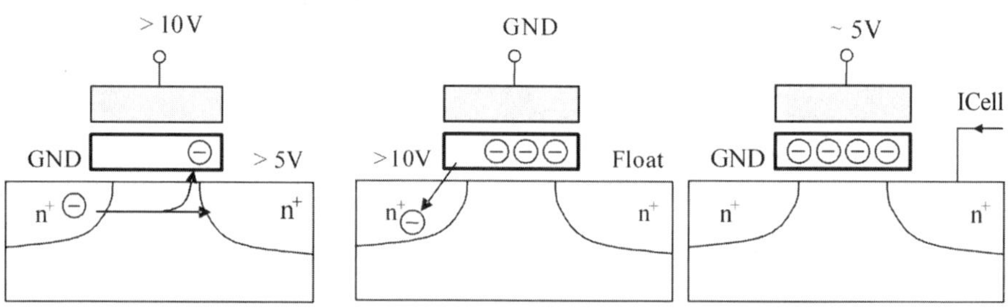

(a) 써넣기(program) 동작 (b) 지우기(erase) 동작 (c) 읽기(read) 동작

[그림 2.22] 플래시 메모리의 기본 동작

읽기동작은 조정 게이트에 5V정도의 도통 전압을 인가하고 소오스 전압을 접지로 두어 일반적인 트랜지스터의 도통 상태를 만든다. 이때 부동 게이트에 전하가 축적되어 있는 데이터 '0'의 상태라면 축적된 전하에 의해 트랜지스터의 문턱전압(Vth)이 높아져 ICell의 크기가 작을 것이고 전하가 축적되어 있지 않은 데이터 '1'의 상태라면 Vth가 낮아 큰 ICell 전류가 드레인을 통해 흐를 것이다. 따라서 이 드레인의 전류를 감지하여 데이터가 '0'인지 '1'인지를 판별하게 된다.

지금까지는 현재까지 꾸준히 상용화되어오면서 나름대로의 시장 점유율을 갖고 있는 대표적인 두 가지 종류의 메모리 소자에 대하여 알아보았다. 계속해서 앞으로 차세대 메모리로서 주목을 받고 있는 FRAM(Ferroelectric RAM)에 대하여 살펴보기로 한다.

2.7.3 FRAM의 기본동작

FRAM은 잔류 분극을 이용한다는 점에서, 기존의 자성 물질을 써서 잔류 자기를 이용해온 마그네틱 테이프와 유사한 원리로서 메모리 소자의 기능을 하고 있다는 점에서 흥미로운 소자이다. 여기에서는 앞으로 요구되는 성능 구현에 비교적 유리한 입장에 놓여 있는 FRAM을 논의해본다.

현재의 정보화 사회는 과거 수십 년간 빠른 속도로 성장한 IT 기술에 기인하고 있으며, 이러한 IT 기술의 지속적인 발전을 위해서는 대용량의 정보를 무선으로 처리하는 휴대 정보통신 시스템 및 기기의 개발에 적합한 비휘발성·고속·대용량·저소비 전력 특성의 차세대 메모리 개발이 필수적이다. 이러한 차세대 메모리는 기존 플래시 메모리의 비휘발성, SRAM의 고속동작, DRAM의 고집적성과 아울러 저소비 전력 특성을 가져야 하며, 단일 메모리 소자 뿐만 아니라 SoC 집적화 기술에도 적용이 용이한 메모리 기술이어야 한다. 현재 차세대 메모리로 연구가 진행되고 있는 메모리로는 FRAM, MRAM, PRAM, PoRAM 등을 들 수 있으며, 가장 상품화에 근접하고 기술이 앞서 있는 것은 FRAM이라 할 수 있다.

FRAM(Ferroelectric RAM)은 강유전체의 반영구적인 전기분극을 이용한 비휘발성의 반도체 메모리로서, 비휘발성인 점은 플래시 메모리와 같으나 저전압 동작이 가능하고 bit별 access가 자유롭다. 또한 DRAM과 같이 대용량화가 가능하며, 속도 및 전력소모면에서도 SRAM에 뒤떨어지지 않는다.

강유전체 재료로는 PZT 또는 SBT를 사용하고 있으며 이를 이용한 커패시터는 [그림 2.23]과 같은 분극 히스테리시스 특성을 갖는다(자성체의 히스테리시스 곡선과 모습이 동일하다). 인가전압을 0으로 한 경우, 즉 어떤 전압도 인가하지 않은 경우에도 QR, -QR 두 개의 안정점이 존재하며, 이 두 개의 상태를 데이터 '1'과 데이터 '0'에 대응시켜 강유전체 커패시터가 둘 중에 어느 상태에 있는가를 읽어냄으로써 비휘발성 메모리 동작을 실현한다. 대표적인 셀 구조는 [그림 2.24]에 주어진 바와 같이 한 개의 트랜지스터와 한 개의 강유전체 커패시터로 구성되고, wordline(WL)이 선택되었을 때 bitline(BL)과 plateline(PL)에 전압을 인가하여 데이터를 저장하고 읽어낸다.

메모리로서의 장점들을 고려하면 FRAM은 차세대 기억소자로서 그 잠재성이 매우 크다. 더군다나 최근에 휴대형 전자기기(휴대폰, PDA, mobile computing system, ...)가 발달하면서 고속, 저전력 특성의 비휘발성 메모리에 대한 요구가 증대되고 있으며, FRAM은 종래의 비휘발성 메모리에 비해 저전압 동작이 가능하고, write time

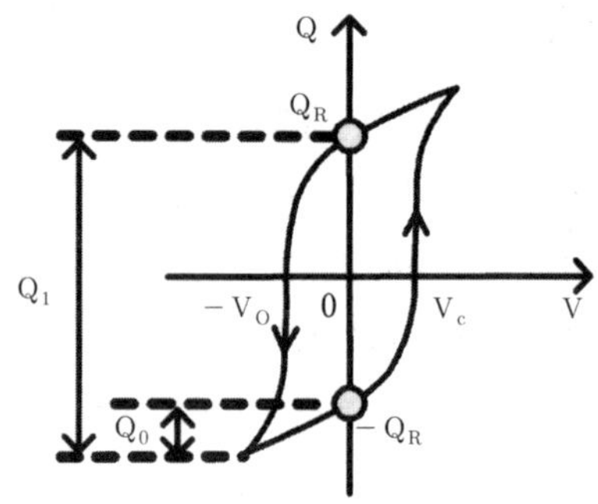

[그림 2.23] 강유전체 커패시터의 히스테리시스 곡선

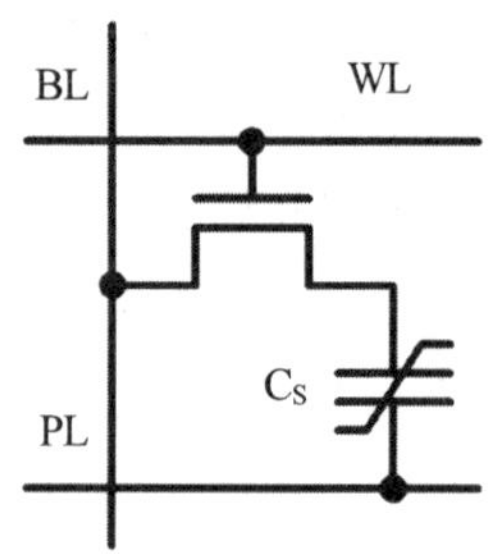

[그림 2.24] FRAM 셀 구조

이 빠르며, read/write endurance가 높기 때문에 그러한 모바일 시스템 응용에 적합한 메모리로 주목받고 있다. FRAM의 고집적화가 실현되면 현재의 DRAM, SRAM, 플래시 메모리 등 메모리 소자의 많은 부분이 FeRAM으로 치환될 것이다. 향후 시장 규모는 휴대용 전자기기 중심으로 기존 메모리의 대체시장이 2010년에 1000억 달러 규모가 될 것으로 예상되어 DRAM 일변도의 국내 전자업계의 R&D 전략에도 변혁이 불가피하게 될 것이다.

일본, 한국, 유럽의 기업들도 메모리의 이상적인 특성(비휘발성, 대용량, 고속, 저전력)을 골고루 지닌 FRAM을 차세대 메모리 소자로 인식하여 1990년대 중반부터 본격적인 개발에 참여하기 시작하였다. 대표적인 기업으로는 일본의 NEC, Toshiba, Fujitsu, Matsushita, Rohm, Sony, 유럽의 Infineon, STMicroelectronics, 한국의 삼성전자, Hynix를 들 수 있다. 또 최근에는 미국의 Texas Instruments, Motolora도 FRAM 개발에 가담하였다. TI, Toshiba, 삼성전자, Hynix는 휴대형 정보통신기기 응용의 고속저전력 대용량 FRAM 기술개발에 중점을 두고 있고, NEC, Fujitsu, Matsushita, Rohm, Motolora 등은 smart card에 탑재되는 MCU용 FRAM 기술개발과 FRAM 기술에 기반을 둔 reconfigurable logic system 개발에 주력하고 있다.

지금까지 기억소자로서의 대표적인 예로서 DRAM, 플래시 메모리와 FRAM에 대하여 살펴보았다. 이미 여러 차례 언급된 바와 같이 전자공학 분야의 소재들은 기존의 고체 무릴 소재로부터 분자 구조 레벨 소재 또는 전도성 폴리머와 같은 전혀 다른 소재로 대체되어가고 있다. 메모리 분야 소재에 있어서도 그러한 경향이 있는데 Ovonic unified memory가 그 좋은 예다. 통합 메모리 성격의 Ovonic Unified Memory는 material의 상변화를 이용한 PRAM 기술과 Polymer 이용의 PoRAM 기술로 구분할 수 있으며, 이는 단순한 구조 특성으로 고집적도, 고속 동작, 단순한 공정 및 가격 경쟁력을 가지고 있다.

PRAM 기술은 비정질-결정질 상변화에 따른 전기저항의 변화를 이용한 비휘발성 메모리로 1999년 ECD에 의해 Ovonyx가 설립되고, 2000년 Intel이 투자하고 ST Microelectronic 등이 공동개발에 나섬으로써 실용화를 위한 기술개발이 본격화되고 있다. PoRAM 기술의 경우, 미국의 AMD가 Coatue사와 미국의 Intel이 스웨덴의 Thin Film사와 공동개발중이며, 현재 Low Density Polymer RAM proto-type을 개발하고 있는 단계이다.

2.8 압축(companding)의 개념

반도체 공정 기술의 발달로 컴퓨터의 연산 속도가 급속도로 빨라지고 네트워크 기술의 발달과 인터넷의 보급으로 기존의 텍스트 기반 데이터 통신이나 음성 전화와 같은 단순한 형태의 통신에서 멀티미디어 데이터의 통신이 가능하게 되었다. 네트워크의 전송 속도와 처리할 수 있는 대역폭도 함께 늘어나고 있지만, 멀티미디어 데이터 중 영상 데이터는 그 양이 방대하여 통신이나 저장을 위해 반드시 압축 기술이 절실히 요구된다. 예를 들면, 영상의 크기를 320(pixels)×240(lines)라고 가정하고 영상의 한 화소를 R, G, B의 색 좌표로 표현하고, 각 성분은 8비트로 부호화한다고 하자. 이러한 영상을 초당 30장을 저장/전송한다고 하면 320×240×3(component)×8(bits/component)×30(frames/sec)=55,296,000 bits/sec=6,912,000 Byte/sec의 데이터가 필요하게 되고, 상영시간이 1시간 30분인 영화를 저장하기 위해서는 약 37.3GByte의 데이터가 필요하게 된다. 즉, 영화 한 편을 저장하기 위해 약 54장의 CD가 필요하게 된다.

여기에서는 영상 압축의 간단한 예를 들어, 개념적으로 살펴보고자 한다. 먼저 영상 압축에서 널리 쓰이고 있는 이산 여현 변환(DCT: Discrete Cosine Transform)에 대하여 간략하게 논의하고 임의의 정리 영상을 예로 들어 압축이란 것이 무엇을 의미하는지에 대하여 알아보자. 여기에서는 동영상 처리를 위한 움직임 추정(motion estimation)이나 보상(compensation)에 대하여는 다루지 않는다. 먼저 이산 여현 변환을 사용하는 이유에 대하여 살펴본다. 이산 여현 변환은 공간 (x, y)에 널리 퍼져있는 영상 신호의 에너지를 변환을 통하여 (u, v)공간의 저주파 영역으로 모아주는 특성을 지니고 있기 때문에 우리가 논의하고자 하는 압축 과정의 중요한 전반부를 구성하게 된다. 이러한 이산 여현 변환 과정을 거쳐야만 하는 이유를 살펴보면 다음과 같다.

첫째, 정방형의 블록 내에 있는 영상 신호는 서로 인접한 화소들간에 밝기 값이 비슷하여 상관도가 높다. 공간상에서 인접한 화소간의 상관도가 높은 영상 데이터를 부호화하는 것은 영상 부호화 측면에서 비효율적이라고 할 수 있다. 이산 여현 변환은 넓은 영역에 퍼져 있는 영상 신호의 에너지를 저주파 영역으로 결집시키는 특성을 가지고 있다. 적은 개수의 유효 계수만을 부호화함으로써 부호화 효율을 높일 수 있다.

둘째, 사람의 시각 시스템은 영상 내에 존재하는 높은 주파수의 신호를 잘 인지하지 못하는 특징을 가지고 있다. 즉, 낮은 주파수에서는 영상 신호의 공간적 변화를 잘 감지하지만 높은 주파수에서는 감지를 못한다. 그러므로, 이산 여현 변환을 이용하여 블록 내에 존재하는 공간 주파수 성분을 분해하고, 높은 주파수의 신호를 적절히 감소시켜줌으로써 부호화 효율을 얻는다. 즉, 인간이 인지하지 못하는 영상의 복잡한 성분을 제거함으로써 부호화 효율을 얻는 방법이다.

[그림 2.25]는 자연 영상에 대해 이산 여현 변환을 수행했을 때의 결과를 나타낸다. 공간 영역에서는 각 화소의 밝기 값이 영상 전체에 나타난다. 이는 이들의 에너지가 영상 내에 골고루 분포되어 있다는 것을 뜻하며, 이 화소를 부호화하는 데는 많은 데이터가 필요하게 된다. 반면, 이산 여현 변환 후의 계수들은 저주파 영역에서 큰 값을 가지고, 높은 주파수 영역(그림의 오른쪽 아래쪽으로 갈수록)에서는 작은 값을 가진다. 이 계수들을 부호화하는 데는 적은 양의 데이터가 필요하게 된다.

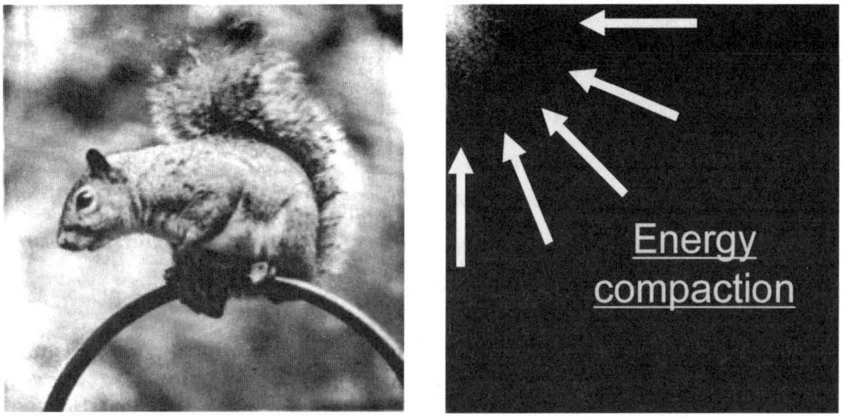

(a) 원영상 (b) DCT 영상

[그림 2.25] 이산 여현 변환

앞에서 사용한 이산 여현 변환의 공식은 다음과 같이 주어지는데, 일반적인 푸리에 변환 공식에서 $f(x, y)$가 연속적으로 주어지는데 반하여, 이산적으로 주어지며, 변환 과정에서 지수 함수 대신 코사인(여현) 함수가 사용되는 면에서 차이가 있을 뿐이다. 일반적인 영상 부호화 시 $N=8$을 사용한다.

먼저, 순방향 이산 여현 변환식은

$$C(u,v) = \alpha(u)\alpha(v)\sum_{x=0}^{N-1}\sum_{y=0}^{N-1} f(x,y)\cos[\frac{(2x+1)u\pi}{2N}]\cos[\frac{(2y+1)v\pi}{2N}]$$

로서 주어지며 역방향 이산 여현 변환식은

$$f(x,y) = \sum_{u=0}^{N-1}\sum_{v=0}^{N-1} \alpha(u)\alpha(v)C(u,v)\cos[\frac{(2x+1)u\pi}{2N}]\cos[\frac{(2y+1)v\pi}{2N}]$$

로서 표현되며 여기에서 $\alpha(u)$와 $\alpha(v)$는 각각

$$\alpha(u) = \begin{cases} \sqrt{\frac{1}{N}} & for \quad u = 0 \\ \sqrt{\frac{2}{N}} & for \quad u = 1,2,\cdots,N-1 \end{cases} \qquad \alpha(v) = \begin{cases} \sqrt{\frac{1}{N}} & for \quad v = 0 \\ \sqrt{\frac{2}{N}} & for \quad v = 1,2,\cdots,N-1 \end{cases}$$

로서 주어진다.

지금까지 설명한 바와 같이 이산 여현 변환 과정(DCT)을 거치면 DCT 계수인 $C(u,\ \nu)$를 얻게 되는데 이 단계에서 필요한 과정이 바로 양자화(quantization) 및 가변 길이 부호화에 해당된다. 여기에서는 이러한 양자화 및 가변 길이 부호화 과정에 대하여 살펴보기로 하자.

이미 살펴본 바와 같이 8×8 크기의 블록을 이산 여현 변환하면 64개의 값이 나온다. 위의 식에서 알 수 있듯이 변환 영역에서 $u=\nu=0$이면, (블록에서 가장 왼쪽, 위) 이 값은 공간 영역에서 블록내의 화소들을 합하여 전체 화소 수로 나누어주는 형태가 되어 화소들의 평균 혹은 DC 계수라고 한다. 그리고 다른 나머지 계수들은 각 위치에서의 주파수 성분을 가지고 있으므로 AC 계수라고 한다.

DC 계수를 제외한 DCT 계수들의 값은 $-2048\sim2047$까지의 범위에서 존재한다. 넓은 범위에 존재하는 계수들을 적은 데이터로 표현하기 위해서 양자화 과정을 거치게 된다. 양자화 과정에서 낮은 주파수 영역의 계수와 높은 주파수 영역의 계수들을 비선형 양자화 기법을 적용하기 위해서 양자화 매트릭스를 사용한다. 즉, 높은 주파수의 계수는 큰 값의 정수를 나누어서 양자화된 값이 '0'이 되는 계수를 늘려서 앞에서 설명한 부호화 효율을 얻는다.

[그림 2.26]은 양자화 과정의 예를 보여준다.

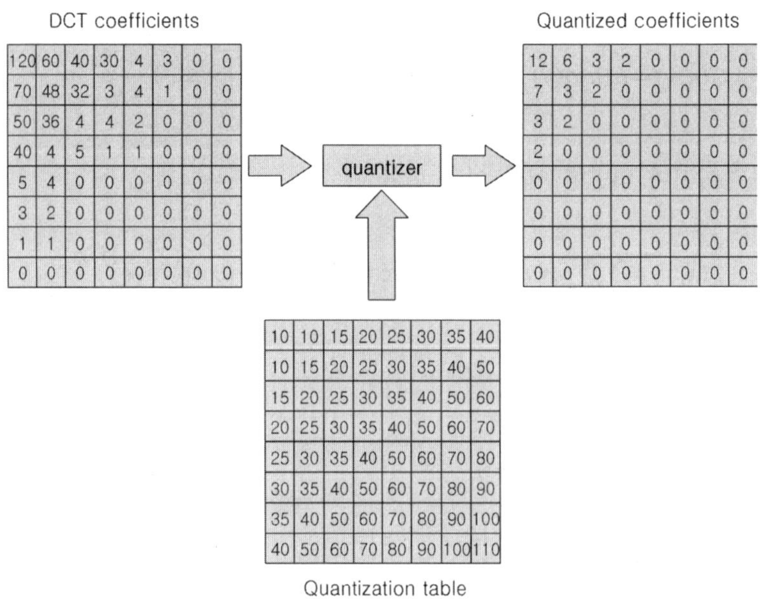

[그림 2.26] 이산 DCT 계수의 양자화 과정의 예

일반적으로 양자화 테이블(매트릭스)은 취급하고자 하는 영상의 종류에 따라 최적화된 것을 사용한다. DCT 계수 중 DC 성분과 AC 성분은 그 중요도나 성질이 다르므로 서로 다른 방법을 이용하여 부호화한다. 먼저 DC 성분의 부호화에 대하여 알아보기로 한다.

DC 성분은 블록의 평균값으로써 인접한 블록간의 평균값은 영상 신호의 특성상 높은 상관성을 가지고 있으므로, 인접 블록의 DC 성분과의 차를 부호화한다. 즉, 인접한 블록의 DC 계수의 값이

12, 13, 11, 11, 10, ⋯

로 주어진다고 하면, 이들의 차이값은 다음과 같다.

12, 1, −2, 0, −1, ⋯

첫 번째 값은 항상 0과의 차이를 이용한다. 이 차이값들은 (SSS, value)의 형태로 부호화된다. 여기에서 SSS는 value 값을 부호화하는 데 필요한 비트 수를 나타내고, value는 실제값을 나타내는 값이다. 이들을 표현하는 데 사용되는 원칙은 다음과 같다.

Difference value	Number of bits needed (SSS)	Encoded value
0	0	0
−1, 1	1	1 = 1, −1 = 0
−3, −2, 2, 3	2	2 = 10, −2 = 01 3 = 11, −3 = 0
−7, ⋯, −4, 4, ⋯, 7	3	4 = 100, −4 = 001 5 = 101, −5 = 010 6 = 110, −6 = 001 7 = 111, −7 = 000
−15, ... , −8, 8, ..., 15	4	8 = 1000, −8 = 0111 ⋯

SSS 필드도 발생 빈도에 따라 Huffman 부호화한다. 부호화에 사용되는 Huffman code는 다음과 같다.

Number of bits needed (SSS)	Huffman codeword
0	010
1	011
2	100
3	00
4	101
5	110
6	1110
7	11110
…	…
11	111111110

앞의 예에서 보인 DC 계수를 (SSS, value)의 형태로 나타내면 다음과 같다.

value	SSS	Huffman-encoded SSS	Encoded value	Encoded bitstream
12	4	101	1100	1011100
1	1	011	1	0111
-2	2	100	01	10001
0	0	010		010
-1	1	011	0	0110

지금까지는 DC 계수에 대한 부호화 과정을 살펴보았다. 계속해서 AC 계수의 부호화에 대하여 살펴보기로 한다.

AC 계수의 부호화 효율을 높이기 위해서 AC 계수를 저주파 영역부터 고주파 영역까지의 값들을 [그림 2.27]의 순서대로 zig-zag 스캐닝을 이용하여 1차원 신호로 만든다. Zig-zag 스캐닝 기법을 사용하는 이유는 run-length 기법을 사용할 때, 연속되는 0의 개수를 최대화시키기 위해서이다. 단지 1차원 신호를 만들기 위해서 반드시 zig-zag 스캐닝 기법을 사용하는 것은 아니다. 블록 내의 영상 신호의 주파수 특성에 따라 가로축이나 세로축 상의 성분들을 비대칭적으로 스캐닝하는 방법도 사용된다.

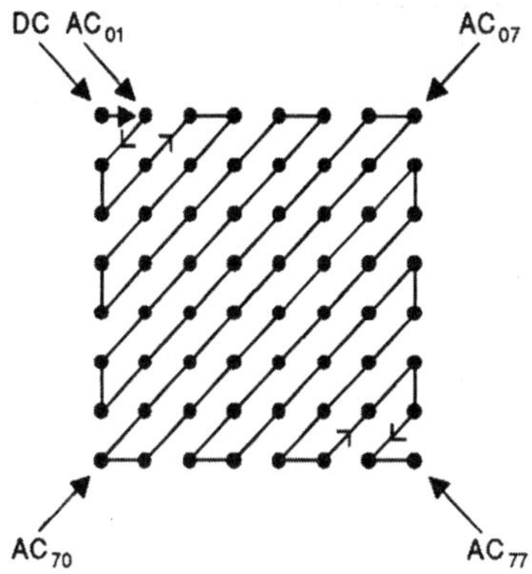

[그림 2.27] DCT 계수 양자화 시 zig-zag 스캐닝 순서

앞에서 논의한 바와 같이 양자화된 계수들을 zig-zag 스캐닝 기법을 사용하여 1차원적인 나열로 재구성된다. 이렇게 해서 1차원으로 만들어진 계수들은 연속된 0의 개수와 실제 0이 아닌 값을 하나의 심볼로 생각하여 (run, value)의 형태로 나타낸다. 예를 들어 추출된 1차원 신호의 형태가, 앞에서 양자화된 계수로서 든 예와 같이

12(DC), 6(AC01), 7, 3, 3, 3, 2, 2, 2, 2, 0, 0, ..., 0(AC_{77})

로 주어진다고 하면, 이러한 결과를 (run, value)의 형태로 나타내면 다음과 같이 된다.

(0,6)(0,7)(0,3)(0,3)(0,2)(0,2)(0,2)(0,2)(0,0)

여기에서, 심볼 (0,0)은 이후의 모든 계수들의 값이 '0'이라는 것을 나타낸다. 즉, 이 심볼 이후에 부호화되지 않은 DCT 계수는 존재하지 않는다. 여기에서 value 필드는 앞에서 설명한 (SSS, value)의 형태로 부호화된다. 계속해서 (run, value) 형태의 AC 계수들을 부호화하기 위해 Huffman 부호화 기법을 사용한다. 각 심볼은 (run, SSS, value)로 표현될 수 있는데 Huffman 부호화에서는 (run, SSS)를 묶어서 codeword표를 구성하고 있으며 아래의 도표는 (run, SSS)의 값에 따른 Huffman codeword의 예를 보여주고 있다.

(Run, SSS)	Huffman codeword
0/0	1010 (=EOB: end of block)
0/1	00
0/2	01
0/3	100
…	…
3/1	111010
3/2	111110111
3/3	11111110111
…	…

한 예로서 앞에 주어진 Huffman codeword 표를 사용하여 (0,6) (0,7) (3,3) (0,−1) (0,0)으로 주어지는 AC 계수를 부호화하는 과정을 살펴보면 다음의 표와 같이 주어진다.

AC coefficient	Composite skip	Symbol SSS	Huffman codeword	Encoded value
0,6	0	3	100	6=110
0,7	0	3	100	7=111
3,3	3	2	111110111	3=11
0,−1	0	1	00	−1= 0
0,0	0	0	1010	

따라서 위의 AC 계수들은 다음과 같이 표현된다.

100110 100111 11111011111 000 1010

이 예에서 한 블록의 AC 계수를 30비트로 표현 가능하다. 만약 DC 계수를 6비트로 표현한다고 하면 이 블록을 부호화하는 데 필요한 비트 수는 36비트가 된다. 만약 이 블록을 공간 영역에서 압축하지 않고 표현하고자 한다면 8×8×8(bits/pixel) =512비트가 필요하게 된다. 이 예에서는 14.6:1의 압축률을 얻을 수 있다. [그림 2.28]은 지금까지 설명한 부호화 기법을 보여주고 있다. 먼저 입력 영상을 8×8 크기의 블록으로 나누고, 각 블록에 대해 DCT를 행하고 이 결과를 양자화한다. 양자화된 DCT 계수들은 zig-zag 스캐닝으로 1차원 신호로 표현되고, run-length coding을 거쳐 Huffman 부호화하게 된다.

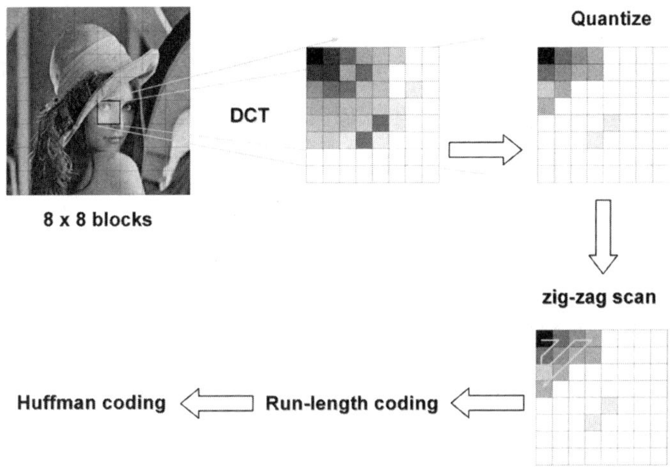

[그림 2.28] DCT 기반 영상 부호화 기법

지금까지 영상 압축 시 사용되는 대표적인 방법에 대해 살펴보았다. 요약해서 기술하면, 압축 과정에서 발생한 각 계수들(예를 들어 DCT 계수와 같은)을 일정한 형식의 구문(syntax)에 의해 비트스트림으로 만들어서 저장하거나 전송하게 되는 것이다.

2.9 변조의 개념

넓은 의미에서의 변조란, 임의의 신호가 다른 형태로 바꾸어지는 과정을 말한다.

예를 들면, 음성신호는 사람의 허파에서 나오는 공기가 성대 및 성도를 통하면서 변조되어 나온 신호이며, 아날로그 신호를 2진수의 디지털 신호 형태로 바꾸는 것을 펄스부호변조(PCM: Pulse Code Modulation), 원래의 음성신호를 변형시켜 말하는 사람이 누구인지를 알 수 없도록 만드는 것을 음성변조라고 한다.

통신공학에서 의미하는 변조란, 정보를 포함하고 있는 기저대역(baseband) 신호를 채널을 통해 전송하는 데 적합하도록 변형시키는데, 정현파 신호에 정보가 포함되도록 신호의 형태를 바꾸는 과정을 말한다. 이때, 정보를 포함하고 있는 신호를 변조신호(modulating signal), 채널에 사용되는 정현파 신호를 반송파(carrier signal), 채널에 적합하도록 변형된 신호를 변조한 신호, 즉, 피변조 신호(modulated signal)라고 한다. 특히, 무선통신의 경우에는 작은 안테나를 사용하여 전자파 신호를 효율적으로 전송하기 위하여 일반적으로 기저대역 신호에 비해 아주 높은 주파수를 갖는 반송파를 사용한다. 따라서 낮은 주파수대역을 갖는 신호를 높은 주파수대역을 갖는 신호로 변형시키는 과정, 즉, 주파수 영역에서 보면 신호의 주파수대역을 옮기는 조작(process)을 변조라고 할 수 있다.

변조의 역과정, 즉, 변형된 신호로부터 원래의 신호를 찾아내는 과정을 복조(demodulation)라고 한다.

■ **왜 변조가 필요한가?**

몇 가지 중요한 이유를 나열하면 다음과 같다.

첫째, 장거리 무선통신을 위해서는 안테나를 통해서 전자파를 효율적으로 송출(radiation)할 수 있어야 하는데, 이를 위해서는 안테나의 길이가 적어도 파장의 1/10 이상이 되어야 한다. (전자기 이론에 따르면 안테나의 길이가 파장의 1/2일 때 가장 효율적으로 전자파를 송출할 수 있다.) 따라서 반송파의 주파수를 높여줌으로써 안테나의 크기를 현실적으로 작게 만들어 줄 수 있다. 또한, 기저대역의 주파수 영역은 반송파 신호의 주파수에 비해 상대적으로 아주 적으므로 기저대역 신호의 주파수 성분에 관계 없이 효율적인 전자파의 송출이 가능해진다.

둘째, 여러 개의 기저대역 신호들을 각각 다른 주파수를 갖는 부반송파(subcarrier) 신호로 변조하여 그들의 주파수 스펙트럼이 겹치지 않도록 하고, 변조된 신호 전체를 하나의 새로운 신호로 보고 반송파에 실어 전송할 경우 결과적으로 하나의 반송파에 여러 개의 기저대역 신호를 동시에 전송할 수 있게 된다. 이것을 주파수분할다중(FDM: Frequency Division Multiplexing) 방식이라고 한다.

셋째, 기저대역 신호들을 각각 다른 주파수를 갖는 반송파로 변조하게 함으로써 그들의 주파수 스펙트럼이 겹치지 않도록 하여 함께 사용할 수 있도록 할 수 있다. 즉, 변조를 함으로써 주파수할당(Frequency Assignment)이 가능해진다. 대부분의 방송 시스템 또는 통신 시스템에서는 각 송신자에 사용 가능한 주파수 대역을 할당하여, 이에 적합한 반송파 주파수를 지정해주고 있다.

넷째, 적절한 변조 방식을 사용함으로써 통신에서 문제가 되는 잡음(noise)이나 간섭(interference)의 영향을 줄일 수 있다. 즉, 아날로그 통신시스템의 성능 측도로 많이 사용되는 신호대 잡음 전력비(SNR: Signal-to-Noise Ratio)를 개선시킬 수 있다.

다섯째, 변조 기술을 이용함으로써 하드웨어 측면에서의 기술적인 문제를 극복하거나 완화시킬 수 있다. 예를 들면, 입력전압이 아주 낮은 직류 성분을 포함하는 저주파 신호를 증폭하고자 할 때 고감도의 직류결합(dc-coupled) 증폭기가 필요한데, 직류결합 증폭기는 대역통과(bandpass) 특성을 갖는 증폭기를 설계/구현하는 것에 비해 어렵고 가격이 아주 비싸진다. 이 경우 적절한 변조방식을 사용하여 입력신호의 스펙트럼을 대역통과 증폭기의 주파수 대역에 위치하게 하면 증폭이 용이해지고, 증폭된 신호를 다시 복조함으로써 원래의 신호를 증폭한 결과를 얻을 수 있다.

■ 변조방식에는 어떤 것들이 있는가?

변조란 낮은 주파수 대역을 갖는 신호를 채널에 적합하도록 (일반적으로 높은 주파수를 갖는) 정현파에 실어서 보내는 것으로 생각할 수 있다. 이때 반송파에 해당하는 정현파 신호는 수학적으로 표현하면 $A\cos(w_0 t+\phi)$로 쓸 수 있다. 정보를 포함하고 있는 변조신호 $m(t)$에 따라 반송파인 정현파의 형태를 바꾸려고 할 때, 우리가 바꿔줄 수 있는 인자는 정현파의 진폭과 주파수, 위상에 해당되는 3가지이다.

변조신호 $m(t)$에 비례하여 진폭을 변형시켜 변조하는 방식을 진폭변조(AM: Amplitude Modulation)라고 하고, 주파수를 변형시켜 변조하는 방식을 주파수변조(FM: Frequency Modulation)라고 하며, 위상을 변형시켜 변조하는 방식을 위상변조(PM: Phase Modulation)라고 한다. 주파수변조 방식과 위상변조 방식은 둘 다 변조된 신호가 정현파의 진폭은 그대로 있고 각(angle)이 변화하는 형태를 가지므로 총칭하여 각변조(angle modulation)라고 한다. 또한, 진폭변조, 주파수변조, 위상변조 방식 모두 다 변조된 신호의 파형이 시간 축에서 보면 연속적인 값을 가지므로 CW(Continuous Wave) 변조라고도 한다.

■ 진폭변조(Amplitude Modulation)

진폭변조란 변조신호(modulating signal) $m(t)$의 크기에 비례하여 주파수가 f_cHz인 정현파, 즉, 반송파 신호의 진폭을 변화시키는 변조 방식이다. 이 방식에서는 변조신호 $m(t)$에 정현파 $\cos 2\pi f_c t$를 곱해줌으로써 변조된 신호 $\nu(t)$가 얻어지는데, 이때 $m(t)$의 대역폭을 BHz(0Hz∼BHz)라고 가정하면, 진폭변조된 신호 $\nu(t)$에는 반송파에 해당하는 f_cHz 정현파 성분은 나타나지 않고 f_cHz를 중심으로 위쪽과 아래쪽에 BHz의 대역폭을 갖는 스펙트럼이 나타난다. f_cHz를 중심으로 위쪽의 스펙트럼은 상측파대(USB: Upper Side Band), 아래쪽은 하측파대(LSB: Lower Side Band)라고 부르는데, 2개의 변조신호에 해당되는 스펙트럼이 생성된다하여 이 방식을 진폭변조 방식 중에서 반송파가 억압된 양측파대(DSB-SC: Double Side Band-Suppressed Carrier)

방식이라고 한다.

진폭변조된 신호는 반송파의 주파수 f_cHz를 중심으로 정보를 포함하고 있는 대역폭 BHz인 스펙트럼이 2개가 생성되므로 전송 시에 기저대역의 2배에 해당되는 $2B$ Hz의 대역폭을 필요로 한다. 상측파대 및 하측파대 스펙트럼 중에서 어느 한 쪽만 전송하더라도 변조신호 $m(t)$의 정보 손실은 없으므로, 전송 시에 요구되는 대역폭을 줄이기 위해 적절한 필터링을 수행하여 한쪽 대역의 스펙트럼만을 전송하는 방식을 단측파대(SSB: Single Side Band) 방식이라고 한다. f_cHz를 중심으로 위쪽 스펙트럼만을 전송할 때 USSB(Upper SSB)라고 하고, 아래쪽 스펙트럼만을 전송할 때 LSSB(Lower SSB) 방식이라고 한다. 변조신호 $m(t)$가 음성인 경우, 음성신호는 직류 성분 및 저주파 성분이 거의 없으며 300Hz 이하까지는 음성 인지에 중요한 정보가 별로 없으므로 제거하여도 무방하다. 따라서 f_cHz를 중심으로 스펙트럼값이 존재하지 않는 영역이 존재하게 되므로 적절한 필터링에 의해 단측파대 신호를 만드는 것이 용이하다. 아마추어 무선통신 또는 선박에서의 음성통신의 경우 SSB 방식이 주로 이용되고 있다.

음성신호와는 달리 영상신호는 아주 넓은 대역폭을 가지면서 또한 직류 및 저주파 성분이 시각정보에 중요한 영향을 미친다. 따라서 진폭변조된 신호에서 전송에 요구되는 대역폭을 줄이기 위해 단측파대 방식을 사용하고자 해도 f_cHz를 중심으로 한쪽 스펙트럼을 왜곡 없이 필터링하여 제거하는게 불가능하다. 양측파대 방식으로 전송하기에는 요구되는 대역폭이 너무 크고, 단측파대 신호를 만들기 위해 한쪽 스펙트럼을 필터링하여 제거하는 것은 불가능하여, 이에 대한 대안으로 고안된 방식이 잔류 측파대(VSB: Vestigial Side Band) 방식이다. VSB 방식에서는 f_cHz를 중심으로 한 쪽 스펙트럼은 전체 대역을 다 포함시키고 다른 쪽 스펙트럼은 일부만 포함시킴으로써 전송에 요구되는 대역폭을 줄여주는 방식이다. 이때 송신측과 수신측에서 사용되는 필터가 특정 조건을 만족하도록 설계해줌으로써 필터링 때 생기는 왜곡 문제를 해결해줄 수 있다. 일반적으로 필터의 크기 스펙트럼 특성이 f_cHz를 중심으로 점대칭이 되도록 한다. 텔레비전 방송 신호의 대역폭이 약 4.5MHz 정도인데, DSB 방식으로 전송할 경우 9MHz의 대역폭이 필요한 데 비해 VSB 방식을 사용함으로써 전송에 필요한 대역폭을 6MHz로 제한하고 있다.

통신 시스템 중에서, 방송 시스템인 경우는 방송국이 송신측에 해당되고 일반 사용자가 수신측이 된다. 이 경우에 송신기의 숫자에 비해 수신기의 숫자는 비교할 수 없을 정도로 엄청나게 많다. 따라서 사회 전체적인 관점에서 볼 때, 송신 방식에서 전송시의 전력 효율이 나쁘더라도 수신 방식을 간단하게 하여 수신기를 저렴하게 만드는게 경제적인 관점에서 훨씬 유리하게 된다. 진폭변조에서 수신 방식을 쉽고 간단하게 만들기 위하여, DSB-SC 방식에다가 전송하고자 하는 정보와는 아무런 상관이 없는 (반송파에 해당되는) 정현파 신호를 추가로 첨가하여 전송하는 방식을 DSB-TC(Double Side Band-Transmitted Carrier) 또는 DSB-LC(Double Side Band-Large Carrier)라고 하며, 현재 AM 라디오 방송 시스템에서 이 방식을 사용하고 있다. 상용 AM 라디오 방송의 경우 변조신호 $m(t)$의 대역폭을 5kHz로 제한하여 사용하고 있는데, 각 방송국에의 송신 주파수가 반송파의 주파수에 해당되며 10kHz의 대역폭이 할당되어 있다.

이상을 종합하면, 진폭변조 방식은 아래와 같이 4가지 방식으로 분류된다.

DSB-SC(Double Side Band-Suppressed Carrier)
DSB-TC(Double Side Band-Transmitted Carrier)
SSB(Single Side Band)
VSB(Vestigial Side Band)

■ AM 신호의 복조(demodulation)

진폭변조된 신호로부터 원래의 신호를 복원하는 과정은 높은 주파수 대역으로 옮겨진 스펙트럼을 다시 낮은 주파수 대역, 즉, 기저대역의 신호로 옮겨주는 과정이라 할 수 있다. 주파수 영역에서의 스펙트럼 이동은 시간 영역에서 원 신호에 정현파 신호를 곱해줌으로써 이루어진다. 따라서 반송파 주파수 f_c만큼 스펙트럼이 옮겨진 진폭변조된 신호에 다시 f_c주파수를 갖는 정현파를 곱해주면 변조된 신호의 스펙트럼은 $f_c+f_c=2f_c$로 이동된 신호의 스펙트럼과 $f_c-f_c=0$인 기저대역으로 이동된 새로운 스펙트럼이 생성되므로 저역필터를 이용하여 기저대역의 신호만 통과시키면 변조신호 $m(t)$가 복원된다. 이와 같이 송신측에서 변조 시에 사용한 정현파와 동일한 주파수 및 위상을 갖는 정현파를 수신측에서 사용하여 정보를 포함하고 있는 원래의 신호 $m(t)$를 복원하는 복조 방식을 동기 검파(synchronous detection)이라고 한다. 진폭변조된 모든 방식의 신호는 동기검파 방식으로 원 신호를 복구할 수 있다.

동기검파를 하기 위해서는 송신측에서 변조 시에 사용한 반송파와 동일한 주파수 및 위상을 갖는 정현파를 수신측에서 필요로 한다. 그런데, 진폭변조된 신호에는 반송파 주파수 성분이 포함되어 있지 않으므로 수신측에서 반송파 신호를 복구(carrier recovery)하는 데 어려움이 많다. 일반적으로 수신된 신호를 비선형 회로를 통과시켜 반송파 주파수의 고조파(harmonic) 성분을 갖는 정현파 신호를 생성한 후 대역통과 필터(bandpass filter) 또는 위상고정회로(PLL: Phase Locked Loop) 등과 주파수 분주기(frequency divider)를 이용하여 송신측에서 사용한 반송파와 주파수 및 위상이 서로 일치하는 정현파 신호를 만들어낸다.

수신측에서 반송파 신호를 복구하는 어려움을 덜어주기 위하여 송신측에서 변조된 신호와 함께 반송파와 관계 있는 작은 값의 정현파 신호를 보내줄 수 있는데, 이 신호를 파일럿 신호(pilot carrier)라고 하며, 수신측에서는 이 파일럿 신호로부터 동기검파에 필요한 반송파 신호를 쉽게 생성할 수 있다. 이러한 방식은 상용 FM 방송에서 모노(mono) 라디오와 호환성을 갖는 스트레오(stereo) 신호를 생성하기 위한 주파수 다중화(FDM: Frequency Division Multiplexing) 과정에서 사용되고 있다.

AM 방송에서는 수신기를 간단하게 만들 수 있도록 하기 위해 송신측에서의 전력효율 면을 고려하지 않고 진폭변조된 신호에 큰 값의 반송파 신호를 첨가하여 보내는 DSB-TC 방식이 사용되고 있는데, 이 방식에서도 동기검파가 가능하지만, 복잡한 동기검파 대신에 다이오드와 저항 및 콘덴서만으로 간략한 회로를 구성하여 원 신호를 복원하는 것이 가능해진다. 이러한 수신 방식을 다이오드 검파(diode detection)라고 한다. SSB 또는 VSB 방식에서도 송신측에서 큰 값을 갖는 반송파를 함께 전송할 경우에는 동기검파 대신에 다이오드 검파 방법으로도 원 신호의 복원이 가능하다.

■ 각변조(Angle Modulation)

직교좌표 평면에서 원점을 중심으로 반경이 A인 원 상에서 한 점이 반시계 방향으로 일정한 속도로 원운동을 한다고 가정할 때, 그 한점의 x-좌표 및 y-좌표 궤적을 시간의 함수로 그리면 진폭이 A인 정현파(sinusoid) 형태가 되는데, x-좌표 궤적은 cosine 함수 형태가 되고, y-좌표 궤적은 sine 함수 형태가 된다. 이 때, 한 바퀴 도는데 걸리는 시간이 T_0/sec라면 T_0의 역수는 1초에 몇 바퀴를 회전하였는가를 나타내는 값이 되는데, 이것을 보통 $f_c = \frac{1}{T_0}$로 표시하며 주파수(frequency)라고 한다. 따라서 주파수의 단위는 cycles/sec가 되는데, 전기 및 전자공학 분야에서는 전자파의 존재를 실험적으로 제일 먼저 밝힌 독일의 물리학자 하인리히 루돌프 헤르츠(Heinrich Rudolf Hertz)의 이름을 따서 Hz라는 단위를 주로 사용한다. 원운동 한 바퀴를 T_0시간에 돌 때 이동한 각도는 360도, 즉, 2π radians가 되는데, 2π를 T_0로 나눈 값은 이동 각도를 소요시간으로 나눈 값으로 이를 각속도(angular velocity)라고 한다. 각속도는 $w_0 = \frac{2\pi}{T_0} = 2\pi f_0$로 표시되므로, 주파수 f_0와 대등한 개념으로 사용될 수 있기에 각주파수(angular frequency)라고도 하며, 단위는 radians/sec가 된다. 반시계 방향으로 한 점이 원운동을 할 때 그 속도가 일정하지 않고 시간에 따라서 바뀌는 경우에는 각속도를 정의할 때 단순히 각도를 시간으로 나눌 수 없으므로 미분 개념이 도입되어야 하며, 각속도는 $w = \frac{d\theta}{dt}$로 정의된다. 이 때의 각속도에 해당되는 주파수는 시간에 따라 계속 바뀌는 값이 되므로 이를 순시주파수(instantaneous frequency)라고 한다.

각변조란 변조신호(modulating signal) $m(t)$에 따라 주파수가 f_cHz인 정현파, 즉, 반송파(carrier) 신호 $A\cos(w_c t + \phi)$의 위상 항(ϕ)이 바뀌는 변조 방식을 말한다. 변조신호 $m(t)$에 비례하여 위상변이에 해당되는 ϕ를 변화시키는 방식을 위상변조(Phase Modulation)라고 하며, $m(t)$에 비례하여 위상변이를 미분한 값을 변화시키는 방식, 즉, 순시주파수를 w_c를 중심으로 변화시키는 방식을 주파수변조(Frequency Modulation)라고 한다. 따라서 위상변조된 신호 $\nu_{PM}(t)$는 반송파 $A\cos(2\pi f_c t + \phi)$의 진폭은 변화하지 않고 위상 ϕ부분에 변조 신호 $m(t)$가 포함되는 형태가 되며, 주파수변조된 신호 $\nu_{FM}(t)$는 반송파 $A\cos(2\pi f_c t + \phi)$의 위상변이 ϕ부분에 변조신호 $m(t)$의 적분된 형태가 포함되게 된다. 따라서 변조신호 $m(t)$를 적분하여 위상변조를 하면 결과적으로 주파수변조된 신호를 얻게 되고, 변조신호 $m(t)$를 미분하여 주파수변조를 하면 결과적으로 위상변조된 신호를 얻을 수 있다.

각변조된 신호의 파형을 관찰하면 위상변조나 주파수변조, 둘 다 반송파의 위상 항이 변화하기 때문에 반송파의 순시주파수가 변화한다는 것을 볼 수 있다. 그러나 순시주파수가 변화하는 패턴에서 차이를 볼 수 있는데, 주파수변조는 반송파의 순시주파수가 변조신호의 크기에 비례하여 바뀌는 것을 볼 수 있지만, 위상변조는 위상 항을 미분하여야 주파수가 되므로 변조신호의 미분된 값에 비례하여 반송파의 순시주파수가 변화하는 것을 볼 수 있다.

■ 주파수변조(Frequency Modulation)

주파수변조 방식이 고안된 역사적 배경을 살펴보면 다음과 같다. 방송 기술의 초창기 시대인 20세기 초에 무선통신에서 잡음의 영향을 줄이려는 꾸준한 노력이 진행되었는데, 잡음 전력은 수신 시스템의 대역폭, 즉, 변조된 신호의 대역폭에 비례하므로 대역폭을 줄일 수 있는 변조 방식에 대한 연구가 관심의 대상이 되었다.

그 당시 무선통신에 주로 사용되던 진폭변조 방식에서는 양측파대가 생겨 대역폭이 2배로 증가하므로, 변조신호에 비례하여 반송파의 진폭을 변화시켜주는 대신에 진폭을 일정하게 유지하면서 반송파의 주파수를 변조신호에 비례하여 변화시켜주면 측파대(sideband)가 생성되지 않고 진폭변조 방식에 비해 적은 대역폭을 가질 수 있을 것으로 생각하였다. 그러나 실험결과에서는 예상했던 것과는 달리 진폭변조된 신호에 비해 주파수변조된 신호가 기껏해야 같거나 대체로 더 넓은 대역폭을 가졌었다. 이러한 때에 Carson에 의해 이론적으로 주파수변조 방식이 진폭변조 방식에 비해 훨씬 더 넓은 대역폭을 필요로 한다는 것이 밝혀지면서 주파수변조 방식에 대한 연구는 더 이상 별 관심을 끌지 못하다가, 1936년 Edwin H. 암스트롱에 의해 주파수변조 방식의 장점과 기술이 부각되고 최초의 FM 방송을 시행하면서 현재에 이르게 되었다.

주파수변조 방식에서는 변조신호 $m(t)$에 비례하여 반송파의 주파수가 f_c를 중심으로 변화하는데, 그 변화의 폭, 즉, 최대 주파수 변이(maximum frequency deviation) Δf값이 큰 값이냐 작은 값이냐에 따라 광대역 주파수변조(Wideband FM)와 협대역 주파수변조(Narrowband FM) 방식으로 구분한다. 이와 반대로 Δf값이 변조신호의 주파수에 비해 상대적으로 충분히 작을 경우에는 변조된 신호가 차지하는 대역폭은 대체로 진폭변조인 경우와 같이 변조신호 대역폭의 2배가 된다.

Δf값이 변조신호의 주파수에 비해 상대적으로 충분히 클 경우에는 변조된 신호가 차지하는 대역폭은 진폭변조인 경우에 비해 훨씬 더 넓은 대역폭을 가지게 되며, 일반적으로 상용 FM 방송에서 사용하는 주파수변조 방식이 이에 해당된다. 이렇게 넓은 대역폭을 사용함으로써 주파수변조 방식은 진폭변조 방식에 비해 훨씬 높은 신호대 잡음비를 얻을 수 있다. 현재 우리나라의 상용 FM 방송에서는 미연방통신위원회(FCC)의 규정을 참고하여 정통부에서 각 방송국에 대해 반송파 주파수에서 최대주파수변이 Δf를 75kHz로 제한하고, 반송파 주파수를 중심으로 200kHz의 대역폭을 할당하고 있다. 참고로, 상용 TV 방송의 오디오 신호는 주파수변조 방식을 사용하고 있는데 이때의 최대 주파수 변이 Δf는 25kHz로 규정하고 있다.

주파수변조는 변조된 신호의 순시주파수가 연속적으로 변화하므로 임의의 변조신호 $m(t)$에 대한 변조된 신호의 스펙트럼 분석이 진폭변조의 경우처럼 쉽지가 않다.

따라서 변조신호가 하나의 주파수 성분만을 갖는 정현파 신호라고 가정하면 변조된 신호의 스펙트럼 분석이 용이해지는데, 이와 같이 변조신호로 정현파를 사용하는 경우를 톤 변조(tone modulation)라고 한다.

■ **주파수변조 및 복조 방식**

FM 신호를 만드는 방법은 입력신호에 따라 직접 반송파의 주파수를 변화시키는 직접 주파수변조(direct FM) 방식과 협대역 FM 신호를 발생시킨 후 주파수 체배기(frequency multiplier)를 이용하여 최대주파수변이를 키워줌으로써 광대역 FM 신호를 얻는 간접 주파수변조(indirect FM) 방식으로 나누어진다. 전자는 입력신호의 크기에 비례하여 출력 주파수를 가변시킬 수 있는 회로, 즉, 동조 회로 발진기(tuned-circuit oscillator)나 VCO (voltage controlled oscillator)를 이용하여 반송파의 주파수를 직접 변화시켜주는데, 주파수변조는 반송파의 주파수에 정보가 실리게 되므로 출력 주파수가 입력신호의 크기에 따라 가변적인 발진기의 출력이 아주 안정적이어야 한다. 후자는 1930년 중반에 암스트롱(Edwin H. Armstrong)에 의해 고안된 방식으로 암스트롱(Armstrong) 방법이라고도 한다. 1930년대에는 출력 주파수가 입력신호의 크기에 따라 아주 안정적으로 변화하는 가변적인 발진기를 만드는 기술이 발달하지 못했던 시기였다. 따라서 암스트롱(Armstrong)은 수정 발진자와 같이 아주 안정적이며 고정된 주파수 출력을 얻을 수 있는 발진기를 이용하여 반송파를 만든 후 일차적으로 진폭변조와 비슷한 방식으로 협대역 FM 신호를 만들고, 협대역 FM 신호를 비선형회로인 주파수 체배기를 통과시켜 최대 주파수 변이를 키워줌으로써 광대역 FM 신호를 얻었다.

FM 신호의 복조(demodulation) 원리는 반송파의 주파수 변화를 진폭 변화로 바꾸어주는 과정이다. 이를 위해서는 수신기 시스템의 주파수 특성이 선형적, 즉, 일차 함수 형태를 가지면 되는데, 이러한 기능을 갖는 회로를 총칭하여 주파수 변별기(frequency discriminator)라고 한다. 주파수 영역에서의 선형적인 특성은 시간 영역에서의 미분 형태로 주어진다. 따라서 FM 복조 과정은 FM 신호를 일차 미분하는 과정과 포락선 검파 과정으로 이루어진다. 주파수변조된 신호는 변조신호의 정보가 반송파의 주파수에 포함되어 있으므로 수신된 신호의 진폭과는 전혀 관계가 없다. 그러나 수신된 신호는 채널에서의 부가적인 잡음으로 인해 진폭 변화가 수반되며, 이것은 복조 과정에서 변조신호(정보)의 왜곡(distortion)으로 나타나므로 일반적으로 수신기의 전단에 진폭을 일정하게 유지시켜 주는 회로, 즉, 리미터(limiter)를 붙여서 수신된 신호의 진폭에 포함된 잡음의 영향을 없애준다. 또한, 입력신호의 주파수 변화를 추적(tracking)하면서 그에 비례하는 전압을 출력으로 얻을 수 있는 시스템, 즉, 위상고정회로(PLL)를 이용하여 FM 신호로부터 변조신호 $m(t)$를 얻을 수 있다. 즉, PLL을 이용한 FM 검파(detection)가 가능하다.

■ **프리엠퍼시스(preemphasis) 및 디엠퍼시스(deemphasis)**

FM 신호의 복조 과정에서 수신기의 잡음전력 스펙트럼(noise power spectral density)은 입력되는 백색잡음(white noise)이 주파수 변별기를 거치면서 주파수에 자승 비례하는 특성을 갖게 된다. 즉, 주파수가 높아질수록 잡음전력은 더 커지게 된다. 반면에 음성 또는 오디오 신호와 같이 전송하고자 하는 정보를 포함하고 있는 변조신호 $m(t)$는 대체로 저주파 대역에서 큰 에너지를 갖고 고주파 대역에서는 적은 에너지를 가지므로 상대적으로 높은 주파수 영역에서의 신호대 잡음비가 아주 나빠져 오디오 음질의 열화를 피할 수 없게 된다. 이러한 문제점을 해결하기 위해서 상용 FM 방송에서는 FM 변조를 하기 전에 변조신호 $m(t)$의 고주파 대역을 선형적으로 키워주고(preemphasis) 수신측에서는 미리 키워준 비율대로 줄여주어(deemphasis), 변조신호 $m(t)$는 송/수신을 통해 영향을 받지 않으면서 채널에서 부가된 잡음만 수신측에서 줄여주는 과정(deemphasis)에 의해 고주파 대역의 잡음을 감소시켜줌으로써 수신측에서의 신호대 잡음비를 개선시키는 방법을 사용하고 있다. 프리엠퍼시스 및 디엠퍼시스를 위한 회로는 저항 및 커패시터를 이용한 간단한 필터로 구성되며, 상용 FM 방송의 경우 송신측에서 약 2.1kHz 이상의 주파수 대역에 대해 6dB/octave로 이득을 키워준다. 수신측에서는 변조신호 $m(t)$의 프리엠퍼시스 필터에 의한 왜곡을 보상해 주기 위하여 송신측에서와 마찬가지로 2.1kHz 이상의 주파수 대역에 대해 −6dB/octave로 이득을 감소시켜주는 디엠퍼시스 필터를 사용한다.

■ **임계 현상(threshold effect) 및 포획 효과(capture effect)**

일반적으로 통신 시스템의 수신기에서는 입력되는 신호대 잡음의 전력비가 감소하면 그에 비례하여 당연히 출력되는 신호대 잡음의 전력비도 감소하게 되겠지만, FM 변조 방식에서 입력되는 신호대 잡음의 전력비가 어느 임계치보다 작아지면 출력되는 신호대 잡음의 전력비가 급격하게 나빠지는 현상을 보이게 되는데 이것을 임계 현상(threshold effect)이라고 한다. 이러한 특성으로 인해 FM 방식은 원거리 통신에는 적합하지 못하다고 할 수 있다. FM 변조 방식의 또 다른 특성 하나는, 인접한 2개의 FM 신호가 오디오 주파수 범위 내에 존재할 경우 수신기에서는 신호의 크기가 큰 쪽이 작은 쪽을 억압하여 작은 쪽의 신호가 나타나지 않게 되는데, 이러한 현상을 포획 효과(capture effect)라고 한다.

■ **디지털 변조 시스템(Digital Carrier Systems)**

전송하고자 하는 정보를 포함하고 있는 신호 $m(t)$의 형태가 디지털 신호인 경우, 예전의 아날로그 신호를 기반으로 통신과 대비하여 디지털통신이라고 하며, $m(t)$를 반송파를 이용하여 변조시킬 경우 디지털변조라고 한다. 아날로그 통신 시스템에서의 진폭변조(AM), 주파수변조(FM), 위상변조(PM)에 해당하는 변조 방식을 디지털 통신 시스템에서는 진폭편이 키잉(ASK: Amplitude Shift Keying), 주파수편이 키잉(FSK: Frequency Shift Keying), 위상편이 키잉(PSK: Phase Shift Keying)이라고 한다. 변조신호 $m(t)$로 디지털 신호인 binary symbol "1"과 "0"을 사용할 경우, 디지털 변조 방식에서는 변조된 신호에 데이터 "1"에 해당되는 파형과 데이터 "0"에 해당되는 파형, 2가지만 나타나므로 2가지의 신호를 스위칭한 것과 같다는 의미에서 편이 키잉(Shift Keying)이라는 표현을 사용한다.

디지털 신호의 정보 내용에 따라 반송파의 위상을 변화시키는 방식을 위상편이 키잉(PSK)이라고 하는데, 변조신호 $m(t)$로 "1" 및 "0"의 2개의 심볼(symbol)을 사용하는 2진 PSK(BPSK: Binary PSK), 변조신호 $m(t)$로 2개의 비트(bit)를 묶어 하나의 심볼로 사용함으로써 동일한 대역폭에 대해 보내는 정보량을 2배로 할 수 있도록 "00", "01", "10", "11"의 4개의 심볼을 사용하는 4진 PSK(QPSK: Quadrature PSK) 등이 널리 이용되고 있다. 이와 같은 방식으로 2진 디지털 신호를 m개의 비트로 묶어서 $M=2^m$개의 위상을 갖는 반송파를 만들 경우 이를 M진 PSK(M-ary PSK)라고 한다. PSK 방식으로 변조된 파형은 일정한 진폭을 가지므로 채널에서의 레벨 변동에 의한 영향을 적게 받으며, 디지털통신 시스템에서의 성능 측도로 쓰이는 비트오류확률(BER: Bit Error Rate)도 ASK 및 FSK에 비해 우수하다는 장점이 있다.

지금까지 통신 분야에서 중요한 개념인 변조에 대하여 아날로그 통신 분야에서는 진폭변조, 위상(각)변조, 주파수변조를 중심으로 살펴보고 디지털변조 시스템에 대하여 개념적으로 간략하게 소개해보았다.

2.10 임베디드 시스템 개요

최근 들어 임베디드 소프트웨어라든가 임베디드 시스템이라는 단어가 부쩍 많이 쓰이고 있다. 이러한 상황 자체가, 전자공학이라는 장르가 physics(물리학) 레벨에서부터, 여러 가지 장치로 구성된 시스템들과 더 나아가서 여러 가지 다수의 시스템들이 결합되어 다양한 성능을 구현하고자 할 때 이러한 다양한 성능이 이루어지도록, 여러 가지 시스템으로 구성된 장치들을 통합적이고 지능적으로 계측하고 제어하는, 컴퓨터 시스템까지를 포괄하도록 그 범위가 확대되어가고 있다는 경향 및 추세를 반영하고 있다는 것이다. 이러한 맥락에서 임베디드 시스템의 개요 및 특징에 대하여 살펴보는 것은 의미가 있을 것이다.

1970년대 마이크로프로세서 개념이 도입되면서부터 비교적 복잡한 제어 및 계측 시스템들을 간단한 전자장치로 대체할 수 있게 되어 다양한 산업 분야에서 일대 혁신이 일어나게 되었다. 예를 들면, 자동판매기, 냉장고, TV 등의 가전제품의 소형화, 공장 혹은 빌딩 자동화, 그리고 자동차의 디지털화 혹은 전자동화가 그 중요한 사례들 중의 일부분이다. 마이크로프로세서가 자동차 발전에 미친 영향만을 중심으로 소개한다면 우선 환경적으로 자동차의 가장 큰 문제점이었던 배기가스의 양을 마이크로프로세서에 의한 엔진 정밀제어 및 관리 시스템의 도입으로 인해 과거 20년 사이에 약 90% 이상 감소시킬 수 있었다. 또한 자동차의 연료 분사 시스템 또한 과거의 수동형 개방 루프 방식－속칭 카뷰레터(carburetor)－에서 마이크로프로세서에 의한 전자동 제어 시스템인 폐쇄형 루프 방식의 연료 분사 시스템으로 대체됨으로 인해 효율이 증대되고 배기가스가 대폭 감소하는 데 크게 기여하게 되었다.

현재 고급 자동차일수록 수많은 마이크로프로세서들이 장착되어, 엔진 점화 정밀제어, 트랜스미션 제어 또는 창문의 자연스런 개폐 등 다양하면서도 다소 사치스러운 효과를 내는 데에도 마이크로프로세서가 많이 사용되어지고 있다.

최근에는 좀더 기능들이 통합되고 지능화된 제품에 대한 상품 구매자의 욕구와 또한 이에 부응한 지속적인 신제품 개발 추세는 이제까지의 마이크로프로세서에 의한 부분적 자동화 혹은 소규모 폐쇄 루프(close-loop) 방식의 계측 및 제어 시스템에서 더욱 더 확대되어 시스템 전체 혹은 여러 가지 센서 및 엑추에이터가 함께 관여하여 전역 최적화(global optimization) 효과를 도모하기 위한 대규모 시스템으로의 통합 자동화 또는 지능화를 이루려고 하는 시도가 전세계적으로 활발하게 전개되고 있다. 앞에서 언급한 마이크로프로세서에 의한 단순 혹은 부분 기능 자동화 시스템에 대비하여 최근의 통합화, 지능화된 시스템의 근본적인 차이는 전자의 경우는 마이크로프로세서 전용 하드웨어 회로에 전용 프로그래밍 언어(예, 어셈블리 언어 혹은 특정 마이크로프로세서 전용 컴파일러를 이용한 C언어)만을 이용한 한정된 문제 해결만을 위한 장치 개발이라면, 후자의 경우는 마이크로프로세서가 중앙처리장치

(CPU) 역할을 하는 범용 컴퓨터 구조와 유사한 하드웨어 회로를 가지며, 일반 컴퓨터에서 내장하고 있는 운영체제(예, Windows NT, LINUX, MacOS 등)와 기본 기능이 흡사한 시스템 소프트웨어를 내장하고 있으나 일반 컴퓨터와 달리 다양한 종류의 전자 기계 장치들을 입출력 장치로 사용한다. 또한 현재의 주어진 단순 문제 해결 기능 뿐만 아니라 보다 다양하고 입출력 상황 변화 혹은 사용환경 변화 등 외부환경의 변화에 비교적 쉽게 적응할 수 있는 형태로 제작된 장치 혹은 시스템을 개발하는 것을 의미하며 이러한 시스템을 임베디드(Embedded) 시스템 혹은 임베디드 컴퓨터 시스템이라고 통칭하고 있다. 즉 임베디드 시스템이라 함은 기존에 범용 컴퓨터에서만 사용되어지던 컴퓨터 하드웨어 및 소프트웨어가 특정 하드웨어 장치(전자 혹은 기계 장치)에 일부 부품으로 내장되어 이 하드웨어 장치들을 통합적이고 지능적으로 계측하고 제어하는 역할을 하는 컴퓨터 시스템을 의미한다.

최근에 이러한 임베디드 시스템은 매우 경쟁력 있는 중요한 제품 생산 기술로 자리잡고 있는데 대표적인 임베디드 시스템 제품으로는 PlayStation(Sony)과 Xcube (MircoSoft) 등의 첨단 게임기가 있으며, HDTV 혹은 수많은 디지털 정보가전 제품 (캠코더, 디지털 VCR, 인터넷 셋톱 박스 등) 등도 여기에 속한다. 또한 전통적인 경성 실시간 시스템(Hard Real-Time Systems) 범주에 들어가는 초고급형 자동차, F-16과 같은 초음속 전폭기, 각종 인공위성 및 우주 비행체와 같은 무인 비행체들도 임베디드 시스템의 대표적인 사례라고 할수 있다.

특히 인터넷과 유무선 네트워크가 급속히 확산되면서부터 인터넷과 연동되는 임베디드 시스템(예, 유무선 단말기, 지능형 PDA, 카 내비게이션 시스템 등)들에 대한 개발 경쟁이 전세계적으로 확대되고 있으며 이러한 인터넷과 연동되는 분산형 임베디드 시스템 응용 분야를 특별히 편재형 컴퓨터 시스템(ubiquitous or pervasive computing)이라고 통칭하고 있다.

■ 임베디드 시스템의 차별성

이 시점에서 범용 컴퓨터에 대한 사용 경험만을 보유하고 있는 대다수 독자들에게 임베디드 시스템과 범용 컴퓨터 시스템간의 차이에 대한 정확한 이해를 돕기 위해서 다음과 같이 정리해보았다.

일반 컴퓨터는 다양한 응용 분야에 범용으로 사용하기 위해서 일반화된 컴퓨터 하드웨어 구조와 소프트웨어 구조를 가지고 있는 반면 임베디드 시스템은 특정 장치에 내장되어서 특정한 작업만을 수행하기 위해서 고안된 컴퓨터 시스템이다. 일반 컴퓨터는 한정된 품목의 마이크로프로세서 혹은 CPU(예, Intel x86만이 사용되지만 임베디드 시스템에서는 다양한 마이크로프로세서들이 사용된다(예, Intel x86, ARM cores, MC68xxx, PowerPC, H380 등). 또한 임베디드 시스템은 저가격, 저전력, 저메모리 등 한정된 시스템 자원 사용을 요구한다. 일반적으로 임베디드 시스템은 실시간 동작 특성을 지원해야 하며 이를 위해서 범용 운영체제(Windows NT 혹은 UNIX 등)보다는 실시간 운영체제(Real-Time Operating System)를 사용한다. 임베디드 시스템은 극한 환경에서 365일 동작해야 하는 등의 험한 환경에서 사용되어지므로, 탑재된 하드웨어 혹은 소프트웨어의 오류나 불안정성은 범용 컴퓨터 시스템에 비해 더욱 중대한 결함을 야기할 수 있기 때문에 엄밀하게 검증되어 적용해야 한다. 임베디드 시스템은 비교적 적은 메모리 사용이 요구되며 경우에 따라서 보조 기억장치가 없이 ROM과 RAM만을 이용하여 동작해야 하며 입출력 장치 또한 범용 컴퓨터와 크게 다르다(범용 컴퓨터인 경우 키보드, 모니터, 마우스 등이 입출력 장치가 되나 임베디드 시스템에서는 센서, 엑추에이터 등이 기본 입출력 장치가 된다).

이러한 임베디드 시스템 특성 때문에 범용 컴퓨터와 달리 크로스 컴파일러, 원격 디버거 등과 같은 특별한 하드웨어 및 소프트웨어 개발 환경이 있어야 하며, 하드웨어 및 소프트웨어 동시 설계, 엄격한 요구 분석 및 설계 기술 등 전문적인 시스템 설계 기술 및 CASE(Computer Aided System Engineering) 도구들이 요구된다.

■ 임베디드 시스템 응용 분야 : 유비쿼터스 네트워크 컴퓨팅

앞에서 언급한 임베디드 시스템의 특성이 점점 더 발전되면서 미래 사회에는 수많은 기계 및 전자 장치 또는 인체에도 컴퓨터가 내장되어 임베디드 시스템 형태로 동작하게 될 것이다. 따라서 기존의 PC와 같은 정형의 컴퓨터는 점차 사라지고 컴퓨터가 내장된 가전 제품, 자동차, 로봇 등 수많은 임베디드 시스템들이 개발되어 활용될 것이다. 특히 이러한 임베디드 시스템들은 최근 급격히 확장하고 있는 인터넷 기술, 모바일 통신 기술 등과 결합되어 언제 어디서나, 어떠한 물체들이나 서로 유·무선 통신망을 이용하여 연결되며 현재 상식으로는 상상을 못할 정도의 다양한 서비스를 제공할 것으로 예측되고 있다. 이러한 다양한 컴퓨터가 내장된 다양한 물체들간에 다양한 유·무선통신 프로토콜을 이용하여 인류 복지에 기여하는 다양한 서비스를 제공하는 새로운 파라다임을 유비쿼터스 네트워크 컴퓨팅이라고 정의할 수 있다. 유비쿼터스는 라틴어에서 유래한 것으로 "언제 어디서나 동시에 존재한다"라는 뜻이다. 물이나 공기처럼 도처에 편재한 자연 상태를 의미한다. 지난 1988년에 제록스 팔로알토 연구소의 마크 와이저(Mark Wiser)가 이 개념을 미래형 컴퓨터 환경에 묘사하여 처음 제시한 것이 유비쿼터스 컴퓨팅 개념의 효시이다. 유비쿼터스 개념은 크게 두 가지로 요약할 수 있다. 하나는 지금과 같이 컴퓨터와 인터넷이 독립된 객체로 존재하는 것이 아니라 실세계에 존재하는 각종 사물과 환경에 컴퓨터가 내장되어 사용자에게는 컴퓨터가 존재하는지를 인지하지 못하도록 환경이나 사물 내에서 자연스럽게 동화되어 융합된 현태의 컴퓨팅 시스템을 의미하며, 또 하나는 지금 컴퓨터 사용법과 달리 사용자가 컴퓨터를 사용한다는 느낌을 받지 않으면서 자연스럽게 컴퓨터가 내장된 사물을 언제 어디서나 편리하게 이용할 수 있다는 개념이다.

따라서 이러한 개념들이 잘 구현될 때에는 기능적, 공간적으로 사람과 컴퓨터 그리고 만물이 하나로 연결되고 이들간에 자유롭게 정보가 전달되는 무한한 공간이 바로 유비쿼터스 세상이 되는 것이다.

이러한 유비쿼터스 컴퓨팅의 개변이 적용되는 대표적인 응용 분야를 열거한다면, 홈 네트워크, 센서 네트워크, 텔레메틱스, 지능형 헬스케어 등 매우 광범위한 응용 분야를 포함하고 있으며 전세계적으로 연구 및 제품 개발 활동이 매우 활발하게 진행되고 있다. 응용 분야별 특성에 대해서 간단히 소개하면 다음과 같다.

■ **홈 네트워크**

가정에 있는 모든 가전제품들이 컴퓨터와 유·무선 통신 모듈을 내장하고 서로 정보를 교환하면서 보다 자연스럽고 편리한 가정 생활 환경을 실현하기 위한 기술들이다. 기술 적용 성공 시 막대한 시장 효과로 인해 전세계적으로 가장 활발하게 기술 개발 경쟁이 시도되고 있는 전형적인 유비쿼터스 컴퓨팅 응용 분야이다. 현재 홈네트워크에서 적용 가능한 서비스는 크게 3가지로 분류하고 있는데, 하나는 HDTV, VCR, Cable 혹은 위성 셋탑, 디지털 오디오 등 디지털 오디오/비디오 가전을 중심으로 하여 동영상 콘텐츠의 유연한 전송을 도모하는 홈씨어터 서비스, 각종 전구, 보일러, 에어컨 등을 댁내 외에서 원격 제어하여 쾌적한 가정 환경과 지능화된 방범 방재 체계를 도모하기 위한 홈오토메이션 서비스, 마지막으로 댁내 각종 가전 기기 및 컴퓨터에서 댁외의 인터넷 포탈과 접속하는 포탈 서비스 및 재택 교육, 홈 쇼핑 등 원격 콘텐츠 전달 기능을 도모하는 인터넷 접속 서비스를 말한다. xDSL, FTTH, Cable 모뎀 등이 근래에 인터넷 접속 서비스에 활용되고 있는 주요 통신 프로토콜이며, 이미 인터넷 접속 서비스는 실용화에 성공하여 국내외 대부분의 가정에서 도입되어 활용되고 있다. PLC(Power Line Carrier), LonWorks, CAN(Control Area Network) 등이 홈 오토메이션 서비스에 주로 활용되고 있는 유선 통신 프로토콜들이며 RFID, Bluetooth 등이 무선 프로토콜로 활용되고 있다. 홈오토메이션 서비스인 경우 최근 첨단 고급 아파트 중심의 주거 공간에서 적극적으로 채택하고 있으며 유럽 선진국에서도 범 국가적으로 전력 피크타임 시 가정에 있는 에어컨의 온도를 일시에 조절하여 전력 수요를 감소시키는 피크타임 전력 강제 수요 관리 프로젝트를 이런 홈오토메이션 기술을 활용하여 전국가적으로 수행하고 있다.

IEEE 1394, DVI 등이 홈씨어터 실현에 주로 활용되고 있는 광대역 통신 프로토콜이며 홈씨어터는 다양한 분산 가전 제품간의 정밀한 동기화가 요구됨으로 인해 이들간의 호환성, 동기화 및 분산 처리 기능을 담당해주는 미들웨어에 대한 연구가 활발히 진행되고 있다. 대표적인 홈씨어터 미들웨어로 HAVi, RoomBridge, UPnP, OSGi 등이 있으며, 이 미들웨어들은 홈씨어터 뿐만 아니라 다른 서비스(홈오토메이션 및 인터넷 서비스)들과의 통합 운영 기능도 포함하고 있다. 홈씨어터 서비스는 아직까지 비교적 덜 상용화된 서비스이며 최근 디지털 HDTV의 급속한 보급과 고성능 광대역 통신망이 개별 가정에 속속 공급됨으로 인해 서비스를 위한 인프라는 잘 갖춰지고 있다. 또한 VOD 등 홈씨어터 서비스의 전면적 시행에 가장 큰 걸림돌로 작용하고 있는 콘텐츠 복제 방지를 위한 기술도 속속히 개발되어 전면적인 홈씨어터 서비스가 가능해졌다.

■ 센서 네트워크

근래의 급격한 반도체 집적 기술의 발달로 RFID 등 무선통신 기능과 다양한 센서들을 탑재한 초소형, 초저전력형 임베디드 컴퓨터 시스템이 가능하게 되었다. 따라서 이러한 초소형 컴퓨터 시스템을 내장한 수많은 물리적 물체들이 자유롭게 이동하면서 물체 내부나 물체가 활동하는 환경에 대한 정보를 취득하여 분석함으로써 손쉽게 대규모 환경에서 발생하는 정보의 순간적 의미를 쉽게 포착하여 적절한 대응을 할 수 있게 된다. 이러한 다양한 센서 개체들간의 분산 네트워크화 된 시스템을 센서 네트워크이라 하며, 개인 휴대 단말기들간의 네트워크을 특별히 PAN (Personal Area Network)이라고 별도로 구분하기도 한다. 이러한 센서 네트워크에 주로 활용되는 프로토콜은 RFID, ZigBee, UWB, Bluetooth 등이 있으며 응용 분야로는 태풍 지진등 광범위 지역에 이러한 센서 네트워크을 분포시켜서 자연 생태 감시하는 분야, 생체 혹은 개인 휴대 단말들간의 센서 네트워크을 구축한 환자 실시간 모니터링 등 다양한 응용 분야를 가지고 있다.

■ **텔레메틱스**

텔레메틱스 분야는 임베디드 시스템 하드웨어와 소프트웨어, 유무선 네트워크, GPS, 서비스 분야 등에 대한 종합적이고 심도 있는 지식을 요구한다. 앞으로 텔레메틱스 단말을 부착하고 출시되는 자동차가 점점 증가하고, 기존의 자동차에도 텔레메틱스 단말을 추가하는 시장이 늘어날 것으로 예상된다. 따라서 텔레메틱스 시스템 소프트웨어 개발 인력에 대한 수요는 급증할 것으로 예상된다. 또한, 텔레메틱스 시장을 촉진시키기 위하여 보다 다양한 텔레메틱스 서비스의 개발이 시급하다. 앞으로 많은 콘텐츠 개발 회사들이 텔레메틱스 서비스를 제공하기 위하여 시장에 뛰어들 것으로 예상되며, 따라서 텔레메틱스를 위한 응용 소프트웨어 개발 인력에 대한 수요 역시 급증할 것으로 예상된다.

■ **지능형 헬스 케어**

홈네트워크, 센서 네트워크, 텔레메틱스 등 다양한 임베디드 시스템 응용 분야를 총 집결하여 구현해 볼 수 있는 의미 있는 응용 분야의 하나가 지능형 헬스케어 분야이다. 병실 혹은 특수 보호 시설에서 환자, 병약자 혹은 실시간 상태 감시가 필요한 피보호자들에 대한 효과적이고 즉각적인 보호가 가능하도록 하는 기술을 포함한다. 이의 실현을 위해서는 우선 병실이나 보호시설을 충분한 대역폭과 유연성을 겸비한 홈네트워크 개념으로 설계되어야 하며, 환자나 보호자에게는 환부와 직접 혹은 간접으로 연결된 센서 네트워크가 구성되어 있으며, 환자의 응급 상황 발생시 보호자 또는 병원 관계자들의 현재 위치와 무관하게 환자에 대한 주요 정보의 실시간 접근이 가능해야 하고 또한 적절한 조치도 가능해야 한다. 이러한 종합적인 미래형 헬스케어 시스템도 임베디드 시스템의 개념이 확장된 유비쿼터스 네트워크 기술을 이용하여 조만간 실현이 가능할 것으로 판단된다.

지금까지, (요즈음 점차 많이 쓰이는 단어로 등장한) 임베디드 시스템의 내용에 대하여 살펴보았다. 독자 여러분께 많은 도움이 되기를 바란다. 계속해서 대학원 과정의 한 분야로서 중요한 고집적 회로전공에 대하여 알아보고자 한다. 즉, 현재의 고집적 회로 분야는 무엇을 추구하고 있으며 어떠한 방향으로 변화, 발전해 나아가는지를 생각해보는 기회였으면 한다.

2.11 고집적 회로 전공의 현황과 전망

고집적 회로 공학 전공은 집적회로 설계에 필요한 회로 기술, 설계 자동화를 위한 컴퓨터 소프트웨어 기술, 그리고 고성능 디지털/아날로그 회로 설계 등에 관한 연구 및 개발에 필요한 인력을 교육하는 전공이다. 회로 설계는 거의 모든 전자공학 전공자들에게 필요한 기술로 고집적 회로공학 전공자들은 전자공학의 다른 분야 전공자들과 달리 설계 방법론에 관한 연구를 하든지 메모리 설계, A/D 컨버터 설계, 마이크로프로세서 설계 등 고난도 설계를 담당하여야 한다. 집적회로 설계를 위한 방법론과 알고리즘 개발은 고집적 회로공학 전공자들의 고유한 연구 영역으로 다양한 분야의 전자공학 관련 지식 뿐만 아니라 컴퓨터 기술 분야의 폭넓은 지식이 요구되는 분야이다.

회로 설계는 크게 디지털 회로 설계와 아날로그 회로 설계로 나뉘어 지나 메모리 설계처럼 중간적인 성격을 가진 분야도 있다. 집적회로 설계 분야를 전공하기 위해서는 회로이론, 전자회로, 물리전자, 논리회로 등 전자공학 기초 과목 뿐만 아니라 자료구조, 알고리즘 컴파일러, 컴퓨터 구조 등 컴퓨터 과학 기초 과목도 같은 비중으로 공부하여야 한다. 집적회로 설계에서 컴퓨터는 도구인 동시에 목적이다. 20세기말 집적회로 설계 기술의 비약적인 발전은 컴퓨터를 위한 메모리와 마이크로프로세서 설계를 위한 것이었다.

근래 시스템 온칩 기술(SoC: System on Chip)은 마이크로프로세서를 내장하여 보드회로를 하나의 칩상에 구현하는 것으로 매우 복잡하고 정교한 설계 기술이 필요하여, 이와 동시에 CAD와 소프트웨어의 필요성도 더욱 증가하고 있다. SoC는 IP를 기반으로 설계되므로 component들을 잘 설계하는 것보다 잘 집적(integration)하는 것이 더욱 어렵고 시스템 성능에 미치는 영향 또한 크다. 여기에서 회로 기술 뿐만 아니라 컴퓨터 알고리즘 과학 기술도 매우 중요하다. 회로 기술은 집적회로 구현의 목적이므로 그 중요성은 자명하다. 다만 회로라면 전자회로를 떠올리고 논리회로는 게이트를 이용하여 개요도(schematic)를 그리는 것으로 생각하는 시대는 지났다. 아날로그 집적회로 전공자는 전자회로, 물리전자, 전자기학 등 전통적인 전자공학에 대한 깊은 이해가 필요하지만 신호 및 시스템, 통신이론 등과 같은 시스템 이론에 대한 공부 없이는 무엇을 연구하여야 하는지의 방향을 잡을 수 없다. 현대 아날로그 집적회로 설계는 매우 까다롭고 특히 전문화된 분야이다. 국내에서 고난도 아날로

그 집적회로를 설계하여 성공한 예는 거의 없다.

디지털 집적회로의 경우도 전자회로나 회로이론에 대한 상당한 이해가 필요하나 신호 및 시스템, 컴퓨터 구조, 통신 이론, 컴퓨터망 등 다양한 컴퓨터 관련 지식과 함께 고도의 프로그래밍 기술이 요구되는 디지털 집적회로 분야 전공자들에게는 회로와 전통적인 전자공학에 대한 지식이 중요성이 상대적으로 감소되어가고 있는 경향이다. 이러한 경향은 최근 시스템 온칩화 경향으로 더욱 가속되고 있다. 시스템 온 칩으로 인하여 칩의 크기가 대형화하며 내재된 임베디드 프로세서의 소프트웨어 프로그래밍의 중요성이 증가하여 집적회로 설계 인력의 컴퓨터 과학 지식은 전자공학 지식에 버금가게 요구된다. 이러한 결과로서 집적회로 설계 분야는 1980년 반도체 분야에서 이탈하여 2000년대에는 회로 분야의 컴퓨터 분야를 합하여 독자적인 학문 분야를 이루게 되었음을 알 수 있다.

경북대학교 전자전기컴퓨터학부(한 예로서) 고집적 전공의 경우 주로 아날로그 회로에만 관심이 많은 학생들이 고집적 전공에 지원하였으며 이들은 아날로그 회로 분야에 지원하나 취업 후 대부분 간단한 보드 단위 회로 설계를 하거나 디지털 회로 설계 분야로 옮겨간다. 대부분의 학생들은 고집적 전공에서 컴퓨터 기술에 관한 지식의 중요성을 인식하지 못하거나 심지어 컴퓨터 지식이 불필요한 영역에 안주하려는 경향이 있다. 학생들의 이러한 태도는 전자공학과에서 컴퓨터 관련 교육이 거의 되지 않는 현실에 따른 것으로 보인다. 또한 컴퓨터에 관한 관심이 있는 학생은 거의 정보 통신이나 정보 처리를 다른 전공을 택하고 있는 것으로 보인다. 한 가지 재미있는 현상이 있다. 고집적 전공에서 컴퓨터 관련 교육을 강화해서 학생들의 컴퓨터 능력이 향상되면 대학원에서는 정보 통신 전공으로 이동하는 경향을 보인다는 것이다.

고집적 전공은 타 전공에 비하여 박사과정 학생이 적고 학위 과정중 중도 포기도 많은 편이다. 학생들은 고집적 전공에서 배우는 설계 관련 기술이 취업에 매우 유리함을 발견하고 석사 학위 후 곧바로 취직하거나 박사 과정을 중도에 그만두고 취업한다. 학생들 생각에는 설계 기술과 같이 산업 현상에서 곧바로 사용하는 기술은 산업 현상에서 배우는 것이 유리하다고 생각하기 때문이다. 학부 교육 분위기가 조기에 산업 체제에 필요한 기술을 강조하고 교육하는 추세로 가면 박사, 석사 프로그램의 고급 과정이 약화될 가능성이 크다. 이는 전자전기 분야의 학사 졸업생들이 미래의 고급 인력으로 성장하는 기회를 잃는 것으로도 볼 수 있다.

03 전자공학 분야의 중요 개념들

3.1 페이저양과 순시치와의 관계

전자공학의 중요한 근간의 일부를 이루는 회로이론(circuit theory)에서 널리 사용되는 페이저 개념에 대하여 살펴보자.

먼저 아래 [그림 3.1]과 같이 전압전원(voltage source)와 저항(resistor) R만으로 구성된 단순한 회로를 살펴보자.

[그림 3.1] 저항 R로 구성된 회로

이 경우에 옴의 법칙(Ohm's law)으로부터 회로 전체에 걸쳐 전류 $I(t) = \dfrac{V_0}{R}\cos wt$가 흐르고 있음을 알 수 있다. 텍스트 북 레벨의 회로이론 관련 서적의 정의를 사용하여, 전류 $I(t)$와 전압 $V(t)$에 해당되는 페이저량 $I(=Ie^{j\theta} = \dfrac{V}{R}e^{j\theta})$와 $V(=Ve^{j\theta})$는 각각

$$v(t) = \mathrm{Re}\left\{\mathbf{V}\,e^{j\omega t}\right\} = \mathrm{Re}\left\{V\,e^{j\theta}\,e^{j\omega t}\right\} = V\cos(\omega t + \theta)$$

$$i(t) = \mathrm{Re}\left\{\mathbf{I}\,e^{j\omega t}\right\} = \mathrm{Re}\left\{\frac{V}{R}\,e^{j\theta}\,e^{j\omega t}\right\} = \frac{V}{R}\cos(\omega t + \theta)$$

로서 주어진다는 사실은 널리 알려져 있다. V와 I는 편의상 실수로 가정하고 순시치(RMS) 개념을 사용하지 않았기 때문에 zero-to-peak 값을 의미한다(만일에 RMS로 표현한다면 V를 $\dfrac{V}{\sqrt{2}}$로 I를 $\dfrac{I}{\sqrt{2}}$로 쓰면 된다). 여기에서 Re{ }는 { }의 실수부(real part)를 의미한다.

따라서

$$v(t)=\frac{1}{2}\int_{-\infty}^{\infty}\left\{\mathbf{V}\delta(\omega-\omega')+\mathbf{V}^{*}\delta(\omega+\omega')\right\}e^{j\omega' t}d\omega'$$

로서 주어지게 되는데 이는 널리 알려진 역 푸리에 변환(Inverse Fourier Transform) 과정, 즉 $\theta_0\frac{1}{\sqrt{2\pi}}\int_{-\infty}^{\infty}F(w)\,e^{jwt}dw=f(t)$에서 $f(t)$가 실수 함수(real function)가 되기 위한 조건인 $f(w)=F^{*}(-w)$를 연산자(operator) 형식, 즉 Re{ }의 형태로 표현한 것이다.

정규화 인자(normalization)에서의 차이점을 제외한다면 페이저양을 순시치로 바꾸는 데 사용되는 Re{ } 연산자와 역 푸리에 변환 과정은 본질적으로 동일한 것이다.

다시 한번 개념적으로 정리하면 다음과 같다.

- 페이저양 V ⇒ 순시식 $\nu(t)$

; 페이저항을 순시치로 변환해주는 과정

$$\mathbf{V}\rightarrow \underbrace{\mathrm{Re}\left\{\mathbf{V}e^{j\omega t}\right\}}\rightarrow v(t)$$
$$\Updownarrow$$
$$\frac{\mathbf{V}e^{j\omega t}+\mathbf{V}^{*}(e^{j\omega t})^{*}}{2} \quad \cdots\cdots(1)$$
$$\Updownarrow$$
$$\frac{1}{2}\int_{-\infty}^{\infty}\left\{\mathbf{V}\delta(\omega-\omega')+\mathbf{V}^{*}\delta(\omega+\omega')\right\}e^{j\omega' t}d\omega'$$

– $F(\omega)$ ⇒ $f(t)$; 역 푸리에 변환 과정

$$F(\omega)\rightarrow\frac{1}{\sqrt{2\pi}}\int_{-\infty}^{\infty}F(\omega)\,e^{j\omega t}d\omega\rightarrow f(t) \quad \cdots(2)$$

여기에서 $f(t)$가 real이 되기 위한 조건:

$$F(\omega)=F^{*}(-\omega)$$

∴ (i) ← analogy(본질적으로 동일) → (ii) ⋯(3)

여기에서, 회로이론이나 전기자기학과 같은 물리 분야에서 다루는 페이저양이 주파수 도메인에서의 물리량이라는 사실을 강조해서 피교육자들에게 이해시키도록 해야 한다. 이는 바로 전자공학 전반에 걸쳐서 널리 사용되는 임피던스 개념(impedance concept)과 직결되어 있기 때문이다.

3.2 임피던스 개념(Impedance Concept)

임피던스 개념은 전자전기 분야의 기초과목인 회로이론(circuit theory)이나 전자기학(electromagnetic)이나 음향학(acoustics)과 같은 물리학 관련 분야에서 매우 중요한 개념으로, 곱하면 전력의 의미를 갖는 두 물리량의 페이저 표현식의 비(ratio)로서 정의된다. 더 구체적으로 설명하면 전압 페이저양 V와 전류 페이저양 I의 복소량인 I^*의 곱, 즉 $VI^*=P$인 복소전력의 의미를 지닐 경우에 두 물리량의 비를 임피던스로 정의한다. 음향학에서의 임피던스도 동일한 개념적 틀에 의하여 정의된다. 즉 임의 매질의 음향 임피던스 V는 표면에서의 인가된 페이저 음압 P를 페이저 체적속도 U로 나눈 비, 즉 $P/U=Z$로 정의 되는데, 이 경우에도 $P \cdot U^*$는 복소전력을 의미한다. 여기에서 V와 I는 RMS 값이 아님에 유의하라.

다음 [그림 3.2]에서와 같이 인덕턴스가 L인 코일 양단 사이에 흐르는 전류와 전압의 순시치와 페이저양은 각각 다음과 같이 주어진다.

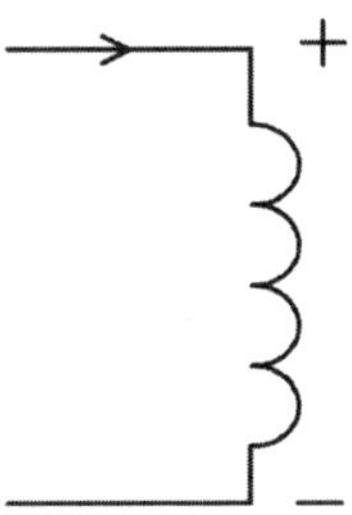

$$+ \quad i(t) = I\cos(\omega t + \theta)$$

$$v(t) = L\frac{d\,i(t)}{dt} = -\,\omega L I \sin(\omega t + \theta)$$

$$\Uparrow$$

$$\mathbf{I} = |\mathbf{I}|\, e^{j\theta} = I\,e^{j\theta}$$

$$- \quad \mathbf{V} = j\omega L \mathbf{I} = e^{j\frac{\pi}{2}}\,\omega L I\, e^{j\theta}$$

[그림 3.2] 코일에서의 전류와 전압의 순시치 표기와 페이저 표기

따라서 전압과 전류의 순시치와 페이저양의 관계는

$$\begin{bmatrix} i(t) \\ v(t) \end{bmatrix} \Leftarrow \mathrm{Re}\left[\begin{pmatrix} \mathbf{I} \\ \mathbf{V} \end{pmatrix} e^{j\omega t}\right]$$

로 주어짐을 확인할 수 있는데 여기에서 코일의 임피던스를 정의해보면 $V/I = jwL$ 이 됨을 알 수 있다.

먼저 순시치 전류 $i(t)$의 표현식을 역 푸리에 변환 형태로 기술하면

$$i(t) = \mathrm{Re}\{\mathbf{I}e^{i\omega t}\} = \frac{1}{2}\int_{-\infty}^{\infty}\{I e^{j\theta}\,\delta(\omega'-\omega)e^{j\omega' t} + I(e^{j\theta})^*\,\delta(\omega'+\omega)e^{j\omega' t}\}d\omega'$$

로 주어지는데 여기에서 $I = Ie^{j\theta}$를 의미한다.

이 표현식에 $v(t) = L\dfrac{di(t)}{dt}$의 관계식을 이용하면

$$v(t) = L\frac{1}{2}\int_{-\infty}^{\infty}\{I e^{j\theta}\,\delta(\omega'-\omega)\,j\omega' e^{j\omega' t} + I(e^{j\theta})^*\,\delta(\omega'+\omega)\,j\omega' e^{j\omega' t}\}d\omega'$$

$$= \frac{1}{2}\int_{-\infty}^{\infty}\{j\omega' L I e^{j\theta}\,\delta(\omega'-\omega)e^{j\omega' t} + j\omega' L I(e^{j\theta})^*\,\delta(\omega'+\omega)e^{j\omega' t}\}d\omega'$$

이 되며 이러한 역 푸리에 변환 형태에서 $\delta(w'=w)$에 대한 적분연산을 한 후의 e^{jwt}의 계수항이 $v(t)$의 페이저양으로써 $V = jwLI$로 주어지게 됨을 알 수 있다.

여기에서 주의해야 할 사항이 있다. 푸리에 변환쌍의 관계식에서 실변수인 $f(t)$는

$$f(t) = \frac{1}{\sqrt{2\pi}}\int_{-\infty}^{\infty}F(\omega)e^{j\omega t}\,d\omega \qquad \cdots\cdots (4)$$

또는,

$$f(t) = \frac{1}{\sqrt{2\pi}}\int_{-\infty}^{\infty}F(-\omega)e^{-i\omega t}\,d\omega \qquad \cdots\cdots (5)$$

로써 표현될 수 있는데 이 두 표현식에서 $F(w) = F^*(-w)$의 조건을 만족한다. 따라서 $i(t)$를 식(5)의 형태로 표현하면,

$$i(t) = \mathrm{Re}\left\{\mathbf{I}^* e^{-i\omega t}\right\} = \frac{1}{2}\int_{-\infty}^{\infty}\left\{\mathbf{I}^*\,\delta(\omega'-\omega)e^{-j\omega' t} + \mathbf{I}\,\delta(\omega'+\omega)e^{-j\omega' t}\right\}d\omega'$$

로 주어져야 앞에서의 표현식과 동일하게 된다.

전술한 바와 같은 방식으로 $v(t) = L\dfrac{di(t)}{dt}$의 관계식을 사용하여 $v(t)$를 구해보면

$$v(t) = L\frac{1}{2}\int_{-\infty}^{\infty}\left\{\mathbf{I}^*(-j\omega')\,\delta(\omega'-\omega)e^{-j\omega' t} + \mathbf{I}(-j\omega')\,\delta(\omega'+\omega)e^{-j\omega' t}\right\}d\omega'$$

$$= \frac{1}{2}\int_{-\infty}^{\infty}\left\{-j\omega' L\,I\,e^{-j\theta}\,\delta(\omega'-\omega)e^{-j\omega' t} - j\omega' L\,I\,e^{j\theta}\,\delta(\omega'+\omega)e^{-j\omega' t}\right\}d\omega'$$

$$= \frac{1}{2}\left\{-j\omega L\,I\,e^{-j\theta}\,{}^{-j\omega t} + j\omega L\,I\,e^{j\theta}\,e^{j\omega t}\right\}$$

이 된다. 따라서 이 경우의 전류 페이저는 $Ie^{-j\theta}$로서 앞의 경우의 페이저 전류량 I의 complex conjugate가 된다. 그러니까 어떤 복소수 Ie^{jwt}의 Real part는 I^*e^{jwt}($\Leftarrow (Ie^{jwt})^*$)의 실수부(real part)와 동일하다는 논리를 사용한 것에 지나지 않는다.

그러나 전자공학 분야에서 페이저양을 순시치 양으로 바꾸어줄 때 널리 사용되는 Re{ } 연산이 $Re\{phasor \times e^{jwt}\}$를 선택하는 경우와 이와는 달리 $Re\{phasor \times e^{jwt}\}$를 선택하는 경우가 있는데, 이는 푸리에 변환(Fourier transform)에서의 두 가지 경우(앞서 논의한)에 해당되며 각 경우에 따라 임피던스에 대한 정의식이 달라진다는 것을 의미한다. 즉 코일에 의한 임피던스가 전자의 경우에는 jwL이 되고 후자의 경우 iwL이 된다.

3.3 Kirchhoff Current Laws(KCL)의 재음미 또는 증명

전자·전기공학 분야의 회로이론(circuit theory) 분야에서 중요한 KCL에 대한 대학 내에서의 강의는 매우 미흡한 것으로 느껴진다. 대학교 신입생이나 전공을 시작하는 2년차에 논의되는 이 주제처럼 비과학적이고 비논리적으로 전자·전기공학 분야의 전공 초년생들에게 가르치는 것이 또 있을까? 여기에서는 이러한 단점을 부분적으로 보완(supplementary)해보고자 하는 개념적 틀을 살펴보기로 한다.

우선 가장 친숙한 예(고교시절에도 다루어 보았으므로)로서 두 저항의 직렬 연결 경우와 병렬 연결 경우를 생각해보기로 한다. 먼저 아래 [그림 3.3]과 같이 직류 전원 V에 연결되어 있는 저항이 각각 R_1과 R_2인 병렬회로의 경우, 두 저항 R_1과 R_2에서 소모되는 전력의 합 P는 $P=I_1^2R_1+(I-I_1)^2,(\because\ I_2=I-I_1)$이 되는데, 이 경우에 $\frac{\partial P}{\partial I_1}=0$이 되는 경우의 I_1을 구해보면,

$$\frac{\partial P}{\partial I_1}=2I_1R_1-2(I-I_1)R_2=2I_1(R_1+R_2)-2IR_2=0$$

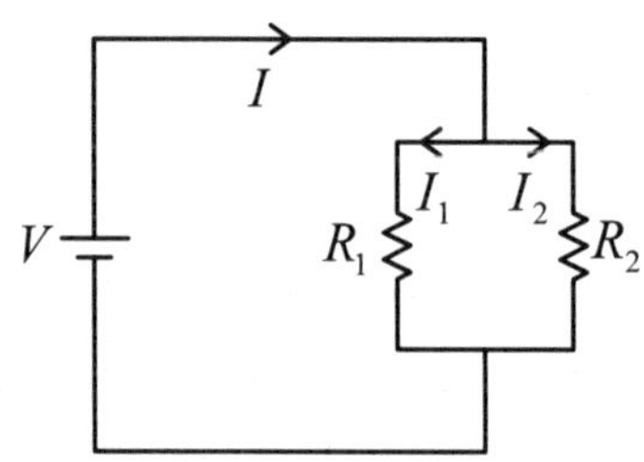

[그림 3.3] 저항 R_{12}과 R_2의 병렬회로

로부터 $I_1=\frac{R_2}{R_1+R_2}I$가 될 때 소모 전력의 합 P가 최소가 됨을 알 수 있다. 이러한 결과를 회로이론 관점에서는 저항 R_1과 R_2 양단에 걸리는 전압이 각각 $V_1=I_1R_1=\frac{R_2}{R_1+R_2}$과 $V_2=I_2R_2=\frac{R_1}{R_1+R_2}IR_2$로서 서로 동일하다는 측면을 강조하고 있다. 그러나 지금 구해본 결과를 저항 R_1과 R_2에서 소모되는 줄(Joule) 에너지 관점에서 보면 전류 I가 병렬 저항 R_1과 R_2로 흐르게 되면서 전체 소모 에너지가 최소가 되도록 전류 I_1과 I_2로서 분배된다는 것을 알 수 있다.

이를 전자기학적인 구조로 다시 그린다면 다음 [그림 3.4]와 같다. 즉 저항체의 단면적이 2S이고 저항체 체적의 반이 각각 전도도가 σ_1과 σ_2로 주어졌다고 가정하면 각각의 저항 $R_1=\frac{l}{\partial_1 s}$과 $R_2=\frac{l}{\partial_2 s}$에 흐르는 전류 I_1과 I_2는

$$I_2=\frac{\frac{l}{\sigma_1 S}}{\frac{l}{\sigma_1 S}+\frac{l}{\sigma_2 S}}I=\frac{\frac{1}{\sigma_1}}{\frac{1}{\sigma_1}+\frac{1}{\sigma_2}}I=\frac{\sigma_2}{\sigma_1+\sigma_2}I$$

로서 표현됨을 알 수 있다.

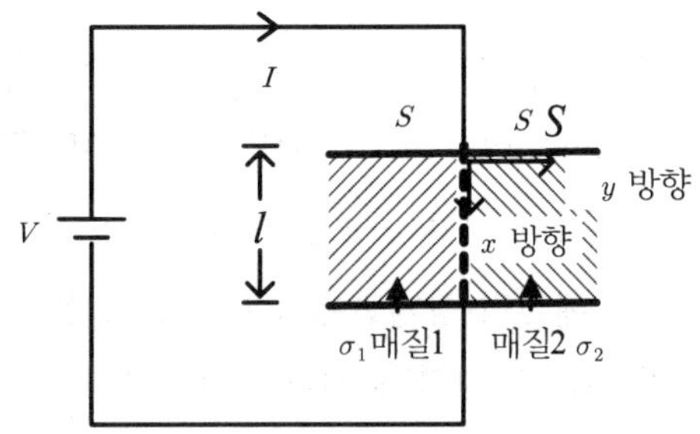

[그림 3.4] 그림 3.3의 전자기학적 구조

따라서 전도도가 σ_1, σ_2인 각 영역에서의 전류 밀도 J_1과 J_2는 각각

$$J_1 = \frac{I_1}{S} = \frac{\sigma_1}{\sigma_1+\sigma_2}\frac{I}{S} \text{ 와 } J_2 = \frac{I_2}{S} = \frac{\sigma_2}{\sigma_1+\sigma_2}\frac{I}{S}$$

로서 주어지게 되고 여기에서 다시 전도도가 각각 σ_1, σ_2인 영역에서의 전계는 각각 $E_1 = \frac{J_1}{\sigma_1}$과 $E_2 = \frac{J_2}{\sigma_2}$로 구해지므로 $y=0^-$와 $y=0^+$에서, 즉 매질 경계면에서 접선 성분의 전계는 $E_1 = E_2 = \frac{1}{\sigma_1+\sigma_2}\frac{I}{S}$로 연속임(동일함)을 확인할 수 있다.

잠시 좀 더 상세하게, 전자기학의 관점에서, 전도도가 σ_1인 매질과 σ_2인 매질 사이에서 접선 성분 전계의 연속성에 대하여 살펴보자. [그림 3.5]의 미소 선적분 경로 $abcda$에 대하여 저항체내의 전장(electric field $\vec{E}$)은 보존장(conservative field)이므로 $\oint_{abcda} \vec{E}\cdot\vec{dl}=0$이어야 하므로 $\int_{da} \vec{E}\cdot\vec{dl}=\int_{ab} \vec{E}\cdot\vec{dl}\int_{bc} \vec{E}\cdot\vec{dl}=0$이 된다.

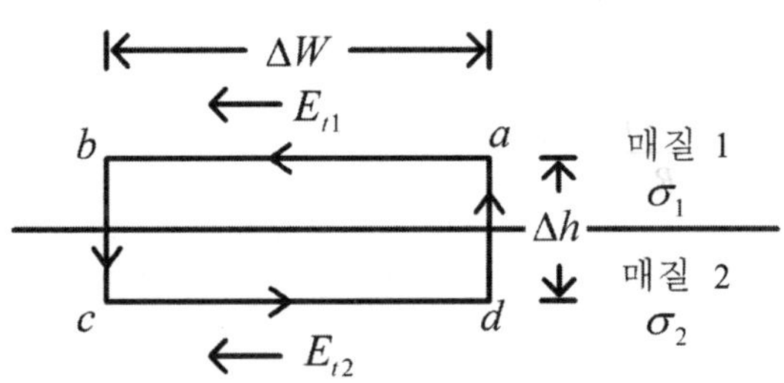

[그림 3.5] 매질 1과 매질 2사이에서 전계 접선 성분의 경계조건

여기에서 $\Delta h \rightarrow 0$인 경우 $\int_{da} \vec{E} \cdot \vec{dl} = 0$과 $\int_{bc} \vec{E} \cdot \vec{dl} = 0$이 되므로(적분구간이 0으로 수렴) $\int_{ab} \vec{E} \cdot \vec{dl} + \int_{cd} \vec{E} \cdot \vec{dl} = 0$의 표현식을 얻는다. 이 표현식에서 구간 ab와 cd의 구간 ΔW가 매우 작은 경우, (그러나 Δh보다는 충분히 큰 경우라고 생각하자. 한 극단적인 예를 들면 $\Delta h = 10^8 cm$이고 $\Delta W = 10^{-4}$라고 생각해보라.) $\int_{ab} \vec{E} \cdot \vec{dl} \cong E_{t1} \cdot \Delta W$와 $\int_{ab} \vec{E} \cdot \vec{dl} \cong -E_{t2} \cdot \Delta W$로서 근사되고 이로부터 $E_{t1} \Delta W - W_{t2} \Delta W = 0$의 결과식을 얻게 되므로 두 매질의 경계면에서 $E_{t1} = E_{t2}$됨을, 즉 경계면에서의 접선 성분 전계가 연속임(동일함)을 확인하게 된다. 물론 이는 앞에서 구한 결과와 같다.

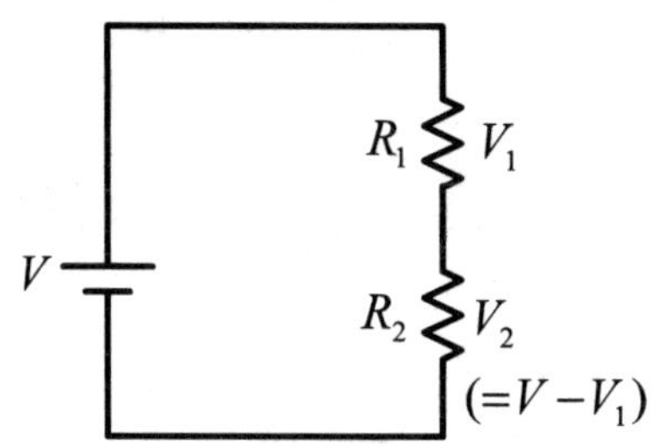

[그림 3.6] 저항 R_1과 R_2의 직렬 회로

이제부터는 이 그림과 같이 직류전원 V에 두 개의 저항 R_1과 R_2가 직렬로 연결되어 있는 경우를 생각해본다.

이 경우에 두 직렬 저항 R_1과 R_2에서 소모되는 전력의 합 P는

$$P = \frac{V_1^2}{R_1} + \frac{V_2^2}{R_2} = \frac{V_1^2}{R_1} + \frac{(V - V_1)^2}{R_2}$$

로 표현되고,

$$\frac{\partial P}{\partial V_1} = \frac{2V_1}{R_1} - \frac{2(V - V_1)}{R_2} = 0$$

으로부터

$$V_1 = \frac{R_1}{R_1 + R_2} V$$

일 때 소모 전력 P가 최소가 됨을 알 수 있다. 동시에 V_2가

$$V_2 = V - V_1 = \frac{R_2}{R_1 + R_2} V$$

의 결과도 얻게 되는데 이 또한 회로이론에서 직렬 연결된 저항에서의 전압 분배 법칙으로 잘 알려진 내용이다. 이를 전자기학적인 구조로 바꾸어 다시 한번 살펴보자.

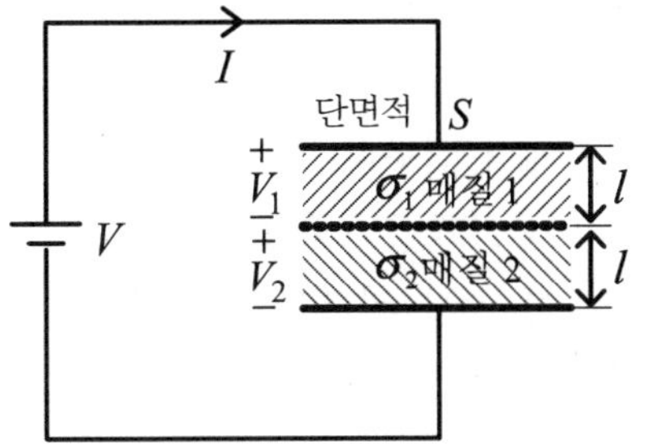

[그림 3.7] [그림 3.6]의 전자기학적 구조

[그림 3.7]에서와 같이 단면적이 S이고 전도도가 각각 σ_1, σ_2인 두 매질이 직렬 연결 형태를 구성하고 있을 때 각 저항 $R_1 = \frac{l}{\sigma_1 S}a$과 $R_2 = \frac{l}{\sigma_2 S}a$에 걸리는 전압 V_1과 V_2는

$$V_1 = \frac{\frac{l}{\sigma_1 S}}{\frac{l}{\sigma_1 S} + \frac{l}{\sigma_2 S}} V = \frac{\frac{1}{\sigma_1}}{\frac{1}{\sigma_1} + \frac{1}{\sigma_2}} V = \frac{\sigma_2}{\sigma_1 + \sigma_2} V$$

$$V_2 = \frac{\frac{l}{\sigma_2 S}}{\frac{l}{\sigma_1 S} + \frac{l}{\sigma_2 S}} V = \frac{\frac{1}{\sigma_2}}{\frac{1}{\sigma_1} + \frac{1}{\sigma_2}} V = \frac{\sigma_1}{\sigma_1 + \sigma_2} V$$

가 된다. 따라서 전도도가 σ_1인 영역에서의 전계 E_1과 전도도가 σ_1인 영역에서의 전계 E_2는 각각

$$E_1 = \frac{V_1}{l} = \frac{\sigma_2}{\sigma_1 + \sigma_2}\frac{V}{l}, \quad E_2 = \frac{V_2}{l} = \frac{\sigma_1}{\sigma_1 + \sigma_2}\frac{V}{l}$$

가 되므로 이로부터 각 영역에서의 전류밀도는

$$J_1 = \sigma_1 E_1 = \frac{\sigma_1\sigma_2}{\sigma_1 + \sigma_2}\frac{V}{l}, \quad J_2 = \sigma_2 E_2 = \frac{\sigma_1\sigma_2}{\sigma_1 + \sigma_2}\frac{V}{l}$$

로서 $J_1 = J_2$가 되어 매질 경계면에서 전류밀도의 법선 성분이 연속임을 확인하게 된다.

일반적으로 전기자기학에서 전류의 법선 성분이 연속임을 증명하는 방식으로도 따져보자. 이 경우에는 다음 [그림 3.8]과 같이 매우 작은 원통형 가우시안 표면(Gaussian surface)에 대하여 정상 전류의 조건(즉, $\vec{\nabla} \cdot \vec{J} = -\partial\rho/\partial t = 0$)을 만족하는, 즉 경계면에 축적된 전하가 없거나 또는 시간에 따라 변하지 않는 경우에 대한 전류의 연속방정식을 적용한다.

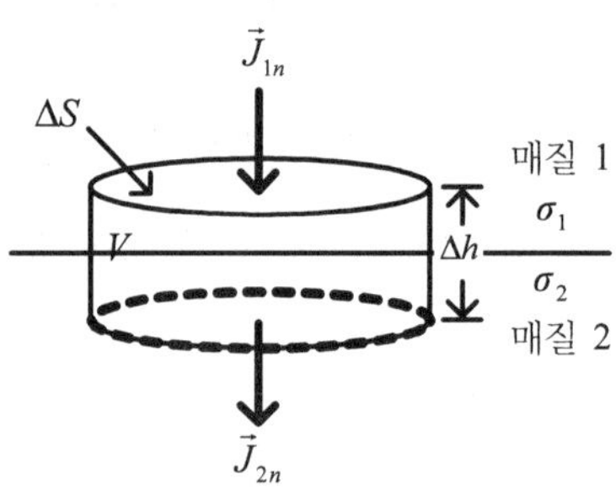

[그림 3.8] 매질 1과 매질 2사이에서 전류밀도 법선 성분의 경계조건

따라서 $\vec{\nabla} \cdot \vec{J} = -\partial\rho/\partial t = 0$의 표현식 양변을 [그림 3.8]에서와 같이 체적 $V(=\Delta S \times \Delta h)$에 대하여 체적적분을 하고 발산 정리(divergence theorem)를 사용하면

$$\int_v (\vec{\nabla} \cdot \vec{J}) dv = \oint_s \vec{J} \cdot d\vec{s} = 0$$

이 되는데 여기서 $d\vec{s} = \vec{n} ds$이며 $\vec{n}$은 외향 법선 단위 벡터를 의미한다.

여기에서 먼저 $\Delta h \to 0$으로 해줌으로써 $J_{2n}\Delta S - J_{1n}\Delta S = 0$를 얻게 되고 이로부터 $J_{2n} = J_{1n}$, 즉 앞에서 구한 결과와 동일하게 매질의 경계면에서 전류밀도 $\vec{J}$의 법선 성분이 연속됨을 확인할 수 있다.

지금까지의 논의를 다음 [그림 3.9]에서와 같이 3개의 저항 R_1과 R_2 및 R_3로 구성되어 있는 회로에 대하여 확장해보자.

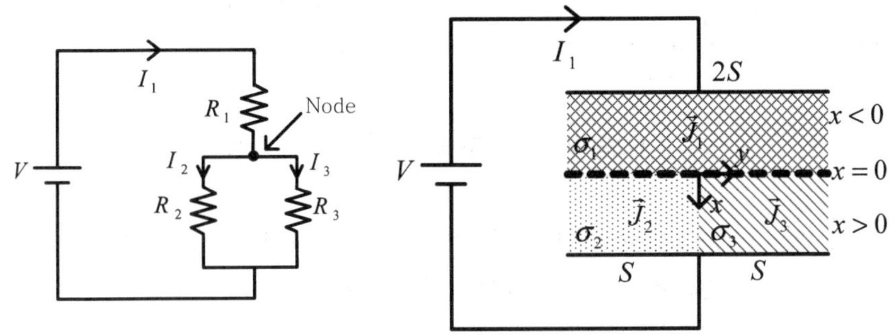

[그림 3.9] 3개의 저항이 직병렬로 구성된 회로와 이에 해당되는 전자기적 구조

지금까지의 논의에 근거하여 $x>0$인 영역에서 $y=0^-$와 $y=0^+$의 경계면에서 전계의 접선 성분이 동일함을, 즉 $E_2=J_2/\sigma_2$와 $E_3=J_3/\sigma_3$가 같아야함을 예측할 수 있고 $x=0$에서는 전류의 법선 성분이 연속이어야 함으로 $J_1(2S)=J_2(S)+J_3(S)$가 되어야함을 알 수 있다. 회로이론적으로 표현한다면 $x=0$인 경계면이 회로이론적 표현에서의 노드에 해당되는 것이다. 즉 KCL은 회로이론적 표현으로는 $I_1=I_2+I_3$에 해당되고 전자기학적 표현으로는 $2J_1S=J_2S+J_3S$을 의미하고, 이를 벡터 표현을 빌려서 표현하자면 $\vec{\nabla}\cdot\vec{J}=0$으로 주어지게 되는 것이다.

이해를 돕기 위하여 가장 간단한 경우로 $\sigma_1=\sigma_2=\sigma_3$인 경우를 생각해보자. 이 경우에 아래 [그림 3.10]에서와 같이 $x=0$의 경계면을 거쳐 흐르는 전류밀도(법선성분)가 모두 연속이다. 그런데 앞서 논의한 바와 같이 $\sigma_3=0$(즉 $R_3=\infty$)인 경우에도 법선성분 전류밀도는 연속이 되어야 한다. [그림 3.10]에서와 같이 전류밀도를 선속으로 표현하게 되면 $x=0^-$인 경계면을 통해 들어오는 전류는 $x=0^+$인 단면을 통해 모두 흘러나가게 됨을 볼 수 있는데, 특히 $y>0$인 영역의 $x=0^+$와 $x=0^-$에서 방향의 전류 성분(법선 성분)이 모두 0이 되면서 오직 $x=0^-$경계면에서만 $-y$ 방향의 전류 성분만 존재하게 됨을 유념해야 한다. 마치 반경이 큰 관(管)에서 반경이 작은 관으로 비압축성의 유체가 흐를 때의 상황과 정확히 같다.

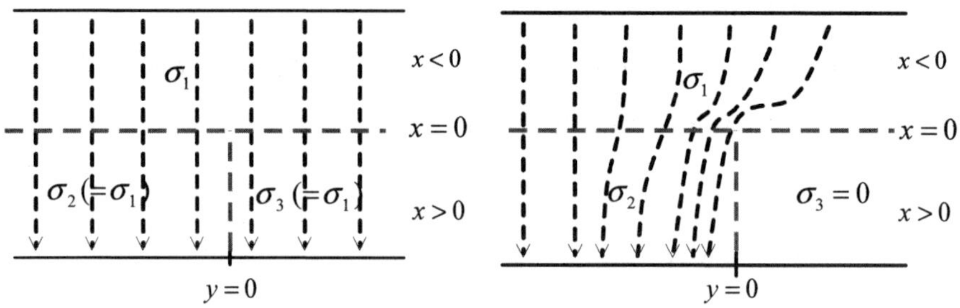

[그림 3.10] 전류밀도의 선속(flux) 표현

실제로 키르히호프(Kirchhoff)는 전도도(σ)가 일반적인 3차원 공간의 함수로 주어지는 저항체의 경우, 줄 열로 소모되는 에너지가

$$\iiint_V \sigma\left\{\left(\frac{\partial V}{\partial x}\right)^2+\left(\frac{\partial V}{\partial y}\right)^2+\left(\frac{\partial V}{\partial z}\right)^2\right\}dx\,dy\,dz$$

로 주어짐을 보이고 전류 밀도 $\vec{J}(=\sigma\vec{E})$는 주어진 체적 V 내에서 줄 열로 소모되는 에너지가 최소(stationary value)가 되는 조건을 만족하도록 저항체 내에 배치된다는 내용을 발표한바 있다. 1848년도였으며 최소 소모 에너지 조건은

$$\frac{\partial}{\partial x}\left(\sigma\frac{\partial V}{\partial x}\right)+\frac{\partial}{\partial y}\left(\sigma\frac{\partial V}{\partial y}\right)+\frac{\partial}{\partial z}\left(\sigma\frac{\partial V}{\partial z}\right)=0$$

로 기술되었다. 앞서 다루었던 두 개의 저항체로 구성된 직렬회로에서 전류 밀도가 오직 x성분만을 지니고 있을 경우를 생각해보라.

그런 경우, $E_x=-\partial V/\partial x$이므로 J_x는 $J_x=-\sigma\partial V/\partial x$로 주어지며, 최소 에너지 조건은 $\frac{\partial}{\partial x}\left(\sigma\frac{\partial V}{\partial x}\right)=0$로 단순화되고, $E_x=-\partial V/\partial x$이므로 이 조건으로부터 $\sigma_1 E_1=\sigma_2 E_2 (J_1=J_2)$가 $x=0$의 경계면에서 연속이 되어야함을 알 수 있는데 이는 앞에서 구한 결과와 같다.

이러한 최소화 조건을 구하는 문제는 미적분학(variational calculus)에 속하는 문제인데 실제 키르히호프는 이러한 수학적 추론 과정을 거쳐서 어떤 노드로 흘러들어가는 비압축성의 유체 같은 것(something like incompressible fluid)이 그 노드로부터 빠져나가는 양과 같다고 결론지었다. 그 유체 같은 것이 무엇인지 그 당시에는 아무도 몰랐었고 60~70년이 지난 후 톰슨이 전자를 발견한 이래 전자의 움직임이라는 내용을 알게 되었다는 사실이 흥미롭다. KCL은 문자 그대로 Kirchhoff current law로서 법칙의 반열에서 그 권위를 자랑해왔다.

3.4 집중소자(Lumped element)와 분산소자(distributed element) 개념

전자공학 분야의 회로이론의 첫 부분 도입부분에서 옴의 법칙($I=V/R$)을 다룰 때나 물리전자 분야에서 free carrier(전자와 같은)가 도체 내부에서 흐르고 있을 때 저항(resistance) 값을 계산하는 과정에서 표동속도(drift velocity) 개념이 도입된다. 그리고 전송선(transmission line)과 같은 RF 회로를 다룰 때의 신호의 전송속도를 다룰 때에는 표동속도의 개념과는 전혀 다른 내용이 펼쳐진다. 게다가 현대 물리적 관점에서 도체의 저항 성분값을 계산할 때에는 페르미 분포(Fermi distribution)을 따르는 전도대(conduction band)내의 자유전자수의 값이 필요하다.

이 경우에도 표동속도나 평균 자유행로(mean free path) 개념만이 소개될 뿐이다. 물론 도체내의 자유 전자가 실제적으로 운동하는 속도인 표동속도와 도체선로를 따라 전송되는 신호의 전송속도는 분명히 다르다.

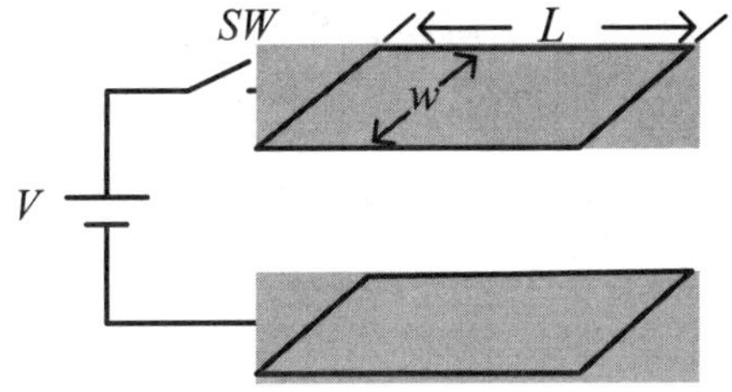

[그림 3.11] 평행 평판 축전기의 길이 L이 매우 길면 전송 선로의 의미를 지닌다.

[그림 3.11]에서와 같이 폭이 w인 평행 평판 축전기만으로 구성된 회로를 생각해보자. L이 작은 경우 스위치를 켜자마자 충전되는 것은 당연하다. 그러나 길이 L이 무한대의 길이만큼 긴 경우를 생각해본다면 평행 평판을 따라 충전되어가는 속도가 얼마가 되겠는가라는 의문이 생기는 것도 자연스럽다.

이러한 질문에 관하여는 1850년대 톰슨(Thomson)이 제일 먼저 비교적 정확한 답을 내놓았는데 20년이 지난 후 헤비사이드에 의하여 정교한 체계를 갖추기 시작했다. 이때의 중요개념(key concept)은 소자(element)가 공간의 한 점에 존재하는 형태, 즉 집중소자(lumped element) 형태가 아니라 전송 선로를 따라 선로 값들이(R, L, C) 에너지의 진행방향으로 공간적으로 분포하는 형태, 즉 단위 길이당 선로값 형태로 주어져야 한다는 것이었다. 이러한 개념이야말로 전송선이론 분야의 개념적 돌파구(breakthrough)가 되었으며 바로 이러한 형태의 공간적으로 분포된 소자 개념들을 분포 정수회로 개념(distributed circuit element concept)이라고 부르게 된 것이다.

최근의 소형화 및 고속화 기술 동향으로 볼 때 이 분야의 이해가 더욱 중요하다는 것은 새삼 강조할 필요가 없다. 따라서 여기에서는 distributed element concept의 이해에 도움이 되는 논의를 하고자 한다.

3.5 옴의 법칙에서의 유동 속도와 전송선에서 신호 전송 속도

우리가 회로이론(circuit theory)에서 저항(resistor)과 관련하여 옴의 법칙(Ohm's law)을 다룰 때 도체(저항체)내의 전하체(전자)가 갖는 평균 유동속도(mean drift velocity)는 대략 10^{-4}m/sec 정도의 매우 작은 속도에 해당된다. 간략하게 설명하면, 외부에서 인가된 직류 전원에 의하여 도체 내부에 걸리는 전장 때문에 도체 내의 전하체(전자)는 가속을 받아 움직이다가 격자(lattice)와의 충돌 때문에 운동 에너지를 잃게 되어 운동속도가 0이 되었다가 다시 가속된 후 충돌되고 하는 과정을 되풀이 한다. 따라서 평균 유동속도는 격자와의 충돌 사이의 시간 동안의 속도의 평균치를 의미한다. 그런데 우리가 초인종(예를 들어)을 누르면 거의 동시적으로 벨 소리가 들린다. 도체 내부에서 옴의 법칙을 만족하면서 흐르는 전하체의 속도가 대략 $10^{-4}\,m/\mathrm{sec}$인 것과 비교하면 언뜻 납득이 어렵다. 왜 그럴까? 실제로 전송선(transmission line)의 경우 에너지 또는 신호의 속도는 대략 $\nu=1/\sqrt{LC}$로서 광속에 가깝다. 여기서 L과 C는 각각 전송 선로의 단위길이당 인덕턴스와 커패시턴스를 의미하는데 $LC=\mu\epsilon$의 관계식으로부터, 평행 2선식(parallel two wire transmission line) (예를 들어) 전송선의 경우 평행한 두 도선간의 매질의 투자율과 유전율이 자유공간 값들과 같다면 평행 2선식 전송선에서의 신호전달속도는 거의 광속$\left(\frac{1}{\sqrt{\mu_0\epsilon_0}}\right)$이 된다.

다음 [그림 3.12]에서와 같이 전원(battery)이 있다고 하자. 외부회로가 연결되지 않은 상태라면 건전지의 화학작용에 의하여 주어지는 $e.m.f.$관련 전계 $\vec{E}'$ 때문에 건전지 내부(이상적인 도체로 가정하면)의 전하들은 [그림 3.12(b)]와 같이 재배치된다.

이러한 전하재배치 결과 점선으로 도시된 바와 같이 위쪽의 양전하로부터 아래쪽의 음전하 쪽으로 전계 $\vec{E}$가 형성된다. 건전지 내부를 이상적인 도체로 가정하면 (이는 회로이론에서는 내부저항이 0인 이상적인 전원에 해당된다.) 이상적인 도체 내부에서의 전계가 0이어야 하는 조건 즉, $\vec{E}'+\vec{E}=0$을 만족하게 된다.

만일 [그림 3.12(b)]와 같은 전원 단자에 저항체(또는 전도도가 무한대가 아닌 도체)를 연결한다면 어떤 일이 벌어질까? 이러한 질문에 대한 답을 얻기 위하여 [그림 3.13]에 [그림 3.12(b)]에 도시되어 있는 재배치된 전하에 의한 보존적인(conservative) 전계를 도시하였다.

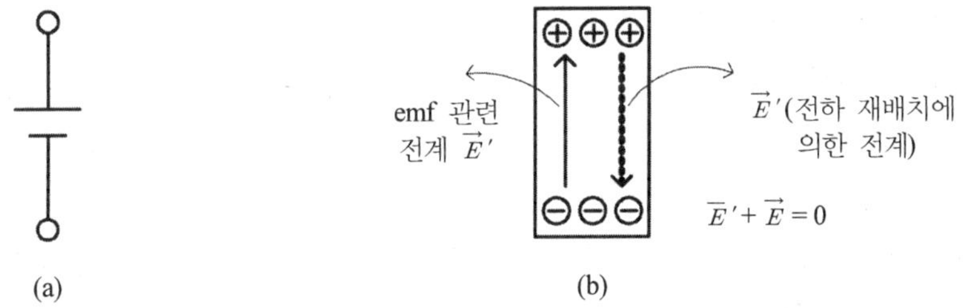

[그림 3.12] (a) 외부 회로가 연결되지 않은 상태에서의 전원
(b) 내부의 emf관련 전계와 이것에 의하여 재배치된 전하 분포

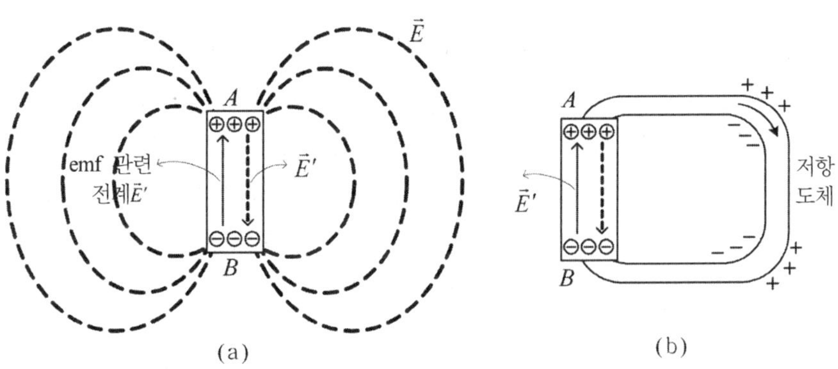

[그림 3.13] [그림 3.12(b)]에 도시된 재배치된 전하에 의한 보존적 전계 $\vec{E}$(conservative field)(a)와 그러한 상황에서 저항체를 전원의 단자에 연결하면 순간적으로 구부러진 곳(bending) 근처에는 거의 순간적으로 전하들이 공급된다(b).

[그림 3.12]에서와 같이 저항 도체를 전원에 연결하기 전후의 물리적 상황은 다음과 같다. 연결직전의 전계는 [그림 3.12(a)]에 주어진 바와 같다. 그래서 저항 도체를 전원 양단에 연결하자마자 저항 도체 내의 전류는 $J=\sigma E$(옴의 법칙의 미분형)에 따라 저항 도체선(wire-편의상 다소 굵게 그렸음)에 전류가 흐르는데 전계 E가 [그림 3.13(a)]에서와 같이 [그림 3.13(b)]의 위치에 있는 저항 도체 표면에 수직한 성분도 갖고 있기 때문에 연결하자마자 저항 도체 내부에서의 전류는 [그림 3.13(a)]의 전계 성분에 따라 [그림 3.13(b)]의 저항 도체 표면에 수직한 성분도 가질 수 있다. 순간적인 일이지만, 그러한 결과로서 [그림 3.13(b)] 도시된 바와 같이 도선의 굴곡부(구부러진 곳 즉, bending 부분)에 전원으로부터 순간적으로 전하가 공급되고, 전원으로부터 순간적으로 외부로 빠져나간 전하체들은 전원 내부의 emf 관련 전계 $\vec{E}'$에 의하여 보충된다. 이러한 과정, 즉 저항 도체를 연결하자마자 굴곡부에 전하 배치가 이루어질 때까지를 과도 상태(transient state)라 하고 그 이후의 상태를 정상 상태(steady state)라고 하자. 결국 회로이론에서의 과도응답과 정상 상태에 대한 설명방식과 본질적으로 동일한 내용이다. 굴곡부의 전하 배치의 결과로서 전계가 [그림 3.13(b)]에서와 같이 도선을 따라 (도선축 방향으로) 형성되고 이에 따라 전류가 도선을 따라 흐르게 되는 것이다.

일단 정상 상태에 돌입하게 되면 동적 평형(dynamic equilibrium) 상태가 된다. 동적 평형 상태가 무엇일까? 저항 도체를 연결하지 않았을 때의 전계와 저항 도체를 연결했을 때의 새로운 전하 배치에 의한 전계의 합이 저항 도체 내부에서의 전계를 [그림 3.13(b)]에 도시된 바와 같은 전류와 동일한 방향이 되어 $\vec{J}=\sigma\vec{E}$가 만족되는 것이다.

[그림 3.13(b)]에서의 굴곡부에 재배치된 전하를 살펴보자. 그러한 재배치는 굴곡부에 표류 용량(공전 또는 기생 커패시턴스)이 있음을 의미한다.

이렇게 정리해보자. 앞서 다룬 과도응답의 경우처럼 굴곡부의 전하 재배치는 거의 광속으로 이루어지고, 정상 상태로 돌입하게 되어 동적 평형 상태에 이르게 되면 저항 도체의 과정마다 $\vec{J}=\sigma\vec{E}$를 만족하는, 즉 옴의 법칙(Ohm's law)을 만족하는 전도 전류(conduction current)가 흐르게 되는 것이다.

3.6 고집적 회로에서의 표류용량

우리는 앞에서 도체 저항체의 굴곡부에 전하 재배치가 일어남을 살펴보았고 이를 토대로 표류용량이 존재한다는 사실을 생각해보았다. 이러한 표류용량을 단순히 포착하기 힘든 이론적인 문제라고 치부해서는 안 된다. 실제로 현재 컴퓨터에서 사용되는 칩들은 대단히 빠른 신호의 전송속도를 지닌 집적회로(integrated circuit)를 사용하고 있는데, 만일에 집적회로의 연결배선(interconnecting wire)이 급격한 굴곡부(sharp bending or corner)를 포함하게 되면 그러한 굴곡부의 존재는 표류용량을 증가시킴으로써 시스템의 응답속도를 느리게 만든다. 이는 물론 연결배선이 신호전류를 전송하기 전에 굴곡부가 먼저 충전되어야 하기 때문이다.

04 전기전자공학 분야에서의 개념적 단자(Monad)로서의 저항(R), 커패시턴스(C) 그리고 인덕턴스(L)

본 장에서는 전기전자공학의 회로이론(circuit theory)은 물론 그 외의 여러 분야에서 널리 쓰이는 저항(R)과 커패시턴스(C) 그리고 인덕턴스(L)의 개념에 대하여 그 의미들을 살펴보고자 한다. 이러한 소자 개념에 대한 물리적 설명을 기존의 교과서 레벨(text book level)의 불충분한 면을 보다 명확히 하고자 노력해보자. 먼저 저항 성분에 대하여 살펴보기로 한다.

4.1 저항(Resistance)의 개념

널리 알려진 옴의 법칙(Ohm's law), 즉 $I=\frac{V}{R}$(I: 전류, V: 전압, R: 저항)를 만족하는 전류를 전도전류(conduction current)라고 한다. 이러한 전도전류에 대하여 좀 더 상세히 살펴보기 위하여 아래 [그림 4.1(a)]와 같이 충전된 커패시터의 양극판 사이의 유전체 내부에 자유 전하가 있는 경우를 생각해본다. 이러한 경우의 유전체는 손실이 있는 유전체(lossy dielectric) 또는 누설 전류가 흐를 수 있는 유전체(leaky dielectric)라고 불리운다.

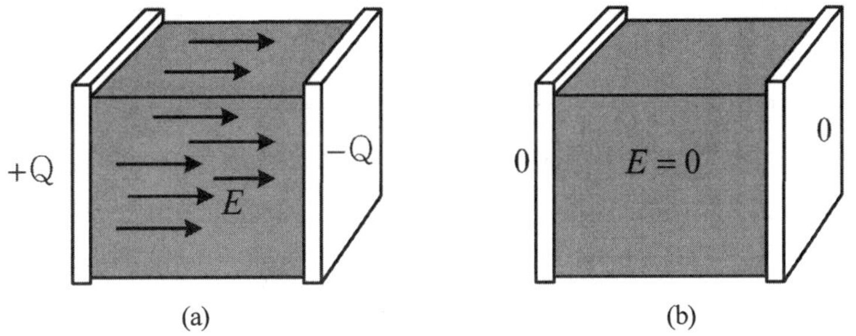

[그림 4.1] 충전된 커패시터 사이의 유전체가 이상적이면 전도전류가 흐르지 못하고 전계 $\vec{E}$만 존재한다.
(a) 그러나 커패시터 사이의 유전체가 손실이 있는 경우에는 과도 상태의 전류가 흐른 후(즉 충전에너지가 전류에 의한 열 에너지로 다 소모되면) (b)에서와 같이 곧 멈추어 '0'이 된다.

[그림 4.1(b)]에서와 같이 충전된 커패시터 내부의 유전체가 손실이 있는 경우 충전된 커패시터의 양극판에 있는 $+Q$와 $-Q$의 전하 때문에 양극판 사이에는 전계가 존재하게 되므로 옴의 법칙의 미분형태 표현식인 $\vec{J}=\sigma\vec{E}$(여기에서 $\vec{J}$는 전류 밀도

벡터, $\vec{E}$는 전계 벡터이고 σ는 전도도를 의미)에 의하여 전류 밀도가 $\vec{J}$인 전류가 흐르게 된다. 하지만 전류가 흐르자마자 (방전하자마자) 줄(Joule)열에 의한 손실 때문에 이내 멈추어 '0'이 되고 만다. 그러나 [그림 4.2(b)]와 같이 어떤 직류 전원을 연결하여, 전류가 흐르면서 커패시터의 양 극판에서 감소하는 전하량을 정확히 보충해주는 상황을 생각해보자. 이러한 상황에서는 축전기의 양 극판에 충전되어 있는 전하량도 일정하고 동시에 일정한 전류가 흐를 것이다. 이러한 경우, 직류 전원의 역할은 많은 양의 전하를 비축하고 있는 저장소(reservoir)일 필요가 없다.

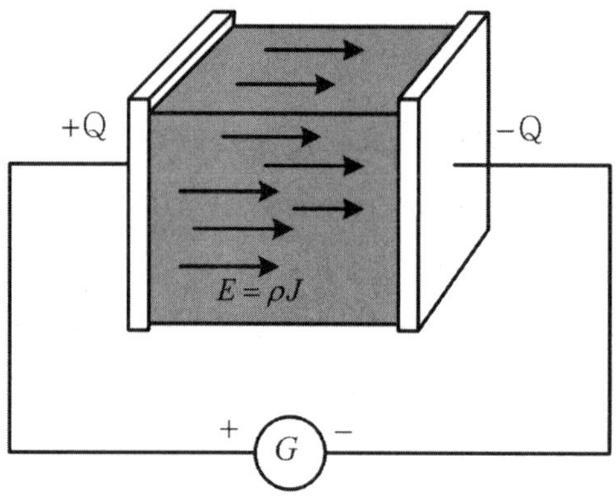

[그림 4.2] 전원을 연결해주면 양 극판에 충전되어 있는 전하량이 일정하게 유지되고 전류 또한 일정하게 유지된다.

즉 저장소로서 외부(손실 있는 유전체)에서 소모되고 있는 전하를 보충해주는 역할을 할 필요가 있는게 아니라, 축전기의 한 (−) 극판에 있는 (예를 들어 +) 전하를 (+) 극판으로 옮겨주는 펌프(pump)의 구실을 하는 것이다.

화학 배터리(chemical battery)도 이와 같은 역할을 한다. 편의상 (+) 전하가 양 극판 사이에 걸려 있는 전계 $\vec{E}$때문에 위에서 아래 극판을 향해 움직인다고 하자. 움직이는 동안 에너지를 잃고 상대적으로 낮은 전위 상태의 (−) 극판에 도달한다. 그런 과정에서 잃어버린 에너지를 직류 전원에 의하여 다시 보충받으면서 (+) 극판으로 되돌아간다(직류 전원 내부를 통하여). 움직이는 전하를 (−) 전하로 보고 (+) 전하를 정지한 것으로 생각해도 문제가 없다.

커패시터의 양 극판 사이의 손실 있는 유전체 내부에서의 (+) 전하체의 운동에 대하여 생각해보자. 손실 있는 유전체 내부에 전계 $\vec{E}$가 있으므로 유전체 내부의 전하는 $q\vec{E}$의 힘을 받고, 이어서 뉴턴의 법칙에 의하여 $ma=q\vec{E}$(m은 전하체의 질량)에 해당되는 가속도를 받을거라는 예측을 하게 된다. 이러한 예측은 진공관(vacuum tube)에서는 옳지만 지금 다루고 있는 손실 있는 유전체 내의 전하의 운동에는 적용되지 않는다. 이러한 손실 있는 유전체 내에서의 일정한 전계 $\vec{E}$는 전하를 일정한 속도로 움직이게 한다. 따라서 전계에 의하여 전하에 작용하는 힘은 전하의 속도, 즉 전류에 비례하게 된다. 이러한 실험적인 관찰 결과는 옴의 법칙(Ohm's law)으로 알려져 왔으며 미분형으로 기술하면

$$\vec{E} = \rho\vec{J} \qquad \cdots\cdots(1)$$

의 형태로 표현되는 여기에서 $\vec{J}$는 전장이 $\vec{E}$인 지점에서의 전류 밀도를 의미하고 ρ는 저항(resistivity)을 의미한다.

가끔 이 표현식은 전도도(conductivity) $\sigma = \frac{1}{\rho}$를 사용하여

$$\vec{J} = \sigma\vec{E} \qquad \cdots\cdots(2)$$

로서 표현하기도 한다.

도체에서 전하체의 흐름의 물리적 성질은 유체 역학(fluid mechanics)에서의 유체의 흐름의 그것과 같다. 토양 속으로 물이 침투해 들어가는 과정을 관찰하면 아래로 침투되고 있는 물의 미소 체적에 작용하는 힘이 미소 체적의 가속도에 비례하지 않고 속도 자체에 비례하고 있음을 볼 수 있는데 전류의 흐름도 이와 같다.

전류에서의 움직임은 다소 랜덤(random)한 상태로 기술되면서 원자 격자와의 충돌 과정을 겪는다. 우리가 전하체의 속도로서 관찰하는 양(quantity)은 평균적인 유동속도(average drift velocity)에 해당된다.

전장이 걸려 있는 도체 내에서의 전하체(예를 들어 전자)들은 충돌과 충돌 사이에 전장에 의해 가속되고 이때 그들이 가속되면서 얻는 운동 에너지는 충돌하면서 잃게 되어 그들의 평균 속도는 일정한 값으로 표현된다. 충돌하면서 잃는 에너지는 열로 바뀌며 시간당 열로 바뀌는 에너지량은 전압(potential difference)과 전류(초당 관통하는 전하량)의 곱($V\times I$)으로 주어진다. 이 때 전압과 전류간의 비를 저항 R로 정의하고 옴(Ohm)의 단위를 사용한다. 또는 역수($1/R$)을 취하여 컨덕턴스(conductance)로 표현하고 그 단위를 지멘스(Siemens)로 하여 사용하기도 한다. 만일에 손실 있는 유

전체(또는 불완전 도체)의 단면을 S라 하고 전류 밀도 $\vec{J}$와 전장 $\vec{E}$가 길이 l에 걸쳐 일정하다고 하면, 커패시터 양 극판 사이의 전압 V는

$$V = El \qquad \cdots\cdots (3)$$

로 주어지고 양 극판 사이를 흐르는 전류 I는

$$I = JS \qquad \cdots\cdots (4)$$

로 표현되므로 전압 V와 전류 I와의 양 R은

$$R = \frac{V}{I} = \frac{El}{JS} = \rho\frac{l}{S} \qquad \cdots\cdots (5)$$

로 주어진다. 엄밀하게 이야기하면 (5)로 주어지는 표현식은 일반적인 옴의 법칙에 대한 표현식인 식(1)의 특별한 예가 되는데 일상적으로 많이 쓰인다. 옴의 법칙은 역사적으로 보면 실험적으로 얻어진 결과이지만 이론적인 증명은 도체(또는 손실 있는 유전체) 내부의 미세구조(microstructure)에 대한 매우 복잡한 연구를 필요로 한다.

옴의 법칙이 천명하고 있는 것은 저항 R(또는 ρ)이, 인가된 전계 강도나, 전류 크기에 관계 없이 일정하다는 것인데 이는 매우 유용한 정보일 뿐만 아니라 우리가 필요로 하는 회로 설계에 요구되는 계산을 매우 간편하게 해준다.

하지만 저항 R은 온도 의존성을 갖는데 이는 온도가 높아짐에 따라 전하체와 격자간의 단위 시간당 충돌 횟수가 증가하므로 줄 열에 의한 손실(Joule's heat loss)도 증가하게 되기 때문이다. 물질의 저항(또는 전도도)은 사용되는 금속에 따라 다르게 주어지는데 어떤 금속들의 저항은 온도의 함수로서

$$R_T = R_1[1 + \alpha_1(T - T_1)] \qquad \cdots\cdots (6)$$

로 표현된다. 여기에서 R_T는 온도 T에서의 저항을 의미하고 R_1또한 온도 T_1에서의 저항을 의미하며 α_1은 저항의 온도계수를 의미한다.

앞의 식(1), 즉 $\vec{E} = \rho\vec{J}$을 잘 살펴보면 $\vec{J} \neq 0$이 아닌 도체내의 모든 점에서 전계 $\overline{E}$의 값이 존재해야 함을 알 수 있다. [그림 4.2]의 특별한 경우를 보면 도체(또는 손실 있는 유전체) 내부에서의 전계는 커패시터 양 극판에 있는 전하와 양 극판 내부에

있는 도체(또는 손실 있는 유전체) 표면에 있는 전하에 의하여 형성된 것이다. 이 경우에 커패시터 양 극판 중의 (+) 극판에 충전되어 있는 전하량 Q를 계산해보면

$$Q=\epsilon_0 E \times \text{극판의 면적}(S) \qquad \cdots\cdots (7)$$

이 되고 옴의 법칙으로부터

$$E\times S = \rho J\times S = \rho I \quad (\because JS = I) \qquad \cdots\cdots (8)$$

이 되므로 식(7)과 식(8)로부터

$$Q = \varepsilon_0 \rho I \qquad \cdots\cdots (9)$$

을 얻을 수 있다.

여기에서 흥미로운 결과를 다음과 같은 사고 과정을 통하여 얻을 수 있다. 한 예로서 커패시터의 양 극판 사이의 손실 있는 유전체가 $\rho = 1.76\times10^{-8}$ [ohm-meters]인 구리(copper)로 주어진 경우를 생각해보자. 이 경우에 커패시터의 한 극판(예를 들어 +극판)에 있는 전하량 Q는

$$Q = \underbrace{8.854\times10^{-12}}_{\varepsilon_0}\times1.76\times10^{-8}\, I \qquad \cdots\cdots (10)$$

가 되므로 100A의 전류가 흐르기 위해서 커패시터의 한 극판에 필요한 전하량 Q는

$$Q = 1.56\times10^{-17}[\text{Coulombs}] \qquad \cdots\cdots (11)$$

이 됨을 알 수 있다. 커패시터의 극판의 표면에 있는 전하로서 극도로 작은 값이다.

반면에 손실 있는 유전체를 저항(resistivity)이 1012 ohm-meters가 되는 세라믹(ceramic)을 갖다 놓으면 (커패시터의 양극판 사이에) 100A의 전류를 흘리기 위하여

$$Q = 885.4[\text{Coulombs}] \qquad \cdots\cdots (12)$$

의 막대한 전하량이 필요하다. 이러한 전하량은 세라믹 물질을 절연 파괴 상태까지 끌고 갈 수 있는 전계를 준다.

지금까지 살펴본 두 가지 예는 왜 전도체(conductor)와 절연체(insulator)간에 분명한 차이가 있는지를 설명해주고 동시에 동일한 구조의 두 가지 경우가 어떤 경우에

는 커패시터가 되며, 다른 경우에는 저항체(resistor)가 되는지에 대한 설명도 해 준다. 중요한 것은 양극판 사이의 표면 전하와 양극판 사이를 흐르는 전도전류의 비가 두 경우에 현저하게 다르다는 것이다.

어쨌든 커패시터의 양극판 사이의 유전체(또는 절연체)를 도체로 바꿔주면 식(11)에서 보는 바와 같이 커패시터의 양극판에 있는 전하량은 매우 작게 된다. 생각해 보라. 원래 커패시터의 양극판 사이에는 절연체가 있는 것이 정상인데 절연체 대신 도체(물론 저항이 '0'이 아닌 불완전 도체이지만)로 대체하면 도체인 양극판과 하나의 도체를 구성하게 되고 그러한 하나의 도체로 구성된 도체가 전원의 양단에 연결되어 있는 상황이 되는 것이다. 이러한 경우는 매우 작은 전하량이 전원의 두 극에 존재하고 있는 것이다.

지금까지의 논의에서 우리는 원래 커패시터의 양극판이 넓고 또한 그 극판 사이의 거리가 매우 작아서 프린징 전계(fringing electric field)를 무시하여 모든 전계가 양극판 사이에 있다고 가정하였다. 이러한 이유 때문에 모든 전하가 마주보는 두 개의 극판에 거의 모두가 있다고 가정할 수 있었다.

이제 좀더 실제적인 상황을 생각해보자. 커패시터의 양극판의 넓이도 일반적인 전기 도선의 단면적만큼 작고 동시에 양극판 사이의 길이도 일반도선처럼 긴 형태인 경우를 생각해보면, 그리고 동시에 양극판 사이에도 절연체가 아닌 도체로 대체한 경우를 생각해보면, [그림 4.3]에서와 같이 전원 양단에 도체선(저항이 '0'이 아닌)을 연결한 상황과 동일하다.

이러한 경우는 앞에서 다루었던 커패시터의 양극판의 넓이가 매우 넓고 양극판의 길이가 매우 짧아서 에지(edge) 전계가 무시할만 했던 상황과는 전혀 다르다. 따라서 전하들이 도체 도선을 따라 부분적인 축적이 일어나게 된다. 이는 앞에서도 설명

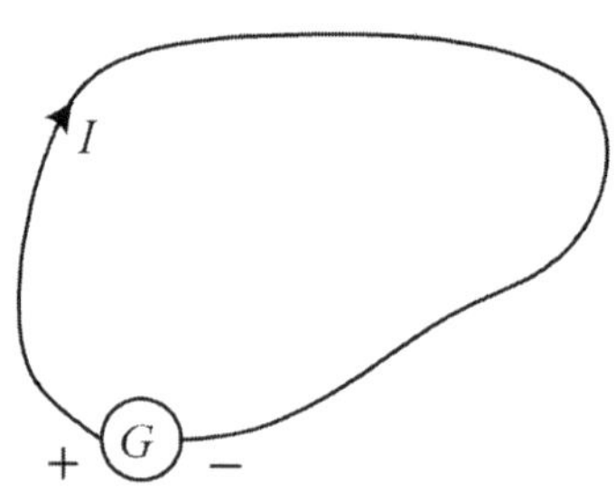

[그림 4.3] 전원 G에 가늘고 긴 저항 도체가 연결된 경우

한 바와 같다. 아래 [그림 4.3]과 같이 전원부(generator)에 임의 형태의 기다란 도선을 연결한 경우를 생각해보자.

잘 아는 바와 같이 전원 G는 전원 양단에 전위차(potential difference) V를 주어 도선에 전류 I를 흐르게 한다. 물론 옴의 법칙인 $I=V/R$를 만족시키면서, 전류가 흐르기 위해서는 전하체를 움직이게끔 하는 전장이 있어야 하며 각 지점에서는 미분형의 옴의 법칙인 $E=\rho J$를 만족해야 한다.

도체선의 각 지점에서 국부적인 전위의 기울기(local potential gradient)는 전장 $\vec{E}$로서 도선의 길이 방향으로 평행하게 흘러가는 성분만을 지닌 전류 밀도 $\vec{J}$와 같은 방향 성분만을 가져야 한다. 도선 내부에서의 전계가 도선을 따라 도선과 평행한 성분만을 가지려면 도선을 따라 별도의 전하 분포가 이루어져야 한다. 생각해보라. 전원부의 양단에 있는 전하만 가지고는 임의 형태의 도선을 따라 평행한 전계를 만들 수 없는 것이다. 이러한 이유 때문에, 즉 임의 형태의 도선을 따라 즉 도선축을 따라 평행한 전계를 만들기 위하여 [그림 4.4]와 같은 도선을 따라, 적절한 전하 분포가 형성되어야 한다는 것이다. 이러한 고민을 1826년에 옴의 법칙을 발표했던 조지 사이몬 옴(George Simon Ohm)이 여러 해 동안 해왔다는 것은 흥미롭지 않을 수 없다.

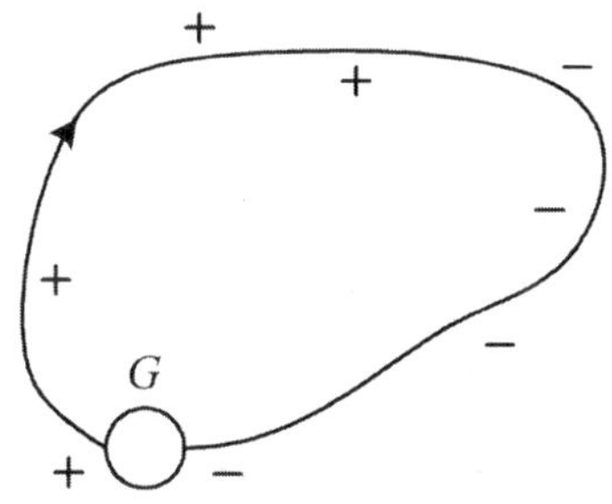

[그림 4.4] 전류가 흐르는 도선에서도 표면전하의 적합한 분포가 형성되어야 한다

[그림 4.4]와 같이 도선을 따라서의 표면전하 분포는 균일하지 않다. 대략적으로 기술하면 전원 G양단에서 전하 밀도가 가장 크고 전원으로부터 거리가 증가할 수록 작아지다가 대략 회로의 반쯤 되는 곳에서 전하의 부호가 바뀌게 된다. 폐회로(closed path)의 구성이 어떻게 주어지든간에 $\vec{E}=\rho\vec{J}$로 주어지는 옴의 법칙에 의하여 요구되는 전계 $\vec{E}$를 줄 수 있는 별도의 표면전하 분포가 도선을 따라 존재해야 한다는 사실을 기억하는 것이 중요하다.

도선을 따라 분포된 표면전하는 도선 내부의 전계 분포를 도선의 방향에 평행하도록 만들어주는 역할만 하는 것이 아니다. 아래 [그림 4.5]에서와 같이 도선 도체 외부의 전계도 형성시켜준다.

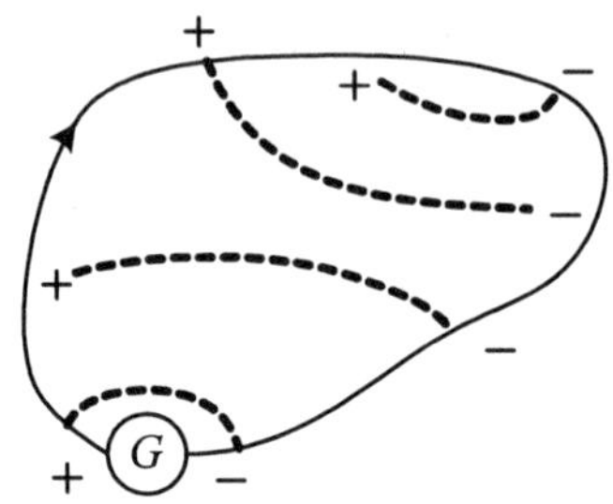

[그림 4.5] 도선을 따라 분포된 표면전하와 이들과 관련된 회로상의 커패시턴스

따라서 [그림 4.5]에서 유추할 수 있듯이 전류가 흐르는 임의 형태의 도체 도선은 옴의 법칙을 따르는 전류가 도선의 방향으로 흐르게끔 하는, 도선에서의 전하 재배치가 이루어져야 하는데 이러한 전하 재배치에 해당되는 표류 커패시턴스가 존재해야 한다는 것이다. 이러한 논의를 보다 일반화하여 되풀이하면 다음과 같이 이야기할 수 있다.

"회로 도선에 전류가 흐를 때에는 전류가 회로 도선과 평행한 방향으로만 흐르도록, 도선을 따라 적절한 표면전하의 재배치가 이루어져야 한다. 그러한 표면전하의 재배치가 이루어져야 옴의 법칙을 만족하는 정상상태의 전도전류가 흐르게 된다. 회로를 연결하는 순간 표면전하의 재배치가 이루어지는 과정이 바로 회로이론(circuit theory)에서의 과도현상(transient phenomena)에 해당된다. 과도현상이 지나게 되면 옴의 법칙을 만족시키는 정상 상태(steady state) 전류가 흐르게 되는 것이다. 달리 표현하면 도체 도선에 전류가 흐를 때에는 반드시 저항성분(전상 상태 전류의, 즉 옴의 법칙을 만족시키는 전류와 전원 전압간의 관계를 주는) 뿐만 아니라 과도 상태에 표면전하 배치를 하게끔 하는 표류 커패시턴스 성분이 존재한다."는 것이다. 생각해보라. 전송선(transmission line)에서 신호가 전송되는 속도는 광속에 가까운데 이러한 속도는 단위 길이당 커패시턴스 성분(C)과 인덕턴스 성분(L)에 의하여 $\nu=1/\sqrt{LC}$로 결정된다. 지금 우리가 다루고 있는 일반적인 (저주파)회로의 경우에도 과도현상에 해당되는, 도체회로에서 순간적으로 일어나는 표면전하 배치 현상도 거의 광속으로 이루어진다. 이러한 논의는 전송선에서의 신호의 전달 속도

(광속에 가까운)의 흔적이 회로이론에서 다루는 옴의 법칙에 대하여 우리가 지금 다루어 보았던 과도현상에서 그 모습을 드러내고 있다는 흥미로운 내용을 지적해 준다.

전술한 바와 같이 바로 이러한 과도현상에서의 전하 재배치를 해주도록 하는 커패시턴스 성분을 표류용량(stray capacitance)이라고 하는데 이러한 표류용량이 고주파회로나 전송속도가 높은 디지털회로 또는 안테나 분야에서 램파트(rampart) 형태의 진행파 공중선에서 복사의 원인으로서 중요한 의미를 갖게 되는 것이다.

잠시 도체 도선 내에서 유동속도(drift velocity)에 대하여 생각해보도록 한다. 전기효과(electrical effect)는 거의 광속 $3\times10^8 m/\mathrm{sec}$ 으로 전송되기 때문에 도체 내부에서의 유동속도도 클 것으로 기대할 수도 있겠지만, 도체 내부의 자유전자의 숫자(밀도)가 엄청난 규모이므로, 실제적으로는 이미 앞에서도 살펴본 바와 같이 매우 작다. 한 예로 구리(copper)의 경우에 대하여 생각해보자. 구리의 경우 한 원자당 한 개씩의 자유전하를 내놓으므로 세제곱 미터당 8.1×10^{28}개의 전자 밀도를 갖게 되는데 이는 1.3×10^{10}쿨롱의 전하량에 해당된다. 따라서 $1.5\times10^6 ampere/m^2$ 의 전류가 흐르기 위해서는 전하체(전자)들의 속도 ν는

$$\nu = \frac{\text{전류밀도}(ampere/m^2)}{\text{전하밀도}(colomb/^3)} = \frac{1.5\times10^6}{1.3\times10^6} = 1.15\times10^{-4} m/\mathrm{sec} \qquad \cdots\cdots (13)$$

로서 대략 $0.1mm/s$가 된다. 따라서 전송선(transmission line)과 같은 신호 전송 시스템에서의 광속에 가까운 신호 전송 속도를 유지하기 위하여 전하체(전자)가 신호의 송신단에서 먼 곳에 있는 수신단까지 이동해야 하는 것이 아님을 알 수 있다. 가장 중요한 것은 도체 내에 있는 전하체에 작용하는 힘을 주는 전계 효과의 전파 속도가 광속에 가깝다는 것이다. 즉 도선 내부에서 과도응답의 형태로써 표류용량에 의한 전하 재배치가 이루어지는 속도가 광속에 가까운 것이다. 또 다른 중요한 점은 식(13)으로 주어지는 속도가 도체 내의 전하체가 균일하게 갖는 속도의 의미가 아니라 모든 전하체들에 대한 평균 유동속도(average drift velocity)를 의미한다는 것이다. 즉 실제 각각의 전하체들이 서로 다른 방향으로 다른 크기의 속도로 운동하고 있는 상황에서의 평균값을 의미하고 있다는 것이다.

■ 기전력(electromotive force)의 의미

이미 앞에서 살펴본 바와 같이 [그림 4.6]에서와 같은 회로의 저항체 내부에서 전

류가 흐르는 이유는 저항 양단에 걸려 있는 보존적인(conservative) 전장이 있기 때문이다.

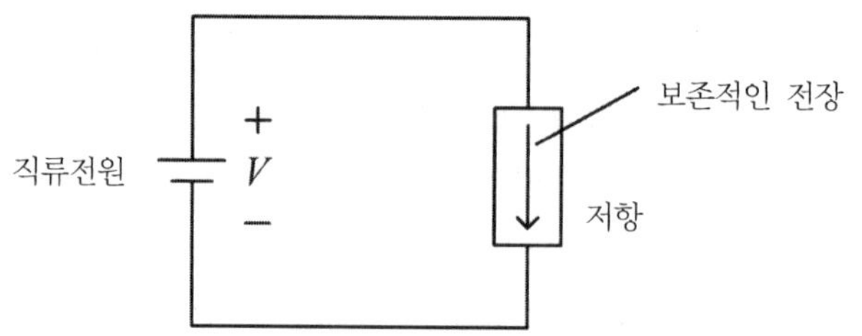

[그림 4.6] 저항체 내의 전류는 저항체 내의 보존적인 전장이 존재하기 때문이다.

그러나 보존적인 전장은 계속적인 에너지를 공급할 수 없다. 그런데도 저항 도체 내부에서는 전기 에너지가 지속적으로 미소 체적당 열 에너지로

$$W = EJ = \rho J^2 \ Watts/m^3 \qquad \cdots\cdots (14)$$

의 율(ratio)(초당)로써 변환되어 소모되고 있다. 이로부터 저항값이 R인 저항체 내에서 소모되는 에너지를 표현하면

$$W = VI = RI^2 Watts \qquad \cdots\cdots (15)$$

로 기술되기도 한다.

이렇게 열적으로 소모되는 에너지는 어디에선가로부터 공급이 되어야 하는데 그 역할을 담당하는 것이 전원이다. 즉 전원 내부에 비보존적인 전계(non-conservative field)가 있어서 양의 전하(예를 들어)를 전원의 (−)극으로부터 전원의 (+)극 쪽으로 움직이도록 해야 한다. 이미 앞에서 논의한 바와 같이 이러한 비보존적인 전계에 의하여 전원의 (+)극 쪽에는 양의 전하들이, (−)극 쪽에는 음의 전하들이 존재하게 되고 이러한 전하 배치에 의한 전계는 전원의 내부는 물론 외부에 보존적인 전계를 만들어 주게 되어 저항 내부(전원의 외부에 연결된 도선 내부)에 이러한 보존적인 전계에 의한(옴의 법칙을 만족하는) 전류가 흐르게 되는 것이다. 그리고 이러한 전하 배치에 의한 전원 내부에서의 보존적인 전계는 (+)극 쪽에서 (−)극 쪽으로 향하는 방향인데 이러한 보존적인 전계와 전원 내부에 있는 비보존적인 전계의 합이 '0'이 되어 도체 내부(전원을 도체로 보아서 즉 내부 저항이 '0'인 이상적인 전원에 해

당)의 총 전계가 '0'이 된다는 물리적인 조건, 즉 경계조건(전원 도체 도선의 표면에서 생각할 때)을 만족시키게 되는 것이다.

전원 내부의 그러한 비보전적인 전계(또는 전계에 의한 힘)는 패러데이(Faraday)의 전자기 유도 법칙을 사용하여, 역학적 에너지를 전기 에너지로 변환하거나 또는 지금 다루고 있는 전원의 경우와 같이 화학 건전지와 같은 화학 에너지를 전기 에너지로 변환해줌으로써 얻을 수 있다.

앞서 논의한 바와 같이 전원(generate)은 전원 외부에서 보존장 형태의 전계를 만들어줌으로써 전원 양단에 전위차(potential difference)를 유지시켜준다. 어떤 의미에서는 커패시터(capacitor)(즉 커패시터 양 극판 사이에 정전장(보존장)을 만들어준다는 의미에서)와 유사한 면이 있지만, 커패시터의 경우(그 양 극판 사이에 손실 있는 유전체 또는 저항이 있는 도체가 있는 경우)에는 전류가 잠시 흐르다가 열적 손실로 바뀌면 '0'이 되는 데 반하여 전원의 경우에는 소모되는 전하를 전원으로부터 계속 일정하게 공급한다는 사실에 큰 차이가 있다.

이러한 비보존적인 성질을 구별하여 강조하기 위해서 기전력(EMF: electromotive force)이라는 단어를 쓰며, 그 단위는 볼트(volt)로 주어진다. 사실 여기에서 기전력이란 단어는 정확한 표현이 아니다. 왜냐하면 기전력의 차원(dimension)이 힘(force)이 아니라 [에너지/전하량]으로 주어지기 때문이다. 하지만 관행으로 오랫동안 사용되어 왔으며 현재에도 그렇게 쓰이고 있다. [그림 4.7]에 전원(generator)과 저항(resister)으로 구성된 폐회로(closed circuit)를 도시하였다.

앞에서 이미 설명한 바와 같이 저항 R에 걸리는 전계는 전원의 양단에 있는 (전원 내부에서 기전력을 주는 비보전적인 전계를 상쇄시켜주고 동시에 외부에서는 저항에 보존적인 전계를 주는) 전하에 의한 보존적인 전계이며 이 때 저항 R에 걸리는 전압은

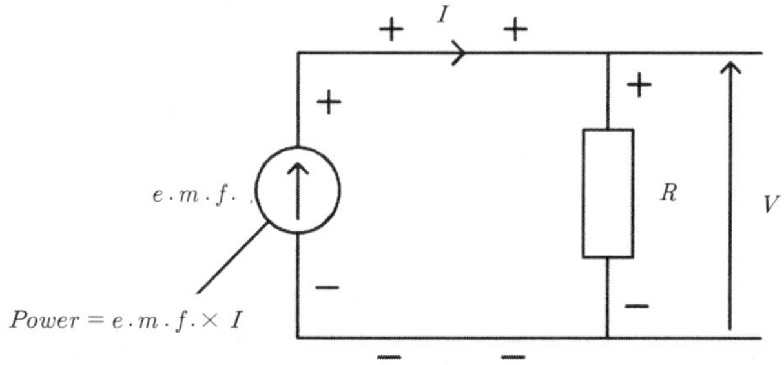

[그림 4.7] 저항에 전력을 공급하는 이상적인 전원(generator)

$$V = IR \qquad \cdots\cdots (16)$$

으로 표현되며 저항에서 소모되는 전력 P는

$$P = VI = I^2 R \qquad \cdots\cdots (17)$$

로 주어진다. 이러한 소모전력을 보충하기 위하여는 전원으로부터의 공급전력이 있어야 하는데 이러한 공급전력은 전원에서의(전원에 걸려 있는) 기전력($e.m.f$)이 V일 때,

$$\text{전원으로부터의 공급전력} = (e.m.f)I = VI \qquad \cdots\cdots (18)$$

로 표현된다. 이와 같이 전원으로부터 공급되는 전력(단위 시간당 공급되는 에너지)이 저항에서 같은 단위 시간당의 열 에너지로써 소모되는 것이다. 전원(generator)을 표기하는 원 내부의 화살표는 전원에서 화학적 형태, 역학적인 형태 그리고 열적인 형태나 그 외 다른 종류의 에너지 형태로서 즉, 어떠한 형태로든지, 전원부 에너지 공급이 이루어지고 있다는 의미를 지닌다.

[그림 4.7]은 전원이 어떠한 손실을 포함하지 않고 단지 기전력을 가진 전원인 이상적인 경우를 나타낸다. 실제 경우에, 전원 손실은 [그림 4.8]과 같이 기전력 전원($e.m.f$ source)에 직렬로 연결된 저항 r로서 표현된다.

이러한 경우에 전원을 포함한 폐회로가 [그림 4.8]과 같이, 개방(open)되어 있으면, 열린 회로의 출력전압 V는 기전력 자체와 동일하게 되지만(전류 I가 '0'이므로 내부저항 r에 걸리는 전압이 '0'이 되기 때문에), 전원을 포함한 회로가 폐회로를

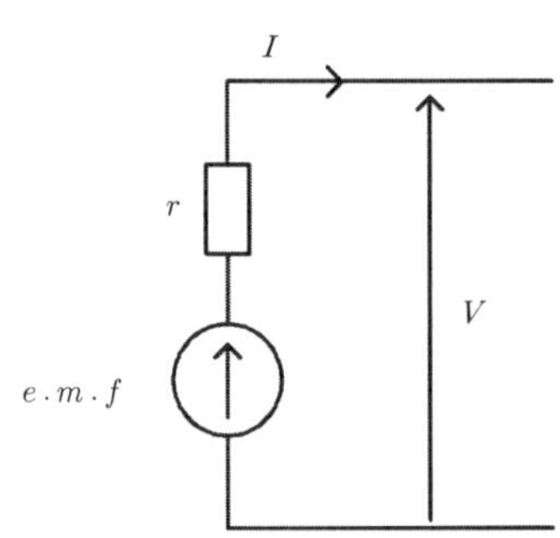

[그림 4.8] 내부저항이 있는 전원의 손실은 내부저항 r로 표현된다

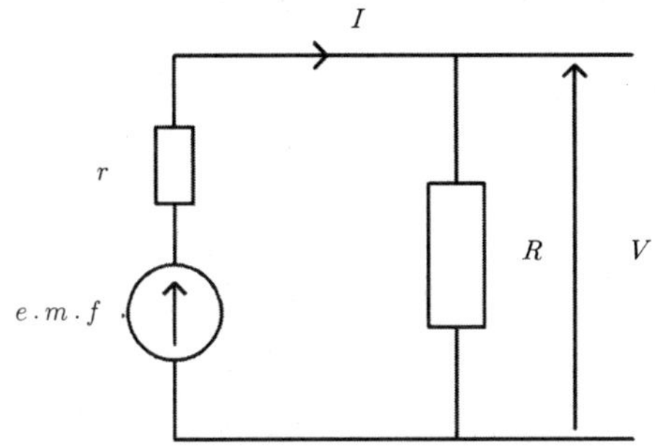

[그림 4.9] 키르히호프 제 2법칙

구성하여 전류 I가 흐르게 되면 내부저항 r에 의한 전압 강하가 있으므로, 출력전압 V는

$$V = (e.m.f) - I\,r \quad \cdots\cdots (19)$$

으로 주어진다. 다음 [그림 4.9]와 같이 전원의 출력단자에 저항 R이 연결되어 있는 경우에는 키르히호프(Kirchhoff)의 제 2법칙, 즉 "폐회로(closed circuit)에서 기전력($e \cdot m \cdot f$)의 총합은 저항에 의한 전압강하(voltage drop)의 합과 같다"는 내용을 음미해 볼 수 있다. 즉 $e \cdot m \cdot f = Ir + IR$의 표현식을 얻을 수 있다.

이야기가 나온 김에 키르히호프의 제 1법칙, 즉 한 점(또는 node)에 들어오는 모든 전류의 합은 '0'이 되어야 한다는 법칙을 생각해보자. [그림 4.10]과 같이 어느 한 점(mode)에 들어가는 모든 전류의 합은 그 점(mode)으로부터 유출되는 모든 전류의 합과 같다는 내용이다. 따라서 아래 그림의 경우 $I_1 + I_3 + I_5 + I_2 + I_4$의 결과식을 얻게 된다.

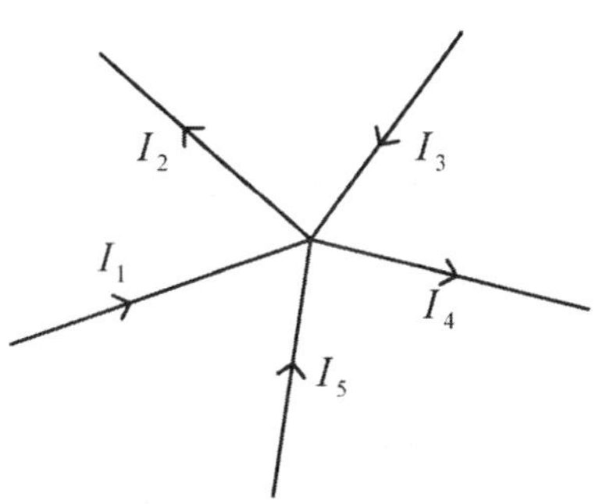

[그림 4.10] 키르히호프의 제 1 법칙

즉 키프히호프의 제 1법칙, 즉 전류에 관한 법칙은 전류가 비압축성의 유체(incompressible fluid)와 같이 어느 한쪽으로 들어간 양(유입된 양)은 다른 쪽(출구가 여러 갈래로 나누어진 경우도 성립)으로 빠져나간 양(유출된 양)과 같다는 논지이다.

키르히호프의 법칙에서 강조되어야 할 내용은, 첫째, 전류에 관한 제 2법칙이 타당하기 위하여는 유입되는 점(mode 또는 junction)에서 전하 축적이 일어나지 않아야 한다는 것이고, 둘째, 전압에 관한 제 1법칙이 타당하기 위해서 전원 외부에서 에너지가 전적으로 열 에너지만으로 소모되어야 한다는 것이다.

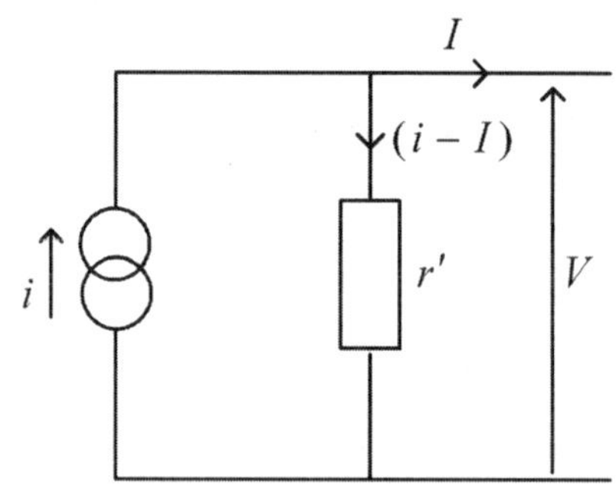

[그림 4.11] 전류원과 내부 저항 r의 병렬 형태로 표현된 전원(generator)

일반적으로 전원(generator)을 표현할 때는 주로 기전력($e.m.f$)과 내부 저항을 직렬로 연결한 형태로 주어지는데 이는 테브닌 등가 전압 전원(Thevinin equivalent voltage generator)에 해당된다. 이와는 달리 [그림 4.11]과 같이 전원을 전류전원과 내부 저항 r이 병렬로 연결된 형태로 표현하기도 하는데 이를 노턴 등가 전류 전원(Norton equivalent current generator)이라 한다.

앞의 [그림 4.10] (테브닌 등가회로)에서 출력 전압 V는

$$V = e.m.f - Ir \qquad \cdots\cdots (20)$$

로 주어지고 [그림 4.11] (노턴 등가회로)에서 출력 전압 V는

$$V = (i - I)\,r' \qquad \cdots\cdots (21)$$

로 주어지며 동시에 이 두 등가회로의 출력은 같다고 가정하면

$$e.m.f - Ir = (i - I)r' \qquad \cdots\cdots (22)$$

이 되는데 두 등가회로에서 출력전류 $I=0$인 경우에

$$e.m.f = ir' \quad \cdots\cdots (23)$$

이므로 식(23)을 식(22)에 대입하여

$$ir' - Ir = ir' - Ir' \quad \cdots\cdots (24)$$

이 됨을 알 수 있고, 이 식으로부터

$$r = r' \quad \cdots\cdots (25)$$

이 되어야 함을 확인할 수 있다. 즉 앞에서 다룬 테브닌 등가회로와 노턴 등가회로가 등가(equivalent)가 되기 위해서는 $r=r'$이 되어야 한다.

여기에서 테브닌 등가회로나 노턴 등가회로를 따지려는 의도가 아니다. 일반적으로 널리 쓰이는 테브닌 등가회로에서 전원 그리고 전원과 연결된 저항 내부에서의 전계가 어떻게 구성되는가에 대하여 살펴보는 것이 원래의 의도이나, 회로이론 전반에 걸쳐 이러한 두 가지 등가회로 개념이 널리 쓰이므로 간단히 살펴본 것이다.

4.2 정전 용량(capacitance)의 개념

커패시터(capacitor)는 마주보는 두 개의 절연된 도체로 구성되는데 예를 들어 배터리(battery)를 두 도체에 연결하여, 양극단의 전위차(potential difference)를 V로 유지하게 되면 아래 [그림 4.12]에서와 같이 위의 도체판에는 +Q의 전하량이, 아래 도체판에는 −Q의 전하량이 충전된다.

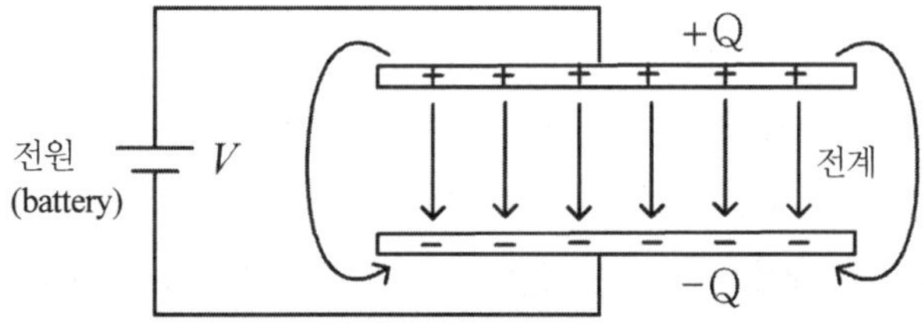

[그림 4.12] 커패시터의 충전된 전하와 전계분포

또 다른 전원 V를 기존의 전원 V에 직렬로 연결하게 되면 전계의 세기($\vec{E}$)도 2배가 되고 전속밀도 $\vec{D}$(여기에서 $\vec{D}=\epsilon_0 \vec{E}$, ϵ_0 ; 유전율)도 2배가 되는데 전속밀도 $\vec{D}$ 또한 전하량 Q와 비례하므로 충전된 전하량 Q도 2배로 증가하게 된다. 물론 여기에서 극판 사이의 유전율은 자유공간과 같다고 가정한다. 이로부터 커패시터의 양 극판에 충전되는 전하량 Q와 −Q는 양 극판 사이의 전위차에 비례하게 됨을 알 수 있다. 따라서 충전된 전하량 Q와 인가된 전압 V간의 비례상수 C를

$$C = Q/V \quad \cdots\cdots (26)$$

로 정의하여 커패시턴스(capacitance)라 부르며, 그 단위로는 *farad*를 쓴다. 커패시터에 축적되는 에너지는 전하 Q와 전압(전위차) V에 비례하는데 이러한 축적된 에너지 E를 단순히 $E=$ 전하량 Q×전압 V로 생각하기 쉬운데 이것은 틀린 생각이다. 다음 [그림 4.13]에 충전된 전하량 Q와 인가전압 V간의 관계를 나타내는 직선을 도시하였다.

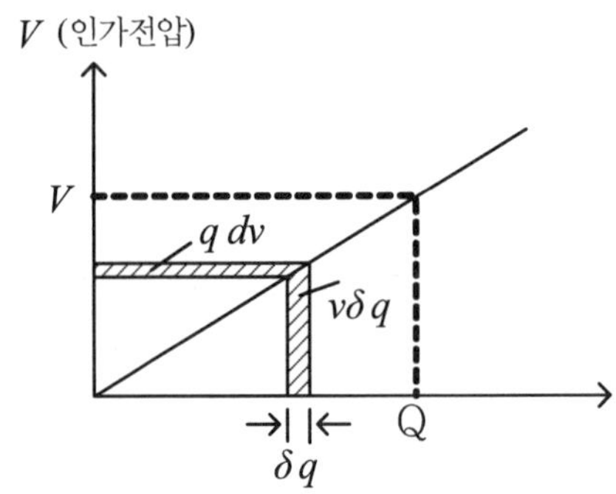

[그림 4.13] 커패시터에 인간된 전압 V와 충전된 전하량 Q와의 관계

커패시터의 양극간의 전압이 ν라고 할 때 +극판에 $+\delta q$와 −극판에 $-\delta q$를 별도로 더 충전시킨다면, $+\delta q$와 $-\delta q$는 끄는 힘(인력)을 작용하므로 이를 상쇄하기 위해서는 외부에서 일을 해주어야(에너지를 공급) 한다. 이렇게 외부에서 공급된 에너지는 커패시터의 전계 에너지로 축적되게 된다. 이때의 외부에서 가해진 일(또는 에너지)은 $\nu\delta q$로 주어지게 되므로 커패시터 양단의 전압 '0'에서 ν로 늘리면서 전하량을 '0'에서 Q로 증가하도록 하는 경우에 외부에서 가해준 총 에너지(또는 이 결과로서 커패시터에 축적된 에너지)는

$$W=\int_0^Q v\,dq=\int_0^Q \frac{q}{C}\,dq=\frac{1}{2}\frac{Q^2}{C} \qquad \cdots\cdots(27)$$

로서 표현되거나

$$W=\frac{1}{2}\frac{Q^2}{C}=\frac{1}{2}CV^2=\frac{1}{2}\mathrm{QV}\ (\because \mathrm{Q}=\mathrm{CV}) \qquad \cdots\cdots(28)$$

로 표현된다. 커패시터에 축적된 에너지가 $\int q d\nu$로 주어지지 않고 $\int \nu dg$로 주어짐을 잘 기억해야 한다. 여기에서 $\int q d\nu$로 정의되는 물리량은 총 에너지(coenergy)라는 양으로 불리우며 별도로 연구해 볼 가치가 있다.

다음 [그림 4.14]에서와 같이 가장 간단한 구조를 갖는 평행평판 커패시터를 예를 들어 살펴보자. 편의상 극판 양끝에서의 프린징 전계(fringing electric field)는 무시된다고 하자.

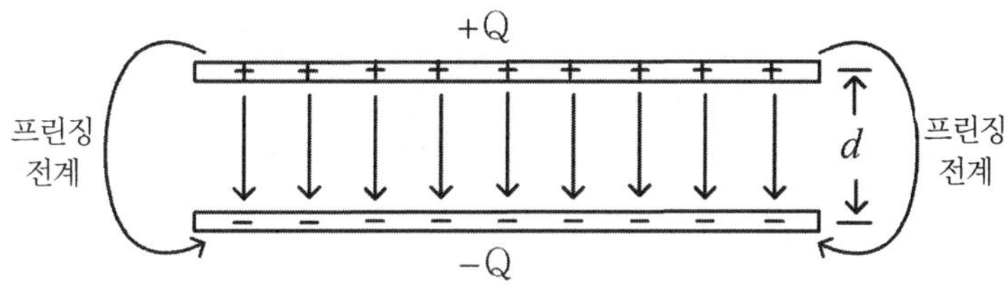

[그림 4.14] 평행평판 커패시터에서의 전계분포 −양 가장자리에 도시되어 있는 프린징 전계는 무시된다고 가정한다.

양극판에 각각 +Q, −Q의 전하가 충전되어 있다고 가정했을 때 커패시터 내부에서의 전속밀도 $\vec{D}$는

$$\vec{D}=\mathrm{Q/S} \qquad \cdots\cdots(29)$$

로서 커패시터 내부의 모든 점에서 일정하다. 여기에서 S는 극판의 면적이다. 따라서 커패시터 내부에서의 전계 E는

$$E=\frac{\mathrm{Q}}{\varepsilon_0 S} \qquad \cdots\cdots(30)$$

이 되고, − 전극의 위치에서 + 전극까지 단위 전하를 이동하는 데 드는 에너지량인, 전압(또는 전위차) V는

$$V = \int(-E)\,dl = E\,d = \frac{Q}{\varepsilon_0 S}d \qquad \cdots\cdots (31)$$

이 되므로 비례상수로서의 커패시턴스 C는

$$C = \frac{Q}{V} = \frac{\varepsilon_0 S}{d} \qquad \cdots\cdots (32)$$

로서 주어진다. 커패시터의 축적된 에너지는 양 극판을 기계적으로 움직여 줌으로써, 즉 양 극판 사이의 거리를 변화시켜줌으로써 가변할 수 있다. 이러한 커패시터에 축적된 에너지를 빠른 속도로 가변해야 하는 상황을 생각해보자. 이런 경우 양 극판을 기계적으로 빠른 속도로 움직이고자 할 때는 양 극판이 지니고 있는 관성질량(inertial mass)때문에 매우 힘든 상황이 된다. 그러나 양 극판을 고정시키고, 양 극판에 충전되는 전하량을 가변하게 되면 훨씬 간편하고 효과적인 방법이 된다.

이 경우에는 커패시터의 양 극판에 충전되어 있는 총 전하량의 극히 일부만을 가변시켜줌으로써도, 커패시터의 축적 에너지를 매우 용이하게 가변시킬 수 있는 장점이 있기 때문에 이러한 방식이 선호되는 것은 당연하다.

이제부터는 커패시터 내부에 있는 물질(유전체)의 영향을 생각해보자. 내부물질이 공기(air)인 경우의 커패시턴스는 진공인 경우와 거의 같다. 그러나 운모(mica)같은 절연물질(또는 유전체)을 커패시터의 내부에 채우게 되면 커패시턴스 값이 크게 증가하게 된다. 이러한 유전체(절연) 물질을 커패시턴스 양 극판 사이에 가져다 놓음으로써 양 극판의 거리를 일정하게 유지할 뿐 아니라 커패시턴스(정전용량) 값도 크게 증대시키는 두 가지 목표를 달성한다고도 볼 수 있다. 그렇다면 어떻게 해서, 커패시터 양 극판 사이에 유전물질을 채울 때에, 커패시턴스 즉 정전용량이 커지게 되는가에 대하여 살펴보자.

도체 내에서 자유 전자(free electron)들이 인가 전계에 따라 자유로이 도체 속을 움직일 수 있는 물리적 상황과는 달리, 유전체에서의 전자들은 각 원자에 속박(bound)되어 있기 때문에 자유롭게 움직일 수가 없다. 그렇지만 핵(nucleus)의 위치를 기준으로 한 전하체(전자)의 상대적인 변위(displacement)가 일어나게 된다.

[그림 4.15]에 + 전하를 지닌 핵과 핵 주위의 궤도를 돌고 있는 전자계(system of electrons)로 구성되어 있는 원자 모델이 도시되어 있다. 인가 전장이 없는 경우에는 [그림 4.15(a)]와 같이 원자핵(+로 표시된)과 전자운(electronic cloud)의 중심이 정확히 겹치게 되어 서로 상쇄가 되는 반면, 인가 전장이 가해진 경우에는 [그림 4.15(b)]와 같이 핵과 전자운의 중심(⊖로 표시된)이 일치되지 않기 때문에 결과적으로 쌍극자(dipole 또는 doublet)의 형태가 된다.

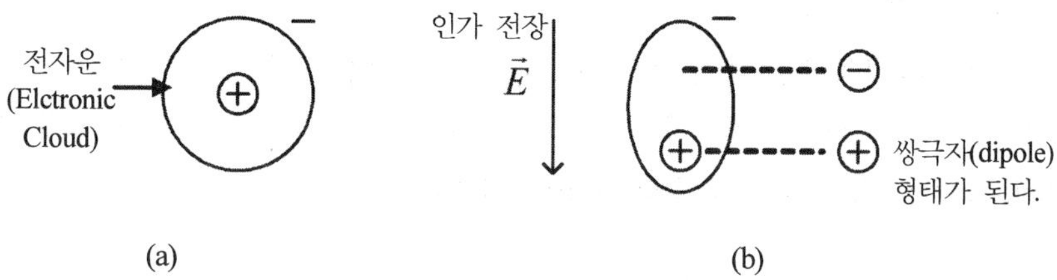

[그림 4.15] 원자의 분극(polarization)

일반적으로 유전체 내부에서의 분극은 아래 [그림 4.16]에서와 같이 이웃간에 서로 상쇄되고, 표면에서만 상쇄되지 않은 전하들만이 남게 되어 도체표면에 존재하는 표면전하와 같은 역할을 하지만, 유전체(또는 절연체)에서의 인가된 전계는 오직 전자운(핵을 기준으로 한)의 변위를 유지하는 역할을 하므로, 유전체의 표면(분극) 전하밀도는 도체표면에서의 표면 전하밀도에 비하여 작다.

도체의 경우에는 표면 전하밀도에 의한 전계가 인가전계와 합하여 '0'이 되도록 표면 전하밀도가 재배치됨을 기억해야 한다.

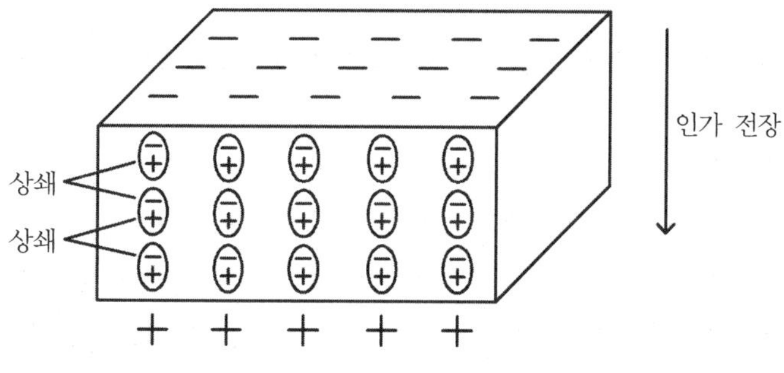

[그림 4.16] 분극된 유전체

앞에서 [그림 4.15]에서 도시하였던 원자의 분극 모델은 대부분의 유전체에 대하여 정확한 모델이다. 그러나 어떤 유전체 물질의 경우, 영구 쌍극자 능률(permanent dipole moment)을 지니고 있을 수 있다. 즉 개개의 원자들이 각각 쌍극자 능률을 갖고 있으나 인가 전계가 없는 경우에 각 쌍극자 능률의 방향은 랜덤(random)한 방향을 가리키고 있으나 인가 전계가 가해지면 앞서 다루었던 분극된 유전체와 같은 모습으로 분극된다.

이제부터는 다음 [그림 4.17]과 같이 평행평판 커패시터(축전기) 내부에 유전체가 채워진 경우를 생각해본다.

[그림 4.17]에서와 같이 커패시터의 두 도체 극판에는 +Q, −Q의 전하가 충전되어 있고, 양극판 사이의 유전물질의 표면에는 $-q$와 $+q$의 표면 분극 전하(surface polarization charge)가 유기(induced)되어 있다.

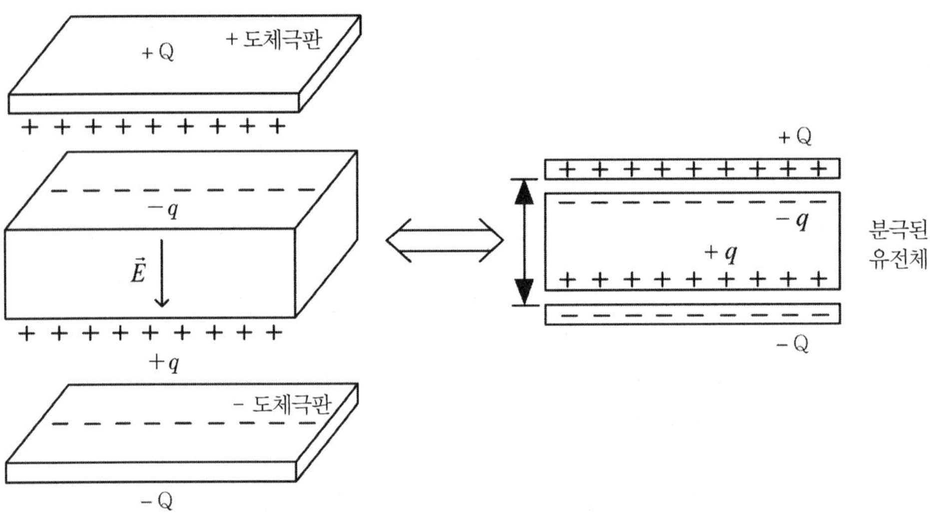

[그림 4.17] 충전된 평행 평판 커패시터 내에 분극된 유전체가 채워진 경우

이제 극판 사이의 전계는 유전물질이 채워지지 않았을 때, 양극판에 있는 +Q와 −Q에 의한 전계값으로부터, 유전물질이 채워지고 난 후의 유전물질 표면에 유기된 분극전하 때문에 초래되는 전계(이 전계의 방향은 유전체가 없을 때 +Q와 −Q에 의한 원래의 전계 방향과 반대가 되어 원래의 전계값을 감소시킨다.) 때문에 감소되므로 결국 +Q, −Q와 $-q$와 $+q$에 의한 총 전계 E는

$$E = \frac{Q-q}{\varepsilon_0 S} \qquad \cdots\cdots (33)$$

로 표현된다. 여기에서 S는 극판 또는 유전체의 단면적을 의미한다. 따라서 커패시터의 양극판 사이의 간격(또는 삽입된 유전체의 두께)을 d라고 했을 때 커패시터 양극판 사이의 전압(전위차) V는

$$V = \int -E\,dl = \frac{Q-q}{\varepsilon_0 S} d \qquad \cdots\cdots (34)$$

이 되므로 평행평판 축전기의 정전용량(커패시턴스) C는

$$C = \frac{Q}{V} = \frac{Q}{Q-q} \cdot \frac{\varepsilon_0 S}{d} \qquad \cdots\cdots (35)$$

로 표현된다. 이 표현식에서

$$\frac{Q}{Q-q} = \varepsilon_r \qquad \cdots\cdots (36)$$

로 정의하여 ϵ_r을 절연체(또는 유전체)의 상대 유전율(relative permitivity)이라는 물리적 상수로 사용하고 있다. 대부분의 유전 물질의 경우 분극 표면 전하 q는 인가 전계 E와 비례하며 또한 식(33)으로부터 전계 E와 $Q-q$가 서로 비례함을 알 수 있으므로 $q/(Q-q)$를

$$\frac{q}{Q-q} = \chi_e \qquad \cdots\cdots (37)$$

와 같이 상수로서 표현할 수 있는데 여기에서 이렇게 정의된 상수를 전기 감수율(electric susceptibility)이라 한다. 식(36)과 식(37)으로부터 상대 유전율 ϵ_r과 전기 감수율 χ_e의 관계를

$$\varepsilon_r = 1 + \chi_e \qquad \cdots\cdots (38)$$

로 표현할 수 있으므로, 우리가 지금까지 논의해왔던, 유전물질이 채워진 평행평판 커패시터의 정전용량(또는 커패시턴스) C를

$$C = \frac{\varepsilon_0 \, \varepsilon_r \, S}{d} \qquad \cdots\cdots (39)$$

로 쓸 수 있다. $\epsilon_r > 1$이므로, 유전물질을 사용하면 정전용량 C가 증가됨을 알 수 있으며 ϵ_0와 ϵ_r의 곱을

$$\varepsilon = \varepsilon_0 \, \varepsilon_r \qquad \cdots\cdots (40)$$

로서 정의하며 상대 유전율 ϵ_r과 구별하여 절대 유전율(absolute permitivity)로 사용하고 있다.

지금까지의 논의를 정리해보자. 분극이 일어날 수 있는(polarizable) 일반적인 유전물질을 포함하고 있는 커패시터의 정전용량(커패시턴스)을 계산하고자 할 때, 도체로 만들어진 양전극에 충전된 전하량 Q와 양극판간의 전압(전위차)의 비를 구해야 하는데, 양극판간의 전압은 전계를 선적분(line integral)한 것이며 전계는 양극판(도체)에 충전된 전하량 Q와 유전체 표면에 유기된 분극 표면 전하 q에 의하여 결정된다는 사실을 유념해야 한다. 즉 Q는 자유 전하량이고 q는 속박전하(bound charge)에 해당된다. 그리고 E와 V는 자유전하 Q 뿐만 아니라 속박전하 q의 총 전하에 의하여 결정되므로 정전용량(capacitance) C는 자유전하와 총 전하 (자유전하 + 속박전하)의 비로서 결정된다.

전속밀도 D와 같이 오직 자유전하에 의해서만 결정되는 양을 사용하면 편리한데 이러한 자유전하에 의한 전속밀도와 전체 전하(자유전하 Q + 속박전하 q)의 비로서 정전용량을 표현할 수도 있다. 즉 전속밀도 D를 자유전하 자체만에 의한 부분적인 장(partial field)으로 정의하면 된다. 커패시터 양 극판 사이에 유전체가 없을 때 전속밀도 D는 $D = \epsilon_0 E$가 되는데, 여기에서 D를 오직 Q에 비례하고 E를 Q$-q$에 비례하는 양으로 비례한다고 보면

$$\frac{D}{E} = \varepsilon_0 \frac{\mathrm{Q}}{\mathrm{Q} - \mathrm{q}} = \varepsilon_0 \, \varepsilon_r \qquad \cdots\cdots (41)$$

가 되어 D를

$$D = \varepsilon_0 \, \varepsilon_r \, E \qquad \cdots\cdots (42)$$

로서 다시 정의할 수가 있다. 여기에서 D는 도체로 된 커패시터 양 전극에 충전되어

있는 전하 Q만에 의한 부분적인 장(partial field)을 의미하며, E는 Q와 유전체 표면의 분극 전하에 의한 총체적인 장(total field)을 의미한다.

4.3 코일(coil)의 개념

아마도 코일의 개념은 전자공학에 입문하려는 전자전기공학 분야의 신입생들이나 전자공학에 관심을 갖고 있는 일반인들이 이해하는 데 어려움을 겪는 대표적인 예 중의 하나가 될 것이다. 여기에서는 코일(또는 인덕터)에 대한 물리적인 개념을 비교적 상세히 논의해보고자 한다. 먼저 도체 평판(conducting plane)에 자석이 일정한 속도로 접근하고 있는 경우를 생각해보자.

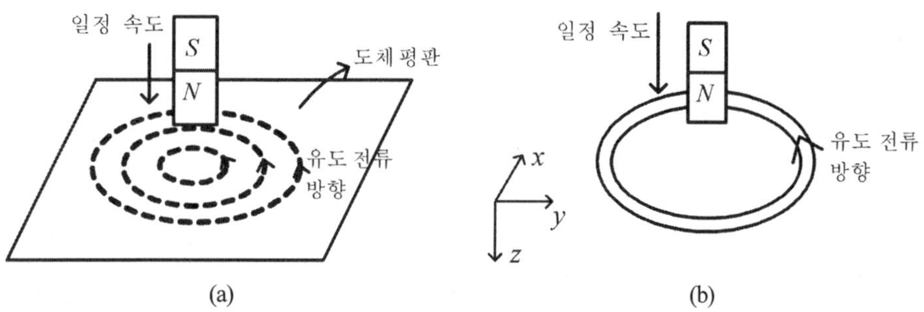

[그림 4.18] (a) 도체 평판에 자석의 N극이 도체 평판을 향한 채로 일정 속도로 움직이고 있다.
(b) 도체 평판의 일부를 환형(고리 형태)으로 오려내어 도체 도선으로 만든 경우

도체판에 N극이 점차 가까이 접근해옴에 따라, 자석의 N극에 의하여 쇄교되는 자속이 시간에 따라 증가하므로 도체판에는 그러한 쇄교 자속의 증가에 반대되는 방향으로 유기전류(induced current)가 흐르게 되는데 이를 맴돌이 전류(eddy current)라고 한다. 만일에 [그림 4.18(b)]와 같이 고리(환형) 형태로서 오려낸 경우를 생각해 보면 [그림 4.18(a)]의 경우와 같은 방향으로 유도 전류가 흐르게 된다. 이를 렌츠의 법칙(Lenz's law)이라 한다. 위의 [그림 4.18(b)]와 동일한 물리적 상황을 [그림 4.19]에 다시 도시하였다.

앞의 [그림 18(b)]에서와 같이 고리형 도선을 쇄교하고 있는 자속이 시간에 따라 증가하고 있는 상황, 즉, 자석이 +z 방향으로 일정 속도로 다가오고 있는 상황을

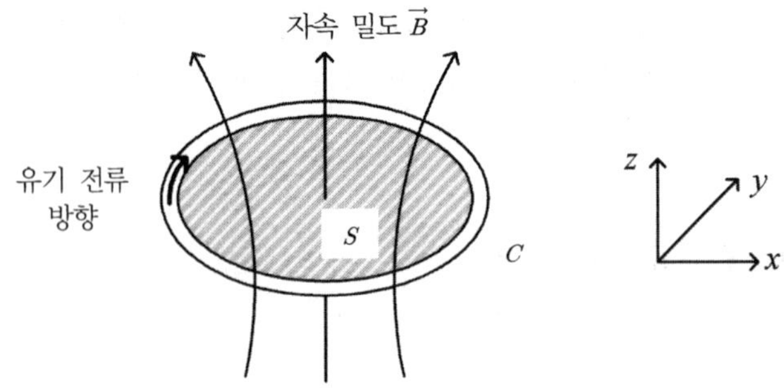

[그림 4.19] [그림 4.18(b)]와 동일한 물리적 상황을 주는 시변(time varying) 자계(주의 : 사용 좌표축이 다름에 유의)

시간에 따라 변하는 자계로서 표현하였다.

이 경우의 유기전류 방향은 [그림 4.19]에서와 같이 시계 방향이다. 여기에서 유기전류를 흐르게끔하는 원인(cause)은 패러데이의 유도 법칙(Faraday's law of induction)으로부터 얻을 수 있다. 패러데이의 유도 법칙은

$$\vec{\nabla}\times\vec{E}=-\frac{\partial\vec{B}}{\partial t} \qquad \cdots\cdots (43)$$

으로 주어지는데 여기에서 $\vec{B}$는 자속 밀도를, $\vec{E}$는 자속 밀도의 시간적 변화에 의하여 환형 고리 도선을 따라 시계 방향으로 유기되는 비보전적인 전계에 해당된다. 식(43)을 환형 고리의 폐회로로써 둘러싸여진 면적 S에 대하여 면적적분(surface integral)을 행하면

$$\int_S \vec{\nabla}\times\vec{E}\cdot\vec{ds}=-\int_S\frac{\partial\vec{B}}{\partial t}\cdot\vec{ds} \qquad \cdots\cdots (44)$$

이 되는데 미소 면적소 $\vec{ds}$의 방향은 $\hat{a_z}$(z 방향의 단위 벡터) 방향으로 택한다. 계속해서 스토크스 정리(Stoke's theorem)를 이용하여 식(44)의 좌변을 선적분(line integral) 형태로 바꿔주고 폐회로 $\vec{C}$가 시간에 따라 변하지 않기 때문에 우변에서 $\frac{\partial}{\partial t}$와 적분 순서를 바꾸어서 다시 표현하면

$$\int_C \vec{E}\cdot\vec{dl}=-\frac{\partial}{\partial t}\int_S\vec{B}\cdot\vec{ds} \qquad \cdots\cdots (45)$$

이 된다. 이 표현식에서 미소 면적소 벡터 $\vec{ds}$의 방향을 $\hat{a_z}$와 같은 방향으로 선택했기 때문에 선적분에서의 미소 길이 벡터 $\vec{dl}$의 방향은 폐곡선 C를 따라 반시계 방향으로 선택되어진다. 식(45)에서 우변의 $\int_S \vec{B} \cdot \vec{ds}$는 폐곡선으로 둘러싸인 단면적 S를 관통하여 폐곡선 C를 쇄교하는 총 자속 $\phi(=\int \vec{B} \cdot \vec{ds})$는 시간에 따라 증가하는 상황이므로 $\frac{\partial \phi}{\partial t} > 0$이 되어 식(45)의 우변이 음의 값을 갖게 된다. 그리고 앞서 논의한 바와 같이 $\vec{dl}$ 방향은 이미 반시계 방향으로 선택되었으므로, 식(45)의 좌변도 음의 값을 갖기 위하여는 환형 고리 도선의 행로 C를 따라, 전계 $\vec{E}$가 시계 방향으로 유기되어야 한다. 이러한 시계 방향의 유기 전계 때문에 시계 방향의 (Lenz 법칙을 따르는) 전류가 흐르게 된다.

식(45)에서 $\int_C \vec{E} \cdot \vec{dl} = -\frac{\partial \phi}{\partial t} \neq 0$이 주는 의미는 매우 중요하다. 첫째로, 폐곡선을 따라 선적분한 결과가 영이 아니라는 것은 $\int_C \vec{E} \cdot \vec{dl} \neq 0$에서의 전계 $\vec{E}$가 비보존적인(non-conservative) 전계가 됨을 의미하고, 둘째, 이러한 전계 $\vec{E}$가 바로 (Lenz의 법칙을 만족하는) 전류를 흐르게끔하는 원인(cause)이라는 점에서 건전지와 같은 전원과 동일한 역할을 하기 때문에 $\int_C \vec{E} \cdot \vec{dl}$을 $e.m.f$(electro-motive force)라고 부르게 된다.

이제 앞에서 다루었던, 시간에 따라 가변하는 자장 내에 위치하고 있는 환형(고리형) 도선을, 아래 그림과 같이 환형 도선의 일부에 포트(port)를 만들어 환형 도선에 유기되는 기전력을 전원으로 사용하고자 하는 경우를 생각해보자.

먼저 출력단자 $a-a'$을 개방(open)시킨 경우를 다루어 본다. 이미 앞에서 환형 회로가 출력 단자가 없는 폐회로(closed path)로 구성되어 있는 경우와 같이 지금 다루고 있는(출력 개방 단자 $a-a'$가 있는) 경우에도 그림에 주어진 방향으로의 비보전

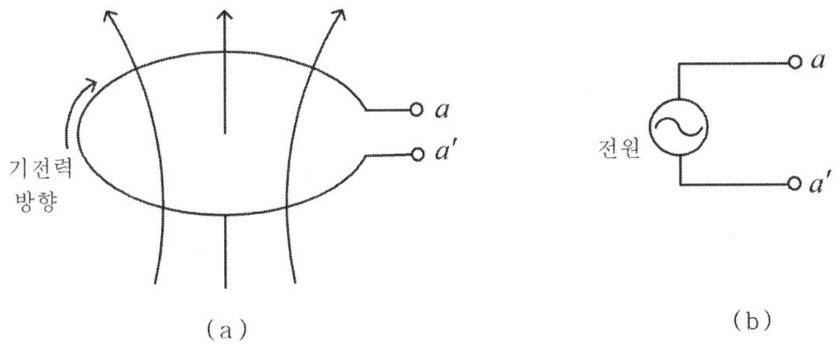

[그림 4.20] 시간에 따라 가변하는 자장 내에 있는 환형 도선에 출력단자(port)를 낸 경우 (a)와 회로이론(circuit theory)에서의 등가 전원회로(b)

적인 전계(non-conservative field) $\vec{E}'$이 환형 도선을 따라 생기기 때문에, 개방되어 있는 포트의 a 지점에는 + 전하가 모이게 되고, a' 지점에는 − 전하가 모이게 된다. 이렇게 재배치된 전하들에 의한 보존적인 전장 $\vec{E}$가 환형 도선을 따라 이미 생긴 비보존적인 전장 $\vec{E}'$과 합해져서 환형 도선 내부를 따라 $\vec{E}+\vec{E}'=0$이 되어 도체 내부에서의 총 전계가 '0'이 되어야 한다는 물리적인 조건을 만족하게 되는 것이다. 물론 환형 도선 외부에서는 a지점과 a'지점에 모여 있는 전하들에 의한 보존적인 전계(conservative electric field)가 모든 공간에 걸쳐 존재하게 된다. 이러한 상황은 일반 건전지의 경우에도 마찬가지로 적용된다. 그러한 상황을 회로이론(circuit theory)에서의 표현 방식을 따라서 나타내면 [그림 4.20(b)]와 같이 주어지는데, 이 경우에도 전원 내부에는 +전하를 전원의 a단자로 이동시키는 기전력이 있다는 것을 전제로 하기 때문에, 이 결과로써 a단자에는 + 전하가, a'에는 − 전하가 모여 있으며 이렇게 재배치된 전하에 의하여 초래된 보존장이 전원 내부에서 기전력을 주는 비보존적인 전장과 합하여 '0'이 되는 것은 당연하다.

계속해서 앞에서 다룬 전원에 한 회선(one-turn)으로 구성된 코일(coil)을 연결한 경우에 대하여 생각해보자.

[그림 4.21(b)]에서 전원 전압 $\nu(t)$가 Δt시간 동안 $\nu+\Delta\nu$로 증가하고 이 때문에 코일에 흐르는 전류 i가 i에서 $i+\Delta i$로 증가했다고 가정해보자. 그렇다면 코일을 쇄교하는 자속(빗금친 페이지 속으로 들어가는 방향의 자속밀도 $\vec{B}$에 의한)이 Δt 시간 동안 증가하게 된다. 코일의 성질에 의하여 코일을 쇄교하는 자속의 증가를 반대하려는 방향으로 전류를 흘리려는 역기전력을 주는 비보존적인 전장 $\vec{E}''$가 [그림

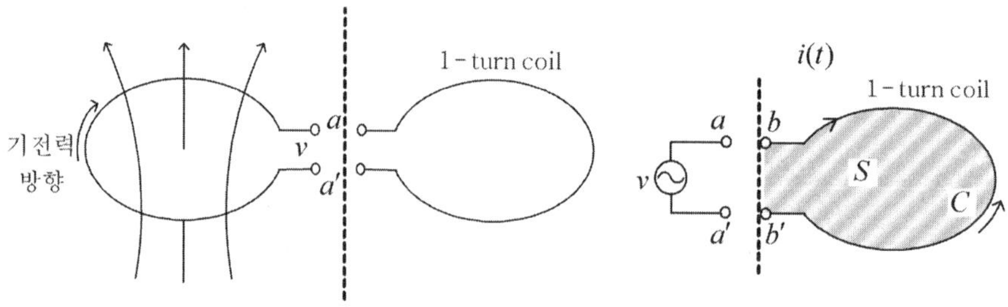

(a) 차량 차폐 칸막이 때문에 왼쪽 영역에만 시간적으로 변하는 자장이 있다고 가정

(b) 역기전력을 주는 비보존적 전장 $\vec{E}''$의 방향

[그림 4.21] 전원 ν에 한 회선(one-turn) 코일을 연결한 경우 그림 (b)는 그림 (a)에서의 왼쪽 회로를 전원 ν로 대체한 것임.

4.21(b)]에 도시된 방향으로 형성된다. 여기에서 주의해서 살펴보아야 할 물리적 조건이 있다. 즉 빗금친 면적을 둘러싸고 있는 도체 내부에서의 모든 전계의 합은 '0'이 되어야 하는 조건이 있다. 이러한 조건이 만족되기 위해서는 코일 도선에 존재하고 있는 비보전적인 전장 $\vec{E}''$를 상쇄시켜줄 또 다른 전장 $\vec{E}$가 있어서 $\vec{E}''+\vec{E}=0$이 되도록 해야 한다. 이러한 전장 $\vec{E}$는 어떻게 생길까? 이에 대한 대답의 열쇠는 비보존적 전장 $\vec{E}''$가 갖고 있다. 이러한 $\vec{E}''$가 있으면 코일 내의 + 전하체(편의상 예를 들어)를 $\vec{E}''$와 같은 방향으로 이동시키게 되어 코일의 b단자 쪽에 + 전하를, 그리고 b'단자 쪽에는 − 전하를 모이게 하여 이렇게 재배치된 전하가 코일 도체 내부(물론 코일 도체 외부 공간에도)에 보존적인 전장 $\vec{E}'''$를, 비보존적 전장 $\vec{E}''$와 반대방향으로, 만들어 주어 코일 도체 내에서 총 전계 즉 $\vec{E}'''$(보존장)과 $\vec{E}''$의 합이 '0'이 되도록, 즉 $\vec{E}'''+\vec{E}''=0$ 이 되도록 하는 것이다.

일반적으로 이야기한다면 기존 교과서 레벨의 전기자기학(electromagnetic)이나 회로이론(circuit theory) 관련 서적에, 이러한 보존적인 전장 $\vec{E}''$(비보존적인 전장 $\vec{E}''$에 의하여 초래되는 재배치된 전하 때문에 주어지는)에 대한 논의가 충분히 못하다고 볼 수 있다. 다음의 두 가지 면에서 논의해보기로 하자.

첫째. 회로이론에서 널리 쓰이는 표현식인 $v(t)=L\dfrac{di}{dt}$를 맥스웰 방식적 관점에서 다루어보자.

앞의 [그림 4.21(b)]에서 맥스웰 방정식 중 하나인 $\nabla\times\vec{E}=-\partial\vec{B}/\partial t$를 사용하여, 코일쪽의 폐회로(closed path) $b'\to b$(반시계 방향)로 둘러싸여진 면적 S에 대하여 표면적분을 해보면

$$\int_S \vec{\nabla}\times\vec{E}\cdot d\vec{s}=-\int_S\frac{\partial B}{\partial t}\cdot d\vec{s}=-\frac{\partial}{\partial t}\int_S\vec{B}\cdot d\vec{s} \qquad \cdots\cdots(46)$$

이 되는데, 선적분의 폐회로를 반시계 방향으로 잡았으므로 미소 면적소 $\vec{ds}$ 벡터의 방향은 지면으로부터 나오는 방향이고 자속밀도 $\vec{B}$는 그림에 도시된 전류 방향의 경우 지면 속으로 들어가는 방향으로, S를 쇄교하는 전체 자속 $\int_S\vec{B}\cdot\vec{ds}(<0)$는 음의 값이 되어 $-\Psi(\Psi>0)$가 된다. 이렇게 선택되는 자속 Ψ는 $\vec{B}$와 $\vec{ds}$의 상대적인 방향에 관계 없이 양의 값으로 선택한 쇄교 자속을 의미하며 회로에서는 $\Psi=Li(t)$로서 인덕턴스 L을 정의한다.

또한 식(46)의 좌변을, 스토크스의 정리를 사용하여 선적분 형태로 바꾸면

$$\int_C \vec{E} \cdot d\vec{l} = \frac{\partial \Psi}{\partial t} \text{(식(46) 좌변의 } \vec{E} = \vec{E}'' \text{ 이므로)} \quad \cdots\cdots (47)$$

가 되는데 이 식에서 우리는 이미 $\vec{E}''$ 가 비보존적 전장이며 $\vec{E}''$ 와 $d\vec{l}$ 은 반시계 방향으로 동일하므로 양의 값을 갖게 됨을 알고 있다. 동시에 여기에서 비보존적인 전장 $\vec{E}''$ 는 보존적인 $\vec{E}''$(전하 재배치에 의한)와 부호가 반대이므로, 이러한 비보존적인 전장 $\vec{E}''$ 를 사용하여 단자 b' 을 기준으로 한 단자 b의 전위를 정의하면(코일을 따라서)

$$-\int_{b'(reference)}^{b} \vec{E}^{m} \cdot d\vec{l} > 0 \quad \cdots\cdots (48)$$

이 되고 바로 이것이 전원 $\nu(t)$와 동일한 값이 되어야 하므로 $\Psi = LI(t)$의 표현식과 더불어 사용하며

$$v(t) = L\frac{d\,i(t)}{d\,t} \quad \cdots\cdots (49)$$

가 되는 것이다.

둘째로, 코일이 많은 권선수로 이루어진 경우에 대하여 생각할 때에도 코일 양단에 비보존적인 전계에 의하여 재배치되는 전하를 고려해야 하는데 이러한 관점에서의 논의가 미흡하다. 즉 코일 양단에 재배치되어 보존적인 전장을 주는 전하들이 있다는 것은 코일 양단간 또는 코일의 권선간에 표류 정전용량(stray capacitance)이 있음을 의미하는 것이다. 따라서 몇 개의 권선수로 이루어진 코일에 대한 고주파 대역의 등가회로로서 적절한 표현은 다음 [그림 4.22]와 같이 주어진다. 즉, 이런 형태들 중 하나로 모델링하여야 한다.

따라서 우리가 설계한 코일이 낮은 주파수 대역에서는 원하는 임피던스인 jwL로서 비교적 정확하게 표현될 수 있지만 주파수가 어느 정도 올라가게 되면 [그림 4.22]에 도시한 바와 같이 병렬 연결로 표현되는 표류 정전용량(stray capacitance) 때문에 자체공진(self resonance)과 같은 바람직하지 못한 현상이 나타나게 되는 것이다.

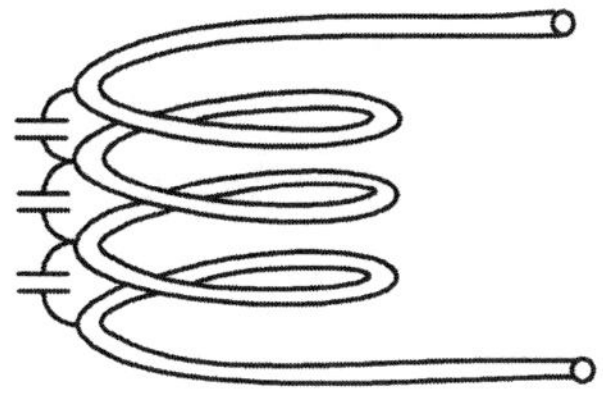

(a)

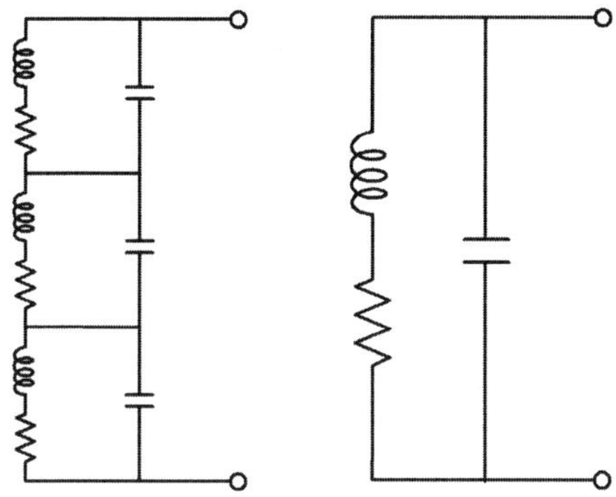

(b)

[그림 4.22] 주파수가 높은 경우에 대한 코일의 등가회로의 예

지금까지 우리는 전자공학에서 가장 중요한 개념인 R, L, C에 대하여 전기자기학 측면에서, 주로 표류 정전용량을 중심으로 이러한 물리량들이 고주파 회로에서 미칠 수 있는 영향들에 대하여 살펴보았다.

05 생명체에서의 전송선 개념

– 신호 전달 체계로서의 뉴런(Neuron) –

IT 분야에서 가장 중요한 경제재는 신호와 에너지이다. 따라서 신호를 잘 보내고 에너지는 손실없이 보내야 하는 것이 우리 분야에서 중대한 이론 및 실천 과제이다. 신호를 주고 받는 회로와 전송선 개념과 전자파(빛) 에너지를 주고 받는 안테나 개념을 생명체의 뉴런과 엽록소에서 생각해 보자. IT와 BT, 그리고 NT의 융합이 아닌가? 실리콘 벨리조차도 연구 방향이 에너지 쪽으로 움직인다. 5장과 6장에서는 뉴런과 광합성에 대하여 살펴본다. 불원간 노벨상도 이 분야에서 양산될 전망이다.

자연에서 전하체의 흐름을 이용하여 생물체가 외부 환경에 대한 정보를 얻고 반응하기 위하여 근육을 제어할 수 있는, 생체 내의 통신 수단으로서의 경이롭고도 정교한 신경계(nervous system)의 주요 구성 단위가 바로 뉴런이다. 신경계의 상세한 기능들에 대하여는 아직도 밝혀지지 않은 내용들이 있지만, 메시지(message)가 뉴런이라 불리는 신경계의 기본 단위를 따라 전기적인 신호(electrical signal)로써 신경계 내부에서 어떻게 전송(transmission)되는가에 대하여는 비교적 잘 이해되고 있다.

인간의 두뇌는 여러모로 컴퓨터의 기능과 유사하다. 컴퓨터와 같이 두뇌는 정보를 받아 처리하고 기억에 저장하고 인간 몸의 다양의 부분에 제어 신호를 보내는데, 참으로 컴퓨터와 더욱 유사한 것은 모든 신호의 전송을 위하여 전기적인 임펄스(electrical impulse)를 사용한다는 것이다. 일반적으로 신경계(nervous system)라고 함은 두뇌(brain), 척수(spinal cord), 그리고 주변의 뉴런(peripheral neuron)을 포함하여 총칭한다. 뉴런은 눈이나 귀와 같은 지각 기관으로부터 두뇌로 신호를 보내는 구심성 뉴런(afferent neuron 또는 sensory neuron)과 두뇌로부터 근육이나 생체의 각 기관으로 신호를 보내는 원심성 뉴런(efferent neuron 또는 motor neuron)으로 나누어 분류하기도 하는데 인체 내에는 수 백만 개의 뉴런이 신경계를 구성하고 있다고 한다. 뉴런은 생체의 각 부분마다 상이한 점을 지니고 있지만 어떤 공통의 특성을 지니고 있다.

여기에서는 뉴런의 그러한 공통적인 특성을 다루고자 한다. 뉴런은 [그림 5.1]과 같이 세포 몸체(cell body)로 구성되어 있는데 각 세포 몸체는 세포핵(cell nucleus)과 여러 가지 갈래로 세포 몸체로부터 분지되어 나와 있는 돌기 형태를 지닌 덴드라이트(dendrites)와 그리고 세포 몸체로부터 멀리 위치한 뉴런의 다른 쪽 끝까지 신호를 전송할 수 있는, 전송 선로(transmission line)의 구실을 하는 신경 섬유(nerve fiber)인 액손(axon)을 포함하여 구성된다.

다른 뉴런으로부터 오는 신호는 연결 부위에 해당되는 시냅스(synapse)를 거쳐 덴드라이트로 연결되고 액손을 따라 전파(propagation)하여 뉴런의 한쪽 끝에 도달하

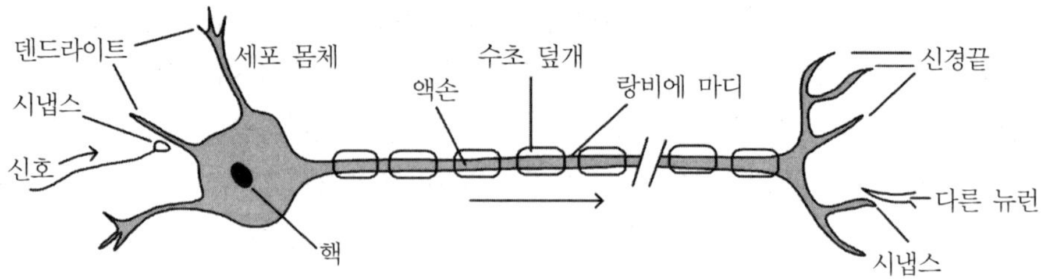

[그림 5.1] 뉴런의 구조

게 되면 다시 연결 부위인 시냅스를 통하여 뒤에 연결된 뉴런의 덴드라이트로 연결된다. 뉴런을 포함하여 모든 세포는 얇은 막(thin membrane)으로 둘러싸여 있는데, 이 얇은 막은 세포핵, 유전물질, 미토콘드리아와 효소 등의 세포의 구성물을 포함하고 있으며 이러한 구성물을 외부 체액(external body fluid)으로부터 분리하여 상기의 구성물로 이루어진 세포액(cell's fluid)인 세포질(cytoplasm) 원래의 생태 화학적인 특성을 유지하게 한다. 그리고 이러한 뉴런의 얇은 막에는 K^+이온은 비교적 잘 통과할 수 있지만 Na^+ 이온의 흐름을 억제하도록 하는, 많은 통로 또는 세공(細孔: pore)이 있다. 따라서 이온이 흐를 수 있는 다른 통로가 있는데 보통(자극이 없는) 상태에서 이 통로는 개폐 가능한 문(gate)으로 작동하는 유기 분자(organic molecule)에 의해 닫혀 있다. 그리고 얇은 막 내부 표면에는 펌프 구실을 하고 있는 유기 복합체(organic complex)가 있어서 세포질(또는 세포액) 내부의 이온을 일정하게 세포질 외부의 체액속으로 펌핑해내고 있다. 이러한 결과로 아래 [표 5.1]에 주어진 바와 같이 이온이 액손 내부에 비하여 액손 외부에서 훨씬 더 높은 농도를 유지하게 된다.

[표 5.1] 액손 내외부의 이온 농도

이온의 종류	액손 내부에서의 농도(Mol/m^3)	액손 외부에서의 농도(Mol/m^3)
K^+	140	5
Na^+	15	140
Cl^-	9	125

이미 설명한 바와 같이 Cl^-과 K^+는 뉴런의 얇은 막에 있는 세공(pores)을 통과할 수 있기 때문에 확산(diffusion)에 의하여, K^+는 액손 외부로, Cl^-은 액손 내부로 이동하여 [그림 5.2]에서와 같이 각각 액손의 외벽과 내벽에 붙게 된다.

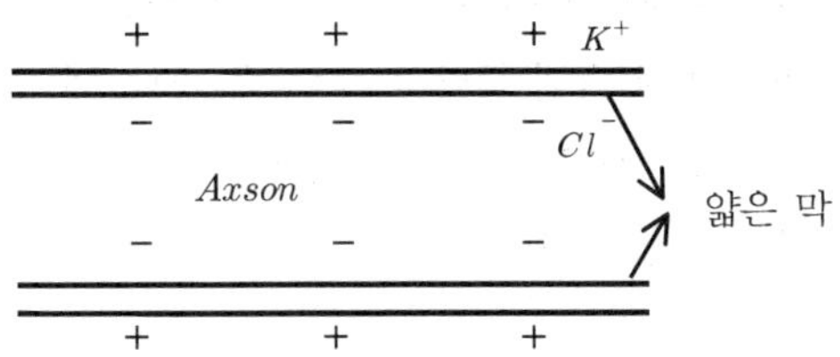

[그림 5.2] K^+와 Cl^-이 확산에 의하여 각각 외부와 내부로 확산되어 얇은 막에 붙어 쌍극자층 (dipole layer)을 구성한 모습

농도차에 의한 확산의 결과로 액손 내외부에 전위차가 생기는데, 확산하려는 경향이 내외부 전위차와 균형을 이룰 때 평형이 되며 이러한 평형에 다다르게 되면 세포막 내외부간에 전위차가 형성된다.

보통 세포질 내부의 전위가 외부를 기준으로 하여 −70mV의 전형적인 값을 지니는데 이를 세포의 정지 전위(resting potential)라 부른다. 액손(axon)은 기다란 원통 형태의 커패시터(capacitor)로 볼 수 있다. 즉 세포질(cytoplasm)과 외부 채액(exterior fluid)과 같은, 어느 정도의 이온에 의한 전도도(ionic conductivity)를 갖는 두 도체 매질 영역 사이에 유전체에 해당하는 얇은 막으로 구성되어 있는 단면이 원통형인 커패시터로 볼 수 있는 것이다.

이러한 뉴런의 단위 길이당 정전 용량은 제곱 센티미터(cm^2)당 대략 $1\mu F$가 되는데 이는 유전율이 5이고 두께가 $10nm$인 얇은 막 유전체에 해당된다. 평행평판 축전기를 생각해보자. 위판은 세포액과 같은 전도도를 갖는 도체 평판으로, 그리고 아래판은 체액과 같은 전도도를 갖는 도체 평판으로 보아서 계산한 것이다.

얇은 막의 Na^+이온과 K^+이온 통로의 투과율(또는 침투율)은 막 내외부에 걸려 있는 전위차의 변화에 민감하다. 따라서 뉴런의 어떤 지점에서 막 내외부간의 전위차가 어떤 문턱값(threshold value) - 전술한 정지전위보다 절대값이 작은 어떤 임계 전위값 -보다 작은 값으로 감소되면, Na^+이온 통로가 짧은 시간 동안(예를 들어 대략 1) 신속하게 열리게 되고, 이 결과로서 세포질(cytoplasm)에서보다 외부 채액에서의 농도(concentration)가 훨씬 높았던 Na^+이온이 열린 통로를 통하여 세포 내부로 급속하게 유입되게 된다. 이러한 과정을 거치면서 [그림 5.3]에서와 같이 세포 외부에 비하여 내부가 양의 전위를 갖게 된다.

이 경우의 양의 전위차를 활동 전위차(action potential)라 부른다. [그림 5.3]에 도시된 바와 같이 활동 전위차의 최대값은 대략 $+30mV$정도가 되는데 곧 바로 원래의 상태인 정지 전위차(resting potential) 상태로 되돌아간다. 원래의 상태로 돌아가는 과정에서, Na^+이온은 얇은 막을 투과해나갈 수 없기 때문에 실제로는 펌핑에 의하여 Na^+을 외부로 내보낸다. 동시에 K^+와 Cl^-이온의 확산이 다시 이루어져 원래의 정지 전위차($-70\,mV$) 상태로 되돌아간다.

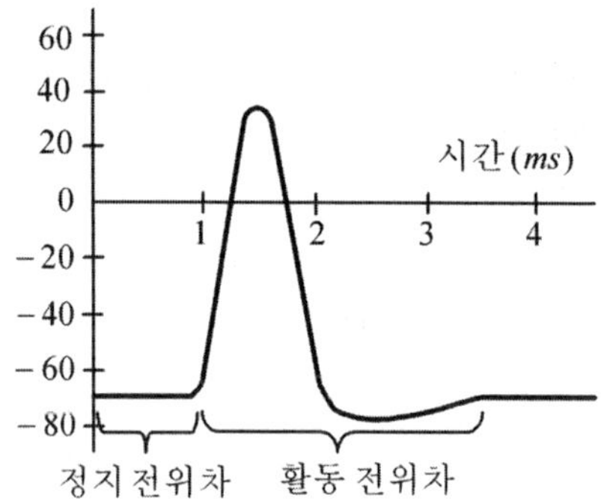

[그림 5.3] 활동 전위차(action potential)

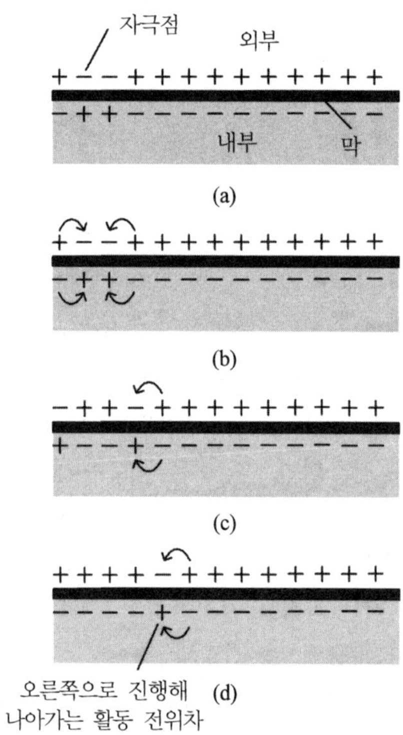

[그림 5.4] 활동 전위차가 액손막을 따라 전파해가는 모습

그렇다면 어떻게 활동 전위차가 액손을 따라 전파하며 진행해가는가? 이는 전송 선로에서의 펄스 전파(pulse propagation) 문제에 해당된다. [그림 5.4(a)]와 같이 자극이 있는 곳에 활동 전위차가 발생하게 되어 세포 내부의 전위가 외부에 비하여 양전위 값을 갖게 된다. 이 경우에 인접한 전하들이 활동 전위차가 형성된 지역으로 힘을 받아 끌리게 되는데[그림 5.4(b)] 이 순간에 활동 전위차가 형성된 곳에 인접한 영역의 양전하와 음전하에 끌려가게 된 결과로 전위차가 문턱값 전위차보다 작게 되어 활동 전위차가 형성되고 바로 이 전에 활성 전위차가 형성된 곳은 원래의 정지 전위차 상태로 되돌아간다. 이러한 방법을 되풀이하면서 활동 전위(action potential)가 액손을 따라 전파해 나간다[그림 5.4의 (c)와 (d) 참조].

지금까지 활동 전위차로서 만들어진 신경펄스(nerve pulse)가 전파되어나가는 모습에 대한 논의는, 수초(髓硝)의 조직을 이루고 있는 지방성의 물질로 둘러싸여 있지 않은(unmyelinated) 액손의 경우에만 해당된다. 이와는 달리 수초를 구성하고 있는 지방성의 물질로 둘러싸여 있는(myelinated) 액손의 경우는 랑비에 마디(node of ranvier)를 제외하고는 수초 덮개(myelin sheath)로 둘러싸여 있기 때문에 세포 외부의 체액으로부터 분리된 상태로 구성되어 있다. 따라서 수초로 둘러싸여 있지 않은 액손의 경우, 활동 전위차가 계속 되풀이되어 생성되면서 액손을 따라 전파해 나갔던 것과는 달리, 일단 한쪽에서 자극에 의하여 활동 전위차가 형성되면 펄스 형태 그대로 액손 막을 따라, 전송선을 따라 펄스가 전송해가듯이, 진행해나가게 된다. 하지만 진행해나가면서 저항 성분 때문에 펄스의 진폭이 감쇄를 겪게 된다. 이렇게 진폭의 감쇄를 겪은 펄스는 랑비에 마디에 도착해서 다시 감쇄를 겪지 않은 원래의 펄스 형태로 복원된다. 이와 같이해서, 랑비에 마디에 도착할 때마다 펄스 신호는 반복해서 새로운 펄스로 복원되어 증폭이 되는 셈이다. 이러한 상황을 수초로 둘러싸여 있지 않은 액손(unmyelinated axon)과 비교해보라. 수초로 둘러싸여 있지 않은 액손 구조에서는 반복적인 활동 전위차 펄스를 만들어주기 위하여 많은 에너지(이때의 에너지원은 ATP이다)가 소요되는 반면 수초로 둘러싸인 액손의 경우, 신경 펄스를 보내는데 적은 에너지로 보다 빠른 속도로 신호 펄스를 전송할 수 있는 것이다. 이런 의미에서 본다면 수초로 둘러싸인 액손은 수초로 둘러싸여 있지 않은 액손으로부터의 의미 있는 진화 단계의 상태에 있는 것으로 생각된다. 이러한 진화된 단계의 액손은 척추 동물의 경우에서 관찰되는데 [그림 5.5]에 수초로 둘러싸여 있는 액손을 다시 확대하여 도시했다.

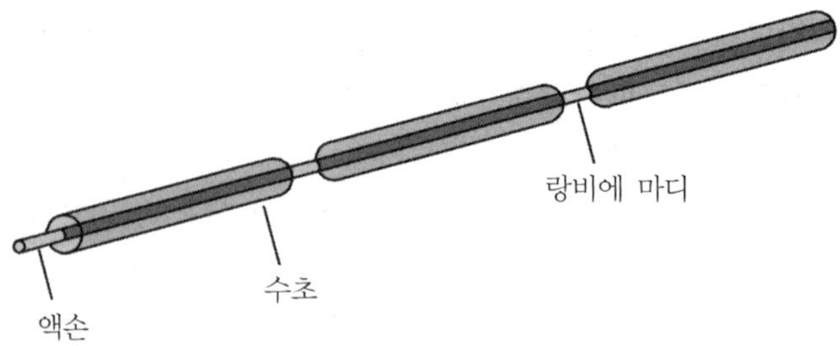

[그림 5.5] 수초로 둘러싸여 있는 액손과 랑비에 마디

다시 한 번 [그림 5.5]를 보면 수초로 둘러싸여 있는 액손의 경우, 일반적인 전송선에서의 펄스 전송과 같이 비교적 빠른 속도로 전파해가다가 랑비에 마디에서 증폭이 일어난다는 상황을 떠올릴 수 있다. 그러니까 펄스 신호가 수초로 둘러싸인 액손을 따라 빠른 속도로 진행하다가 진행중에 겪은 진폭 감쇄를 랑비에 마디에서의 증폭으로 보완하는 방식이므로 랑비에 마디간의 액손을 따라 빠른 전송이 이루어지는 것으로 생각하여 도약형 전도(salutatory conduction)라 부르기도 한다.

전기자기학의 입장에서 보면 [그림 5.5]에서와 같이 절연체 구실을 하는 수초 덮개(myelin sheath)가 액손을 둘러싸고 있는 상황에서 밀리미터 간격을 지닌 랑비에 마디에서 액손이 주위 매질에 노출되는데 이 때 액손의 막을 통한 주위 매질로부터의 이온 확산에 의하여 액손 내부(동축 선로의 내부 도체라 보고)와 주위 매질(동축 선로의 외부 도체로 보고) 사이에 기전력($e.m.f.$)이 형성되어 인가되는 것이다. 이러한 전압(기전력)이 액손을 거쳐 다음 마디에 전류를 보내게 되고 그 마디에서 다시 기전력을 트리거(trigger)하는 방식을 되풀이하여 액손을 따라 전파해나가게 된다.

액손에 대한 이론적인 연구는 1952년 A. L. 호지킨(Hodgkin)과 헉슬리(A. F. Huxley)에 의하여 이루어졌는데 그들은 오징어(squid)의 비교적 거대한 액손을 선택하여 이론 및 실험적 연구를 했었는데 이 공로로 노벨상을 받았다.

호지킨과 헉슬리가 제안했던 액손에 전송선에 대한 등가회로 모델은 다음 [그림 5.6]에 주어진 바와 같다.

그들의 등가회로 모델은 직렬 저항과 병렬 컨덕턴스와 커패시턴스로 구성되어 있다. 직렬 인덕턴스는 포함되지 않으나 어떤 모델은 병렬 인덕턴스를 포함하고 있다. 그리고 그림에서 보듯이 병렬로 인가되는 기전력(electromotive force : $e.m.f.$) 전원들은 여러 종류 값의 가변 컨덕턴스 값을 통하여 인가되어 스위칭 소자와 같이 작용한다. 이미 전술한 바와 같이 자극이 없을 때의 정상적인 경우, K^+ 이온과 그 외의

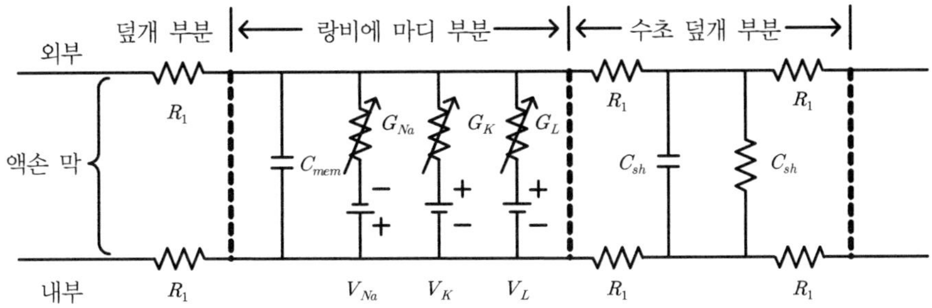

[그림 5.6] 액손 전송선의 등가회로; 랑비에 마디 부분과 수초 덮개로 둘러싸인 부분으로 나누어 표현하고 있다.

여러 이온들의 확산 때문에 액손 내부의 전위가 외부를 기준으로 하여 대략 $-70\,mV$ (squid의 경우 $-100mV$)정도이다. 그러나 자극을 받게 되면 Na^+ 이온이 액손 내부로 확산되서 들어가게 되어 대략 ms(millisecond)의 10분의 2~3에 해당되는 임펄스의 주기 동안 내부의 전위가 +로 되는데, 임펄스가 통과한 후 1ms 이내에 원래의 준위 ($-70\,mV$)로 되돌아 온다. 근육 장애(muscular dystrophy) 같은 생리적 현상은 수초 덮개(myelin sheath)를 구성하는 세포들의 기능저하의 결과로 초래된다.

[그림 5.6]의 등가회로는 정확한 등가회로가 아니다. 우리가 전송선 이론에서 배우는 전송선의 등가회로와 비교하여 보라. 사실 [그림 5.6]의 등가회로는 옛날 초창기의 전송선의 등가회로 모델(R과 C로 구성되었던 J. J. Thomson의 모델)에 가깝다. 어쨌든 신경계(뉴런)에 있어서 펄스 전파 문제는 전자공학의 신호전달 시스템의 관점에서 뿐만 아니라 의학에서도 중요한 분야가 아닌가? 독자들 중에 신경과학 분야의 뛰어난 업적을 만드는 분이 나오길 바란다.

06 자연에서의 에너지 수신 시스템으로서의 광합성

광합성(photosynthesis)은 식물이 태양빛으로부터 필요한 에너지를 얻어내는 과정을 의미하는데 다음의 두 단계로 이루어져 있다. 첫 번째 단계는 명반응(light reaction)으로서 광자 형태의 빛 에너지를 받아들여 그 에너지로 ATP와 NADPH를 만드는 것이고, 두 번째 단계는 캘빈-벤슨 회로로 구성된, 빛을 사용하지 않는 암반응(dark reaction)에 해당된다. 여기에서는 주로 녹색 식물에서 빛 에너지(photon)를 포획하는 역할을 하는 엽록소(chlorophyll)가 빛 에너지를 얻고 난 후, 여러 엽록소에서 얻어진 빛 에너지를 반응 중심(center of reaction)으로 모으는 과정에 대하여 살펴보고자 한다.

녹색 식물의 경우 두 가지 형태의 엽록소(보통 형태 a와 b라고 부른다.)가 있는데 이들은 주변에 결합되어 있는 원자단(또는 기)만 다르다. 이러한 두 가지 형태의 엽록소 모두 청색광과 적색광 영역의 빛을 흡수하고 중간 영역의 녹색광은 반사시키도록 되어 있고, 흡수가 최대가 되는 주파수대 특성이 약간 다르게 되어 있으며 입사광이 되도록 많이 흡수될 수 있게끔 서로 상보적인 (흡수의) 주파수대 특성이 되도록 구성되어 있다. 아래 [그림 6.1]에 a 형태의 엽록소를 참고로 도시하였는데 b형태의 엽록소는 주변에 결합되어 있는 $-CH^3$기가 $-CHO$기로 치환되는 것 외에 차이가 없다.

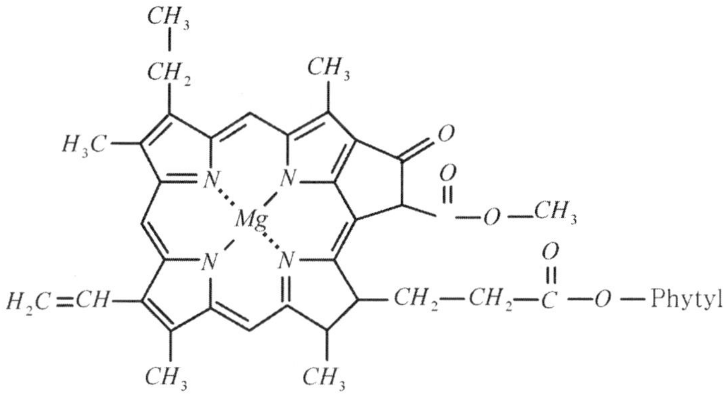

[그림 6.1] 엽록소(a 형태)의 구조

엽록소 분자가 빛을 흡수하게 되면 엽록소 분자의 전자가 보다 높은 에너지 준위로 올라가게 된다. 고립되어 있는 하나의 엽록소 분자의 경우라면 높은 에너지 준위로 올라갔던 전자는 그렇게 얻은 에너지를 열이나 형광(fluorescence)의 형태로 방출하면서 기저(ground) 상태로 되돌아온다. 그렇게 되면 광합성에서 요구되는 일을 할 수 없게 된다. 즉, 태양으로부터 오는 빛 에너지를 엽록소에서 포획한 다음 한 군데로 그러한 에너지를 모아서 필요한 역할을 해야 하는데 그렇지 못하다는 것을 의미한다.

실제로 엽록소 분자들은 서로 밀접하게 배치되어 있으므로 공명 에너지 전달(resonance energy transfer)이라는 메커니즘을 통하여 한 엽록소 분자에서 포획한 광에너지를 다른 엽록소 분자로 옮겨주게 된다. 일반적으로 녹색 식물의 경우, 이러한 에너지 공명 메커니즘에 의하여 에너지 전달이 잘 이루어지도록, 엽록소 분자들이 광계(photosystem)라고 불리는 기능적 단위(functional unit)로써 조밀하게 구성되어 있다. 엽록소 분자가 광자(photon)를 흡수함으로써 전자가 높은 에너지 준위로 여기되면 여기된 에너지를 인접한 분자에 넘겨주어 인접한 분자의 전자를 여기시키고 (에너지를 넘겨준 분자는) 원래의 기저 상태로 돌아가는 이러한 과정을 반복하는데 이렇게 한 엽록소 분자로부터 다른 엽록소 분자로 여기 상태가 이동하는 방식은 다음 [그림 6.2]에서와 같이 랜덤(random)하다.

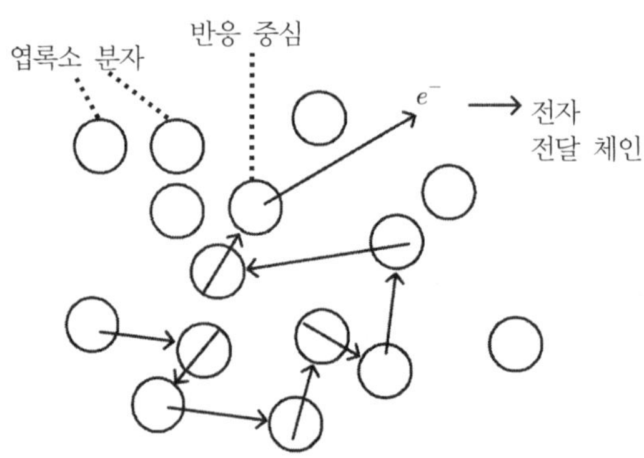

[그림 6.2] 빛 에너지(photon)를 포획하여 들뜬(높은 에너지 준위로 여기된) 엽록소 분자로부터 에너지가 공명 전달(resonance transfer) 방식에 의하여 반응 중심(center of reaction) 엽록소 분자로 전달되는 모습

빛 에너지를 포획하는 보통의 기능을 하는 많은 수의 엽록소 분자 중에 반응 중심에 해당되는 특별한 엽록소 분자(아마도 단백질과 관련된 한 쌍의 엽록소 분자가 배열된 형태를 갖는)가 있다. 반응 중심에 해당되는 엽록소 분자가, 이미 여기된 엽록소 분자들에 의하여 공명 전달 방식을 통하여 여기될 때에는 여기되는 전자의 에

너지 준위가 여기를 시켜주는 엽록소의 준위에 비하여 다소 작으므로 반응 중심 엽록소로부터, (반응 중심 엽록소를 공명 전달 방식에 의하여 여기 시켜주었던) 반응 중심 주위의 엽록소 분자로 공명 전달 방식에 의해 에너지 전달이 일어날 수 없다. 이러한 의미에서 반응 중심에서의 여기된 에너지를 효과적인 에너지 홀(hole)에 트랩(trap)되어 있다고 볼 수 있는데 이렇게 여기되어 트랩된 에너지를 지닌 전자는 적당한 산화 환원 포텐셜을 지닌 (전자를 받아들이려는) 억셉터(electron acceptor)로 이동하게 된다. 이렇게 전자를 이동하게 되는 과정이 광합성에서 일어나는 일련의 전자 전달(electron transport) 과정의 첫 단계에 해당된다.

따라서 광계라는 것은 엽록소가 빛 에너지를 흡수하고, 흡수된 빛 에너지를 반응 중심 엽록소로 보내주는 과정과 일련의 전자 전달 과정(electron transport chain)을 포함하고 있는 복합계를 의미한다. 특히 빛 에너지를 포획하여 반응 중심으로 여기 에너지를 공급해주는 엽록소 분자들을 안테나 엽록소(antenna chlorophyll)라 부른다. 광합성 분야의 이러한 과정은 전자 공학분야나 생명과학 분야(biotechnology)에 매우 중요한 응용 분야를 열어 줄 수 있을 것이다.

6.1 광합성의 안테나 전자 전달 성질의 응용

이미 앞에서 살펴 본 바와 같이 자연계의 광합성 과정에는 빛 에너지를 받고 난 후 전자 전달(electron transfer) 과정을 거쳐서 빛 에너지를 화학 에너지(chemical energy)로 변환한다. 우선적으로 엽록소 분자에서 흡수된 빛 에너지를 엽록소 분자의 전자의 에너지 준위를 높이고 이렇게 얻어진 에너지는 공명 전달(resonance transfer) 방식을 거쳐서 반응 중심(center of reaction)으로 옮겨진다. 그리고 나서 일련의 전자 전달 과정을 거쳐 화학 에너지로 변환된다. 이러한 개념들의 유용성은, 우리가 자연에서의 광합성 현상을 명확히 이해함으로써 인공적인 태양 에너지 변환소자(artificial solar energy conversion device) 개발에 도움이 되는 지식을 얻고자 함에 있다. 말할 필요도 없이 효율적인 기능을 갖는 태양 에너지 변환소자를 구현할 수 있다는 것은 태양 에너지를 보다 효과적으로 이용하는 능력에 큰 도움을 줄 것이다. 현재에 이르기까지 인공적인 태양 에너지 변환에 대한 연구는 자연에서의 광합성이 다양한 측면들을 인공적으로 재현해 보이는 데에 초점을 맞추어 왔다. 이러한 연구들을 통하여 인공적인 광합성계(artificial photosynthetic system)의 구현에 필요한 다양한 기능을 지닌 부품(또는 소자)들에 대한 이해가 이루어졌다. 따라서 현재로서 가장 도전할 만한 연구는 이러한 각 기능을 지니고 있는 부품(분자)들을, 어떠한 결합구조를 선택하여, 빛 에너지를 효율적으로 포집(또는 포획)하여 화학적 에너지로 변환할 수 있는가에 대한 명쾌한 답을 얻는 데 있다고 하겠다. 현재로서는 두 가지 접근 방법을 거론할 수 있다. 첫째, 다양한 기능을 갖는 각각의 부분적 역할을 하는 부품(분자)들을 어떠한 화학결합(chemical bond)을 이용하여 요구되는 성능을 지닌 초분자적인 복합체로서의 결합체를 구성해야 하는가에 목표를 두는 접근 방법과, 둘째, 필요한 부품(분자)들을 조합해서 구성하는 뼈대로서 중합체(polymer), 지올라이트(zeolite), 졸-겔 유리물질(sol-gel glasses), 지질막(lipid membrane)과 같은 다양한 지지물(support)을 사용하여 결합구조를 구성하는 접근 방법이 있다.

중합 유도체(derivatived polymer)는 다기능을 갖는 조립된 형태를 유연하고 단순하게 설계할 수 있으므로, 그러한 문제에 대한 훌륭한 접근방법이 될 수 있다.

지금까지 논의한 바와 같이, 자연의 광합성 현상에서 중요한 두 가지 기능, 즉 빛에너지의 포집(light-harvest)과 전자 전달 과정을 모두 결합한 기능을 갖는 조립된 형태를 한 분자 내에서 구현할 수 있는 구조에 대한 연구가 활발히 진행되어가고 있다. 이러한 분야의 연구로서 대표적인 예가 되는 덴드리머에 대하여 살펴보기로 한다.

6.2 덴드리머(dendrimer)

덴드리머라는 명칭은 희랍어의 '덴드롤'(수목)에서 유래된 단어로서 사슬(chain) 형태의 고분자가 아니라 '분기(가지)형태'를 갖는 고분자를 의미하는데 1980년대 중반에 미국의 토말리아(Tomalia)에 의해 소개되면서 활발한 연구가 진행되기 시작했다. 분기구조를 갖는 고분자에 관하여는 과거부터 비슷한 예가 알려져왔지만 덴드리머는 분자 1개가 수 nm(nanometer)의 크기를 갖고 있기 때문에, 기존의 사슬모양을 지닌 고분자와는 다른 새로운 기능이 기대되고 있다.

지금까지 다양한 종류의 덴드리머가 합성되었는데 그 중에서 프레체(Frechet)에 의해 합성된 폴리벤질 에테르형 덴드리머가 취급이 용이하여 널리 이용되고 있다. 최근에 광 기능이나 촉매 기능을 갖는 작용기로서 [그림 6.3]에 도시된 바와 같이 중심부에 포르피린(porphyrin)을 도입한 폴리벤질 에테르형 덴드리머가 분자 설계되어 연구되고 있다.

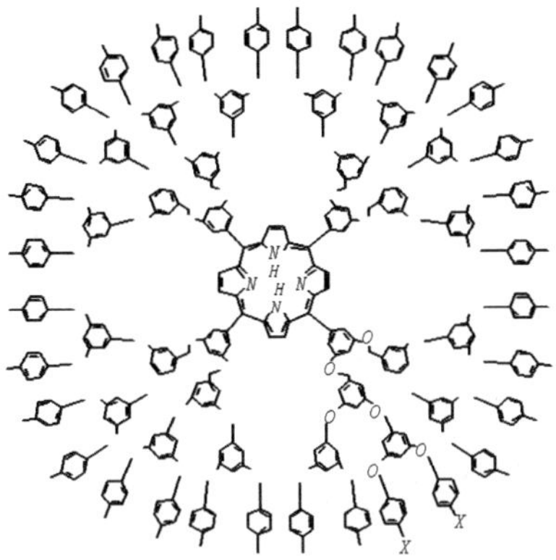

[그림 6.3] 덴드리머 – 포르피린의 구조

이러한 형태의 덴드리머는 지금 5nm 정도의 크기로 표면에 이온성 작용기를 도입하면 물에서도 용해가 가능하게 되는데 이는 일반적으로 원형 덴드리머의 용해성이 거의 분자 표면의 작용기에 의해 결정되기 때문이다. 특히 흥미로운 것은 포르피린이나 그와 유사한 화합물들은 암의 광 치료 분야에서 효과적이어서 생의학 재료로서 주목을 받고 있다는 사실인데 최근에 분자 설계된 수용성 덴드리머–포르피린도 그러한 치료효과를 나타낸다는 실험적 결과도 나온 바 있다.

전자전기 분야에서 커다란 관심을 끄는 것은 역시 광합성 과정에서 관찰되는 광포집 현상과 반응 중심으로의 에너지 전달 현상이다. 최근(1990년대 중반)에 그 구조가 밝혀진 홍색 광합성 세균의 광포집 기능을 담당하고 있는 안테나 부위의 모식 구조를 다음 [그림 6.4]에 나타내었다.

[그림 6.4]에서 볼 수 있듯이 엽록소 색소 분자들이 수레바퀴 상태로 나열되어 있는데 수레바퀴 부분에 빛(포톤) 에너지가 입사되면, 수레바퀴를 구성하고 있는 다수의 엽록소 분자 중의 하나가 빛을 흡수하여 높은 에너지 준위로 들뜨게 되고 이것은 바로 인접한 엽록소 분자에 그 높은 에너지를 건네준다. 이렇게 해서 높은 에너지는 수레바퀴를 구성하고 있는 엽록소 분자들에 차례차례 전파되고 [그림 6.4]에서와 같이 보다 큰(오른쪽) 수레바퀴 쪽으로 건네지는데, 보다 큰 형태의 수레바퀴 내부에는 반응중심으로 작용하는, 특별한 형태의 광합성 스페셜 페어(Special Pair: SP)

라 불리는 조직을 그 중심에 내포하고 있어서 보다 큰 수레바퀴 쪽으로 건네지는 에너지를 반응 중심으로 모으게 된다. 이렇게 모든 에너지들이 반응 중심으로 이동되어 모아지고 난 후에 전자의 이동들이 시작되는 것이다.

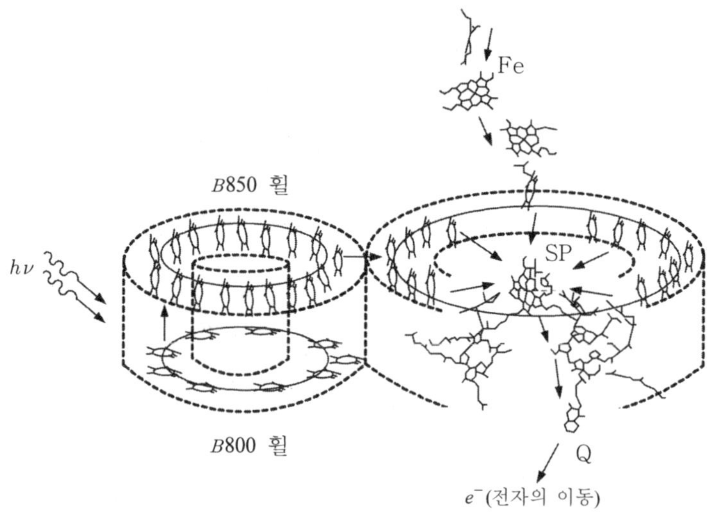

[그림 6.4] 최근에 밝혀진 홍색 광합성 세균의 광포집 안테나 부분의 모식도

중요한 것은 이런 복잡한 프로세스가 모두 효율 100%로 진행된다는 점에 있는데, 아마도 차륜 구조가 그 비밀을 쥐고 있다고 생각된다. 즉 들뜸 에너지는 엽록소 분자가 연속적으로 연결된 차륜 구조 속을 손실 없이 고속으로 전파될 수 있는 것으로 생각된다. 앞의 [그림 6.3]을 다시 한번 주목해보자. 덴드리머 부분에는 자외선을 포집할 수 있는 벤젠고리가 연속적으로 연결되어 있어서 광포집 안테나로서의 기능을 할 수 있기 때문에, 이러한 분자에 빛을 비추었을 때 어떤 특징이 나타날지가 커다란 연구 토픽이 된다. 이러한 덴드리머-포르피린은 덴드리머 조직 중의 벤젠 고리 부분이 280mm의 자외선을 흡수한다. 만일 흡수된 빛 에너지가 분자의 중심부에 전파되면 중심부의 포르피린이 들뜨게 되어 발광하게 되지만 들뜸 에너지의 이동이 일어나지 않으면 빛을 흡수한 덴드리머 자신만 발광할 뿐 중심부의 포르피린은 발광하지 않게 된다. 앞의 [그림 6.3]의 구성을 자세히 살펴보라. 중심부에 연결되는 외부 덴드리머 조직이 4개의 서브유니트(subunit)로 구성되어 중심부의 포르피린 주변에 조밀하게 패킹되어 있다. 이러한 덴드리머 조직에 빛이 입사되면 덴드리머를 구성하고 있는 많은 벤젠고리 중의 하나가 빛을 흡수하여 들뜨게 되면서 서브유니

트들이 협조적으로 기능하기 때문에 들뜸 에너지는 덴드리머 조직 전체에 빠른 속도로 퍼져나간다. 그러한 결과로서 중심에 있는 포르피린에 대해서 어디에서라도 에너지 이동이 가능한 상태가 만들어져 높은 에너지 이동 효율이 실현되는 것으로 추정된다. 바로 이러한 모습이 광합성에 있어서 엽록소들이 수레바퀴 구조로 구성되어 만들어내는 기능과 유사하다고 볼 수 있다. 이와 같이 공간 배치 형태가 특이한 덴드리머는 인공수목으로써 빛을 포집하고 특정 부위(여기에서는 중심부)에 들뜸 에너지를 모을 수 있게 된다. 이러한 기능들은 태양열 에너지 이용문제(에너지 공학 측면) 관련 분야 뿐만 아니라 인공 광합성 문제 관련 분야 모두에서 매우 중요한 연구 분야가 될 것이며 특히 전기전자 분야에서의 향후 연구 계획에 효과적으로 반영되어야 할 것이다.

덴드리머의 응용 분야가 인공 광합성이나 태양열 에너지 측면에서만 중요한 것이 아니다. 차세대 발광소자(LED: Light Emitting Device)의 개발 및 설계에 있어서도 중요하다. 앞에서 살펴 본 바와 같이 덴드리머는 빛을 모으는 안테나로써의 기능을 하면서도, 광포집 안테나 기능을 이용하여 청색 빛을 내도록 분자설계를 할 수도 있다. 이러한 청색 빛은 유기물로 만들어진 LED 중에서 푸르게 발광하는 예가 극히 한정되어 있기 때문에 중요하다.

덴드리머의 중심부에 포르피린 대신에 폴리페닐렌 에틸렌이라고 하는 푸르게 발광하는 컨쥬게이트 고분자를 도입하여 [그림 6.5]에 주어진 바와 같은 분자구조로써 양자 수율이 꽤 높은 발광체를 얻어낸 바도 있다. 실제로 이러한 분자에 빛을 입사하면 어떤 조건하에서는 거의 100%의 양자 수율로 발광한다는 결과도 보고된 바 있다. 또 하나 중요한 것은 덴드리머 부분의 광포집 안테나 기능을 이용할 수 있다는 점인데 특히 큰 덴드리머 조직을 갖는 화합물은 전등과 같은 희미한 빛 아래에서도 깨끗하고 푸르게 빛을 내며, 덴드리머 서브유니트가 포집한 들뜸 에너지가 거의 100% 발광소자 부분에 전파될 수 있다.

지금까지 논의하고 있는 덴드리머 분자 구조를 이용하면 자외선 뿐만 아니라 가시광선(visible light)을 포집하는 안테나 분자도 설계가 가능하다. 다시 말해서 가시광선을 흡수하는 포르피린 색소를 덴드리머의 내부 중심에 해당되는 공간(나노 공간이라고도 함)에, 여러 개를 특수한 공간 배치의 배열(array) 형태로 만들어서 넣어줌으로써 구현할 수 있는 형태인 멀티포르피린 어레이(multi-porphyrin array) 구조를 이용하면 된다. 이 경우도 배열의 공간형태에 의해 분자 내에서의 에너지 이동 효율이 크게 변화하게 된다.

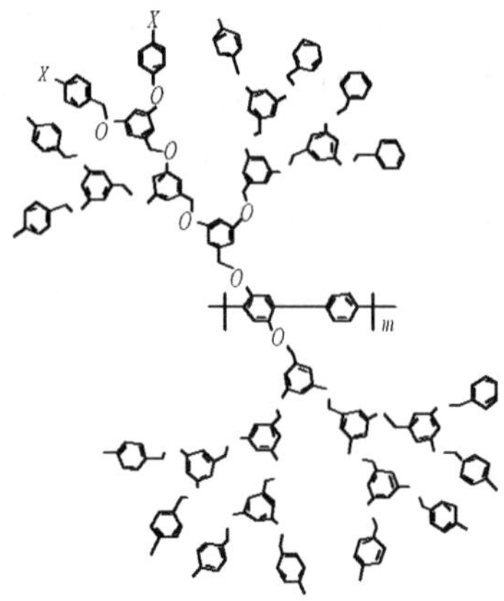

[그림 6.5] 막대모양의 청색 발광 덴드리머의 분자구조

최근에 무척추 동물의 산소 운반을 담당하는 비헴(non-heme) 금속 단백질을 모델로 하여 메탈로 덴드리머가 분자설계되었고, 이러한 메탈로 덴드리머가 갖는 산소분자의 포착기능에 대하여도 연구가 진행되고 있다. 최근 그 중의 하나로써, 덴드리머의 중심부에 1가 구리 이온을 갖는 덴드리머의 성질을 조사하던 중에 어떤 조건하에서 그 메탈로 덴드리머가 자기 조직화하여 마이크로미터 스케일의 거대한 수퍼코일(super coil)을 만드는 사실이 발견되기도 하였다. 바로 이러한 슈퍼 코일을 갖는 구조가 덴드리머 조직을 자외선으로 들뜨게 할 경우, 광포집 안테나 기능에 의해 오렌지 색깔로의 발광이 가능하게 된다고 한다.

덴드리머는 그 중심부의 빈 공간에, 요구되는 성능에 따라 다양한 작용기(화합물)를 도입할 수 있으므로 나노스케일의 용기로 간주할 수 있다. 또한 덴드리머 구조의 중심부에 있는 공간(다양한 작용기가 도입되는)을 둘러싸고 있는 외부의 분자 층이 닫혀 있는 경우(즉 폐곡면을 구성하는 경우), 덴드리머 부분을 빛으로 입사해서 들뜨게 하면, 그 들뜸 에너지가, 덴드리머 외부의 분자층이 폐곡면을 구성하지 않고 열려 있는 경우와는 전혀 다른 형태로 전달될 수 있다는 사실이 밝혀지기도 하였다. 결국 이러한 방향의 연구를 거듭해나감으로써 지금까지 없었던 독특한 광화학반응을 실현할 수 있을 것으로 예측되며 동시에 대체 에너지로서의 태양열 에너지 문제와 인공 광합성 문제 분야에 큰 발전(breakthrough)이 이루어질 것으로 기대된다. 따라서 앞으로는 전자전기 분야와 물리학 그리고 화학은 물론 생명공학이나 나노소재 분야간에 학제간 공동 연구(interdisciplinary cowork)가 주가 될 것이다. 물론 덴드리머와 같은 화학 구조를 갖는 물질들이 차세대의 물질 과학을 선도하게 될 것이라는 예측도 다시 한번 강조할 만하다.

우리가 보통 IT(Information Technology)라고 부르는 정보통신 분야에는 전자전기 컴퓨터 영역과 같은 공학 분야와 물리학, 화학, 생물학 중의 자연과학 분야가 포함되어 있다. 여기에서의 공학적인 요소라는 것은 다음과 같이 요약될 수 있다. 즉 전자전기공학에서도 두 가지 요소로서 대별되는 경제재를 다루고 있는데 에너지와 엔트로피가 그 두 요소에 해당된다. 필요한 에너지를 만들어내어 필요한 곳으로 송전하는 역할이거나 필요한 신호(또는 정보)를 만들어내어 필요한 곳으로 역할을 해낼 수 있도록 상황을 만들어내는 미션(mission)이 가장 중요하기 때문에, 신호 또는 정보 물리적인 개념으로 엔트로피라는 단어를 써서 표현하면 결국 IT 관련 공학의 두 가지 화두는 에너지와 엔트로피가 된다.

IT에 관련된 기초과학 즉 물리학, 화학, 생물학과 같은 자연 과학은 이전에는 자연 철학이라는 이름으로 구분 없이 불리웠다. 학문 발전에 의해 자연 철학이 해체되어 다양한 학문들로 분화되어 갔지만 이제 다시 통합되어야 할 것이다. 그 동안의 분리되어 운영되어 왔던 "전공"이라는 학문적 제도(制度)는 점진적으로 약화될 것이다. 따라서 최근의 전통적인 학문의 분류에 따른 무슨 학부, 학과라고 하는 "영역의 테두리"는 희석되면서, 우리가 무슨 학부 또는 어느 학과로 나아가든지간에 학문자체는 점진적으로 하나의 학문인 "자연철학"을 향하여 변모되어가는 경향이 현저해질 것이다. 결국 우리에게 중요한 것은 무슨 학부 또는 학과에 들어가서 소속되는 것이 아니라 무엇을 어떻게 배울 것인가? 또는 자연을 어떻게 이해할 것인가? 또는 자연을 어떻게 이해하고 무엇을 위한 공학을 할 것인가에 달려 있는 것이다.

한번 생각해보자. 국가 경제가 힘들 것이라는 예상과 함께 다음 세대의 주요 사업 분야로 IT를 포함하는 BT와 NT의 중요성이 부각되어왔다. 두말할 필요 없이 현재의 정보통신시대는 인간의 통신에 대한 다양한 형태의 수요 때문에 언제, 어디서나 어떤 누구와라도 통신이 가능한 유비쿼터스(Ubiquitous) 통신시대로 안착해갈 것이다.

통신은 먼저 유선통신으로부터 시작되었다. 1840년대 모르스의 전신이 사용되어 1860년대 대서양 횡단 케이블이 가설되기 직전 유선통신용 전선, 즉 동축 전송선(transmission-line)에 대한 연구가 톰슨(Thomson)에 의하여 이루어진다. 그러나 1870년대 전화의 발명에 힘입어 유선통신 분야는 더욱 발전하게 된다. 그리고 1903년 마르코니의 역사적인 대서양 횡단 무선통신 실험이 성공하면서 무선통신 분야의 획기적인 발전이 이루어지게 된 것이다. 유선 및 통신 분야의 발전은 통신 분야에서 필요한 소자들이 coherer(무선통신 초창기의 원시적인 형태의 검파기)에서 진공관으로, 다시 진공관에서 반도체 소자 기술로 옮겨가는 발전 과정과 궤적을 같이 했다. 더구나 최근에는 반도체 소자 기술에서 분자 레벨의 소자 기술로 향하여 발전하고 있다.

앞서 언급한 바와 같이 전송선에 대한 연구는 1860년대부터 시작되었는데 이러한 전송선이야 말로 바로 모든 생명체의 신경계를 구성하고 있는 뉴런과 물리적으로 동일한 신호전달체계인 것이다. 전송선에서 송수신되는 신호는 음성이나 데이터인 것에 비하여 뉴런의 경우에는 생명체의 감각기관에 의하여 전기적인 에너지로 바뀐 신호를 다루고 있는 것뿐이다. 실제로 1952년 호지킨과 헉슬리는 뉴런에 전송선 이론을 도입하여 노벨상을 받았는데 이는 그만큼 BT와 IT가 근접해 있다는 것을 보여주는 일례가 된다.

또한 바르코니(Marconi) 이후로 지금까지 연구되어온 복사소자(antenna)의 경우, 각 선진국에서 휴대폰이나 삐삐와 그 외 군용 단말기용이 소형 안테나 개발에 많은 노력을 기울여 오고 있다. 생각해보라! 나뭇잎의 엽록소를.. 나뭇잎의 엽록소는 태양광(전자기파의 일종인)을 효율적으로 포획하여 반응 중심으로 보내어 광합성 에너지로 사용한다. 그렇다면 엽록소 분자야말로, 소형의 효율적인 안테나 또는 수신 시스템이 아니겠는가?

즉 뉴런이나 엽록소 자체가 바로 IT에서의 전송선이나 안테나(또는 센서)에 해당되는 것이다. 이렇게 보면 위대한 과학기술은 자연으로부터 배워야 하지 않을까? IT 분야에서 초소형화 기술이 점차 발전하게 되면 궁극의 과학기술은 BT와 NT와의 자연스러운 만남으로 귀결되지 않겠는가? 불원간 모든 기술이나 공학 분야가 재결합이 되어 종합된 기술들만이 살아남을 것이며 그러한 연구 경향은 가속화될 것이다. 자연으로 돌아가자. 그리고 전공 영역의 편협에서 벗어나자.

07 반도체 분야의 기술 발전 동향

1945년 미국 벨 전화 연구소의 W. H. 브래튼, J. 바딘 및 W. 쇼클리는 반도체 격자 구조의 시편(試片)에 매우 가는 도체선을 접촉시켜 만든 구조(아래 [그림 7.1] 참조)에서 전기 신호가 증폭되는 작용을 발견하여 이를 트랜지스터(transistor)라고 명명하였다. 이것이 그 동안 신호 증폭의 구실을 해오던 진공관(vacuum tube)과 대치되는 트랜지스터의 시초가 된 것이다. 트랜지스터 자체가 소형이어서 이를 사용하는 기기의 크기는 진공관을 사용할 때에 비하여 작고, 가볍고 소비전력이 적어 편리하다. 초기에는 잡음(noise) 주파수 특성이 나쁘고, 증폭도도 충분하지 못하였으나, 그 후 많이 개량되어 매우 큰 대전력을 다룰 수 있는 특수한 경우 등을 제외하고는 진공관을 대치하여 왔다.

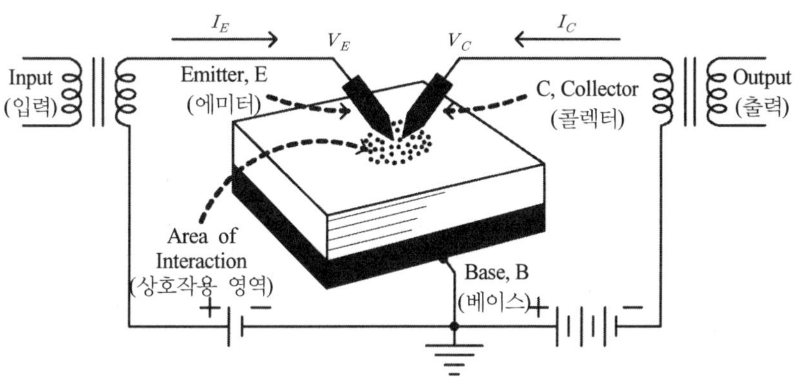

(a) Transistor 구조

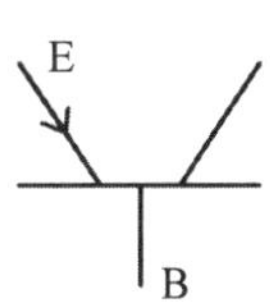

(b) Symbol for n-type

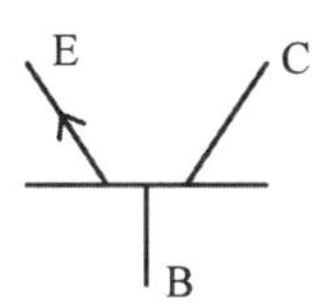

(c) Symbol for p-type

[그림 7.1] 트랜지스터의 Schematic Diagram

[그림 7.1]은 트랜지스터가 증폭작용을 할 수 있도록 바이어스를 가해준 상황을 보여주고 있다. 두 접촉점(즉 에미터와 베이스간, 그리고 콜렉터와 베이스간)은 각각 정류(rectifying)기능을 할 수 있는 점에 해당된다. 또한 증폭작용을 할 수 있는 조건은 입력단 즉 에미터가 베이스에 대하여 순방향이며, 출력단 즉 콜렉터 측은 역방향

으로 바이어스가 가해진 경우에 해당된다.

바딘(Bardeen)과 브래튼(Brattain)에 의하여 발견된 소중한 결과는 입력단 즉 에미터 단에서 순방향의 전류가 흐르도록 바이어스가 가해졌을 때, 에미터 단이 출력단(콜렉터 측)과의 상호작용 영역(an area of interaction)으로 둘러싸여 포함된다는 것이다. 이러한 결과로서 출력단(즉 콜렉터 측)이 이 영역에 위치하게 되면 입력단(즉 에미터 측)으로부터의 전류가 출력측(즉 콜렉터 측) 전류를 제어하게 되어 전력이득(power gain)이 초래된다는 것이다. 상호작용 영역에 대한 정확한 정의는 아직 이루어지지는 않았지만 전력 이득은 대략 100배 정도에 달하였다. 여기에서 트랜지스터의 증폭작용은 pnp형([그림 7.1 (b)])의 경우, 에미터에서 베이스(n-type)쪽으로 홀을 방출하게(n−type에는 매우 소량의 홀만이 있기 때문에 전도도에 대한 기여는 무시할 만하다.)되고 콜렉터 측의 역바이어스에 대하여 출력단(콜렉터 측)으로 끌려가면서 증폭이 일어난다고 설명하였다. 지금 생각하고 있는 pnp형태의 경우(요즘 잘 알려진 pnp 형태를 지닌 트랜지스터 구조에 대하여 생각해보면) 왼쪽 입력단자와 연결된 p층에서 양공(陽孔, hole : 격자 질서상 있어야 할 곳에 전자가 없는 상태, 정공이라고도 함)을 중간층(베이스 층)에 방출하는데, 이 방출기능으로 인해서 왼쪽 부분의 이름이 에미터이며, 중간층 베이스를 통과하여 가장 오른쪽 p형 부분에서 양공들이 수집되기 때문에 가장 오른쪽 부분을 콜렉터라고 한다. npn형 트랜지스터의 경우는 에미터로부터 콜렉터로 가는 것이 양공이 아니고 전자가 되어 콜렉터에 양전위를 인가하여야 한다(pnp의 경우는 음전위). pnp형 반도체의 조합은 서로 마주보고 있는 다이오드의 조합과 등가(等價)이다.

이러한 조합에 에미터−베이스간에는 순방향, 베이스−콜렉터간에는 역방향의 전압이 걸리도록 전지를 결선해준다. 에미터−베이스간은 순방향이기 때문에 전기의 주된 운반체(carrier)인 양공이 에미터에서 베이스에 흘러들어가게 된다. 만일 베이스의 두께가 충분히 얇아 전자와의 재결합이 되지 않는 양공이 대부분이라면, 에미터에서의 전류는 콜렉터의 전류와 거의 같아지는데, 이때 콜렉터에는 수~수십 V가 걸려 있기 때문에 쉽게 출력단(콜렉터 단자)으로 끌려가게 된다. 베이스 층에서 전자와 결합된(극히 일부의) 양공이 베이스 전류로 흐르게 되므로 작은 베이스 전류로 큰 콜렉터 전류를 제어할 수가 있다. 베이스에서 재결합이 되는 양공에 해당되는 전류와 콜렉터에 제대로 도달하는 양공전류와의 비(比)를 그 트랜지스터의 전류 증폭도라고 말하는데, 보통 제품에 있어서는 10~200이다. 콜렉터 측에 적당한 부하저항을 결선하면 30~200의 전압 증폭도를 얻을 수 있다. 트랜지스터는 증폭작용 외에도 변조·복조·발진 등의 기능을 수행할 수 있으며, 클립·슬라이스 등의 파형정형(波形整形)이나 스위칭은 진공관보다 더 성능이 좋다.

이러한 트랜지스터들은 접합(junction)구조를 지니고 있으므로 접합 트랜지스터 또는 쌍극성 트랜지스터(bipolar transistor)라고 부른다. 이러한 형태와 동작원리가 전혀 다른 전계 효과 트랜지스터(FET: Field Effect Transistor)라고 하는 것이 있다. 이는 접합 트랜지스터의 동작원리와는 달리 반도체 결정 내를 흐르는 홀(양공)이나 전자와 같은 전하 운반체(charge carrier)의 통로를 반도체 결정 외부에 형성시킨 특수 전극(gate)에 인가시킨 입력 신호 전압에 의하여 제어하게 하여 증폭작용을 갖도록 한 트랜지스터이다.

보통 우리가 고체 소자(solid-state device)라고 하면, 트랜지스터나 다이오드를 의미한다. 초고주파 대역의 예를 들어 고체 소자로서 전계 효과 트랜지스터가 중요성을 띠기 시작한 것은 1973년 갈륨 아스나이드 전계 효과 트랜지스터(gallium arsenide field effect transistor)가 나오면서부터 였다.

한편 IC(Integrated Circuit, 집적회로)는 1959년 2월경 Texas Instrument의 잭 킬비(Jack Kilby)에 의하여 고안되었으며, 이와는 별도로 1959년 7월 평면형의 IC가 Fairchild의 로버트(Robert Noyce)에 의하여 제안되었다. 그리고 이후로 이 분야의 발전은 급속도로 이루어지게 된다.

하나의 집적회로 칩에 들어갈 수 있는 소자(트랜지스터와 같은)의 숫자는 대략 18개월마다 2배로 증가할 정도의 속도로 그 집적도에 있어서 엄청난 발전을 거듭하였다. 여기에서 18개월마다 집적도에 있어서 대략 두 배씩 증가한다는 관찰은 인텔(Intel corporation)의 고든 무어(Gordon Moore)에 의하여 이루어졌는데 그의 이름을 따라 무어의 법칙(Moore's law)으로 알려져 있다.

이러한 집적도 관점에서 발전 속도에 따라 SSI(Small Scale Integration: 칩당 소자수가 $1\sim10^2$개 정도인)로부터 MSI(Medium Scale Integration: 칩당 소자수가 $10^2\sim10^3$개 정도인), LSI(Large Scale Integration: 칩당 소자수가 $10^3\sim10^5$개 정도인), VLSI(Very Large Scale Integration: 칩당 소자수가 $10^5\sim10^6$개 정도인) 단계를 거쳐 현재 ULSI(Ultra Large Scale Integration: 칩당 소자수가 $10^6\sim10^9$개 정도인) 단계에 와있으며 현재 10^9 이상의 집적도를 갖는 Giga Scale Integration 단계의 제품들도 나오고 있으며 계속해서 보편화될 전망이다.

현재까지 반도체 산업(semiconductor industry)의 견인차 역할을 해온 것은 DRAM(dynamic random access memory)과 마이크로프로세서였다. 특히 이러한 디지털 분야의 IC는 실리콘(Si)을 사용한 CMOS(Complementary Metal Oxide Semiconductor) 전계효과 트랜지스터(field effect transistor)를 주축으로 발전해왔다.

최근의 휴대폰을 중심으로 한 무선통신시대가 꽃을 피우면서 저전력이면서 보다 높은 고주파 영역에서 작동하는 소자들에 대한 요구에 따라, HEMT(High-Electron Mobility Transistor)와 HBT(Heterostructure Bipolar Transistors)와 같은 소자들이 꾸준히 연구되어오고 있다. 여기에서 HEMT나 HBT는 고주파용 트랜지스터로서 Heterostructure를 채택한 구조를 의미하는데, Heterostructure란, 예를 들어, 에미터 소재의 밴드갭 에너지를 베이스 소재의 밴드갭 에너지보다 큰 소재를 선택 사용하여 에미터에서 베이스 쪽으로의 주입효과(injection efficiency)를 증가시켜 줌으로써 트랜지스터의 이득을 증가시키거나 또는 전하 캐리어의 이동도를 증가시키게끔 만들어준 구조를 의미한다. 현재 HBT의 경우 휴대폰의 전력 증폭기 용도로 널리 쓰이고 있으나 대부분 미국으로부터 수입하고 있는 실정이다.

21세기부터는 본격적인 정보시대로 들어섰다고 해도 과언이 아니다. 모든 정보는 근본적으로 일련의 비트의 형태로 주어진다는 샤논(Shannon)의 인식 이래 비트 형태로 정보를 효율적으로 주고 받는 통신 인프라(infrastructure)가 급속도로 발전되어 구축되어 왔으며 이러한 추세는 더욱 가속화될 것이다.

이미 살펴 본 바와 같이 반도체 산업은 실리콘 집적회로 기술과 CMOS에 치중해 온 것이 사실이다. 그러나 통신 산업의 폭발적인 성장은 반도체 산업의 다른 분야, 즉 화합물 반도체(compound semiconductor) 분야의 발전을 촉발시켰다. 한 예로, 2000년도에 반도체 시장의 매출 규모가 200조 달러를 넘어선 상황에서 오직 15조 달러 정도만이 화합물 반도체 관련 품목에 의한 것이었는 데도 불구하고, 실제로 화합물 반도체 관련 시장 규모의 증가 추세는 엄청난 것이었다. 1990년대 초에서 2000년이 될 때까지 시장 규모가 4배를 넘어섰다는 사실이 그러한 증가 추세를 잘 말해주고 있다. 이러한 화합물 반도체 분야의 급성장은 무선통신이나 광통신 시스템의 폭발적 수요에 힘입은 바가 크다. 이러한 모든 정황으로부터, 통신산업의 급성장으로 인하여 화합물 반도체 분야의 매출 신장세는 실리콘 관련 반도체 분야의 매출 신장세에 비하여 급속도로 성장하고 있음을 알 수 있다.

광통신 시스템에서 사용되는 가장 중요한 화합물 반도체 소자는 광전자 소자들인데 특히 레이저 광원과 광탐지 소자(photo−detector)가 그 예가 된다. 반도체 레이저는 전적으로 화합물 반도체로 만들어지는데, 이는 이러한 화합물 반도체 물질들이 레이저의 동작을 할 수 있는 적절한 직접천이 갭(direct bandgap) 구조를 지니고 있기 때문이다. 이와 대조적으로 실리콘의 간접천이 갭(indirect bandgap) 구조는 레이저의 동작을 할 수가 없다. 또한 화합물 반도체의 구조는, 적어도 밴드갭 근처의 파장을 갖는 빛 에너지를 수신하고자 할 때, 보다 효과적인 광탐지 소자를 만드는 데 적합하다.

이러한 이유로, 광전자 산업에서는 주로 화합물 반도체를 사용하고 있다. 따라서 현재 상태로는 광 전자 소자의 시장 규모는 CMOS의 시장 규모에 비하여 작기는 하지만, 매우 중요한 반도체 산업 분야 중 하나임에는 틀림없다.

화합물 반도체 산업은 초고주파 대역과 밀리미터파 대역 시스템에 대한 군용 전자분야에서의 수요에 의하여 발전되었는데, 레이더나 위성통신을 포함하는 군용 분야의 경우, 성능(performance)자체가 가격보다는 훨씬 중요시되었다. 그러나 초고주파 대역의 상용 전자공학의 출현과 함께, 가격 측면이 중요하게 된 것이다. 헤테로 접합(heterojuction)을 효율적으로 만드는 공정기술이 발전되어, 부분적이기는 하지만 상용 제품생산에도 적용 가능하게 되었다. 예를 들어, 원래 물리적인 실험이나 새로운 물질을 만들어내려는 목적으로 하는 실험실 장비로 사용되었던 MBE(Molecular Beam Epitaxy)나 MOCVD(Metal-Organic Chemical Vapor Deposition) 기술이 현재 헤테로 접합을 사용하는 상용 광학소자나 전자공학 소자를 만드는 데 사용되어오고 있다.

[그림 7.2]에 도시되어 있는 일반 무선장비의 전단부(front end of a radio)는 군용과 상용 분야에서 사용되고 있는 대표적인 회로부를 보여주고 있는데, 군용 분야에서의 소자 엔지니어링은 주로 주파수에 대한 (요구되는) 성능의 한계를 극복해오는 과정을 밟아왔다.

또한 전력 증폭기와 저잡음 수신기에서 요구되는 성능들은 갈륨 아스나이드(GaAs)의 장점을 부각시켜주었다. C밴드에서 W밴드에 이르는 주파수 대역에서, 주파수 함수로서의 출력과 잡음 특성은, 새로운 헤테로 접합의 설계와 개발 과정을 통하여 현저하게 발전되었고, 요즈음에는 이렇게 만들어진 소자들이 상용 분야에 적용되기 시작하였다.

전반적으로 전력 증폭기는 무선 시스템의 RF 전단부(RF front end)의 중요한 부분인데, 이미 언급한 바와 같이, 전력 증폭기는 휴대용 단말기(handsets)나 기지국(base station)에서 널리 쓰이고 있다. 전력 증폭기 소자 성능에 중요한 영향을 미치는 요인들은 말할 것도 없이, 가격과 소비자 관점에서의 편이성과 경제성 및 국제 표준이

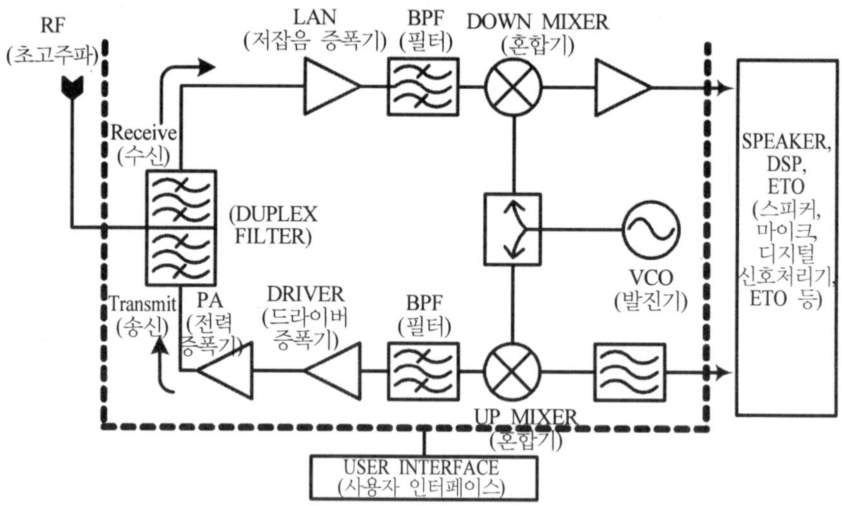

[그림 7.2] 무선통신 기기의 전단부(front end)

될 것이다. 가격은 분명, 상용 시스템에서 중요한 제약을 준다. 또한 소비자가 이용하는 측면에서 보면 제품은 휴대하기에 작고 가벼워야 하며, 한번 충전하면 되도록 오랜 시간을 사용할 수 있어야 한다. 국제적인 규격(International Standard) 또한 제품의 성능에 영향을 주기도 한다.

2001년부터 서비스를 시작한 3세대 무선통신 시스템인 IMT(International Mobile Telecommunication) 2000은 전세계적인 이동통신의 규격으로서 2Mbps의 데이터 송신 기능을 요구하고 있다. 이러한 고속의 데이터 전송률을 만족하기 위해서는, 전력 증폭기가 반드시 2GHz 정도에서 작동되어야 한다.

실리콘 트랜지스터도 이러한 주파수 대역에서 경쟁력은 있지만, 갈륨 아스나이드(GaAs)와 특히 헤테로 접합 방식을 채택한 트랜지스터가 일반적으로, 잡음면에서도 저잡음이며 선형성(linearity)측면에서도 보다 우수한 특성을 지닌다.

4세대 무선통신 시스템에서의 주된 문제는 전파손실(propagation loss)과 암영효과(shadowing) 및 다중경로 페이딩(multi-path fading)에 의한 통신성능의 열화를 극복하는 일이었다. 전파손실은 전파가 진행해가면서 겪는 반사나 산란(scattering)에 의하여 초래되는데 자유공간이나 도심지역 및 농촌지역에 따라 다르다. 그리고 움직이고 있는 수신자가 휴대한 수신기와 기지국간을 순간적으로 가로막을 수 있는 자동차나 건물에 의하여 직진전파가 방해를 받을 때는 암영효과를 피할 수 없다. 그리고 다중 경로 페이딩은 신호가 여러 경로를 지나온 후에 수신기에서 잡힐 때, 서로 다른 경로를 지나온 신호들간의 위상차에 의하여 나타나는데, 이 때문에 신호왜곡(signal distortion)이 생겨서 결국 BER(bit error rate, 비트 에러율)이 증가될 수가 있다. 이러한 다중 경로 페이딩을 극복해낼 수 있는 가장 뛰어난 해결책으로는 OFDM(Orthogonal Frequency Division Multiplexing)과 CDMA(Code Division Multiple Access)가 대표적이다.

OFDM 방식은 한 채널에 하나의 반송파(carrier)를 사용하는 대신, 여러 개의 반송파(multicarrier)를 사용하는 방식을 채택하기 때문에, 원래의 신호가 여러 개의 좁은 대역폭으로 나누어져, 서로 다른 주파수를 갖는 반송파에 의하여 보내어진다. 이와는 달리 CDMA는 주파수 다이버시티(frequency diversity)를 얻기 위하여 대역 확산(spread spectrum) 방식을 사용한다. 이러한 시스템들에서 사용되는 전력 증폭기의 동작 요건 중에서 가장 중요한 것 중 하나가 바로 선형성이다. 전력 증폭기의 출력에 비선형성이 있게 되면 신호 채널에서의 전력의 일부가 인접 채널로 누설되기 때문에, 선형성이 중요시되는 것이다.

집적회로를 RF용 모듈로 패키징할 때에도 (시스템의 관점에서) 또 다른 제약을 받게 된다. 보통 전단부 부품(frond-end component)의 경우, Si 회로와 GaAs 회로의 혼합된 형태가 사용된다. 말할 것도 없이 단일 물질로 회로를 구성하면 보다 경량이고 집적도가 높은 회로나 시스템을 구현할 수 있지만, 각 물질에 따른 소자기술마다 장단점을 지니고 있기 때문에 설계시 이러한 점도 특히 고려하여야 한다. 예를 들어 SiGe 기술은 Si 기술에 비하여 헤테로 접합 설계에 유리한 장점이 있으나 RF 대역에서 전도성의 Si 기판이 지니는 한계를 효과적으로 처리할 수는 없다. 전도도를 갖는 기판의 경우, 주파수가 높아짐에 따라 신호 손실을 무시할 수 없기 때문에 Si(실리콘)를 마이크로웨이브 모놀리식 집적 회로(MMIC: Monolithic Microwave Integrated Circuit)용으로 사용하는 데는 제약이 따른다. 따라서 이러한 경우의 해법으로는 서로 다른 물질과 소자로 구성되는 집적회로 형태를 생각해볼 수 있다. 예를 들면 HEMT와 HBT가 공간적으로 다른 영역에 에피텍시 공정으로 집적된 형태를 띨 수 있다. 또 다른 형태로는 웨이퍼 본딩을 이용한 집적 형태가 되거나 소자나 회로 일부를 선택적으로 배치하는 집적회로 형태(device/circuit pick-and place integration)가 되기도 한다.

앞으로 몇 년 동안에도 통신산업의 원동력은 보다 효율적으로 빠르고 정확한 디지털 정보 전송기술에 대한 확대 일로의 수요에 있다. 잘 알려진 바와 같이 모든 정보는 이진수 형태로 표현되는 디지털 형태로써 통신 시스템을 거쳐 전송된다. 디지털 정보의 다양한 포맷(format) 중에는 음성, 음악이나 라디오와 같은 오디오, 사진이나 TV 영상이나 영화 또는 신문과 같은 비디오 신호와 컴퓨터 정보가 있다. 이러한 모든 포맷의 정보들이 인터넷이나 무선통신 또는 광통신 전화망을 통하여 전송되고 있다. 이러한 결과로서 통신이나 컴퓨터 데이터 통신이 혼합되어가고 있다. 이러한 상황에서 맞이하게 되는 주된 논점 중의 하나는, 어떤 조건하에서 광통신과 무선통신 시스템이 가장 낮은 BER을 지닌채로 가장 빠른 통신이 가능할까라는 문제가 된다. Feature size(반도체 공정시 minimum pattern size)가 고속 소자 성능을 좌지우지하는 가장 중요한 변수 중 하나가 된다. 또한 보다 신속한 검색(retrieval), 전송과 처리(processing)를 위한 광대한 양의 데이터 스토리지는 매우 작은 기억 소자들을 필요로 하고 있다. 디지털이나 아날로그 관련 전자공학 기술의 모든 영역에서, 소형화는 기억소자 상용면이나 신호처리 응용면에서 보다 신속한 소자의 동작이나 고집적도를 가능하게 한다. 따라서 끊임없는 소형화 추세가 지속되는 것이다.

이러한 소형화 추세는 소자의 동작원리나 성능이 양자 역학의 영역에 놓이도록 하고 있다. 이러한 영역에서는 소자에 관련된 물리학들이 주로 양자 역학적 효과에 의하여 지배를 받게 된다. 이러한 양자 소자(quantum device)는 소자에서 다루는 전하량이 전자의 정수 배로서 표현되는, 즉 양자화된 전하량에 해당되는 경우이거나 또는 소자의 물리적인 길이가 전자의 드브로이 물질 파장과 비교할만하거나 작은 길이를 지니는 소자로 정의된다. 대략적으로 반도체에 있어서 드브로이 물질 파장은 100보다 작으며, 일반적으로 게이트 길이나 우물(well)의 폭과 같은 길이가 100 이하인 소자들은 양자 효과를 보이게 된다. 따라서 무어의 법칙이 계속 타당하다고 가정하더라도(실제로는 더 빨리 발전할 것으로 예측되지만) 불원간 양자 소자의 시대가 올 것이라는 예측이 가능하다.

고밀도의 메모리 칩은 매우 작은 half-pitch(반도체 공정시 minimum pattern size의 반과 그러한 pattern size간 거리의 반을 합한 값)을 요하는데 이 내부에서는 하나의 비트(bit)를 저장하는 데 불과 몇 개의 전자들이 사용될 것이다. 단일 전자가 하나의 비트를 나타내는 소자인 단일 전자 트랜지스터(single-electron transistor)는 이미 만들어져 있는 상태이다. 이러한 단일 전자 트랜지스터로 구성되어 있는 메모리 칩은, 생각하건데 엄청난 양의 디지털 정보를 저장할 수 있는 고밀도의 RAM(Random Access Memory)의 구현을 가능하게 할 것이다. 물론 양자 소자(quantum device)는 반드시 반도체로 만들어질 필요가 없다. 지금까지 시도되어온 비반도체 분야의 새로운 전자 소자들은 분자들을 사용하여 분자 규모로서 만들어져 왔으며, 이러한 이유로 분자 전자공학(moletronics)이라는 새로운 분야를 열어가고 있다. 소자 개발을 위한 분자 구조의 장점은 분자 구조들은 자연적으로 삼차원 구조를 이루게 되기 때문에 엄청난 고밀도의 소자 밀도를 가능하게 한다는 것이다. 게다가 대부분의 분자들은 스스로 복제되기 때문에 (우리가 원하는) 컴퓨터 구조가 스스로 만들어질 수 있다는 흥미로운 가능성도 생각할 수가 있다.

지금까지의 논의에 입각해서 살펴보면, 지금까지의 CMOS가 주를 이루고 발전해 온 집적회로는 점차 진화 또는 혁명적인 발전을 통하여 양자 소자 형태로 변모해 갈 수 있음을 예측할 수가 있다. 이러한 양자 소자 분야 기술로는 양자점 셀룰러 오토마타(quantum dot cellular automata), 단일 전자 트랜지스터(single-electron transistors), 분자 전자공학(moletronics) 및 내결함(耐缺陷) 계산 구조(defect-tolerant computing) 등이 거론되며 시도되고 있다.

08 소형화의 한계와 가능성

소형화(miniaturization)라는 주제는 미세 기술의 발전과 보급을 위해서 가장 중요한 요소 중 하나이다. 전술한 바와 같이 소형화는 현재 자료처리(data processing)나 통신(communication) 및 일반 민생용 전자공학 분야(consumer electronics)에서 주로 이루어지고 있다. 그러니까 미세 기술이라 함은 주로 미세 전자공학(microelectronics)을 의미한다. 한편 미세 기계공학(micromechanics)은 어느 정도의 나름대로의 활기는 띄고 있지만 미세 전자공학 분야의 지대한 관심에는 덜 미친다. 과학적인 측면이나 기술적인 측면 모두에서 그러하다. 그렇지만 전망은 밝다. 기계 공학 특히 나노 기계공학(nano-mechanics)은 궁극적으로는 나노 전자공학(nanoelectronics)과 조화롭게 결합될테니까 말이다.

소형화는 자연스럽게 미세기술을 훌쩍 뛰어 넘어 나노미터 스케일의 과학과 기술 영역, 즉 나노미터의 세계로 나아갈 것이다. 끊임없이 계속되는 소형화에 대한 인간의 염원에 의한 동기(motive)는 참으로 다양하다. 먼저 과학 분야에서는 융해(melting)나 부식작용(corrosion) 같은 물리적 과정에 대하여 더 많이 알고, 격자간 길이의 수 배 내지 수십 배되는 특성길이(characteristic)나 이완시간(relaxation time)과 같은 특성시간(characteristic time)보다 작은 영역에서의 현상이나 효과 등을 연구하기 위해, 또는 보다 세밀한 입자로 구성된 혼합물질의 성질을 원자단위 스케일에서 분석하고 이해하기 위해서, 그리고 기술 분야에서는 초(또는 극)미세전자공학 분야의 부품(component)을 보다 작고, 빠르고, 값싸게 제조하고 또한 보다 소형화된 센서(sensor), 기기 및 장비에 대한 가능성을 확인하기 위해서 … 등의 동기가 참으로 다양하다.

1980년대 중반만해도 나노과학(nanoscience)이니, 나노기술(nanotechnology)이니 하는 말은 그리 널리 사용되는 단어가 아니었다. 하지만 이미 그 당시에도 이미 소형화라는 추세가 마이크로미터 스케일(요즘의 미세전자공학이나 미세기계공학의 물리적 스케일의 척도로서)에서 머물지는 않을 것이라는 사실이 예언되고 있었다. 그 당시(1980년대 중반), 나노 기술이란, 어떤 특정한 물리구조는 전자 현미경(electron microscopy) 기술에 의하여 원자 레벨까지 규명될 수도 있었지만, 대략 마이크로미터의 수십 분의 1 정도에 국한되는 것으로 생각되었다. 어쨌거나 물리의 나노미터 스케일 레벨에 대한 연구에 필요한 광범위한 사전 작업은 미비한 상태였다.

8.1 소형화의 현재 발전 정도

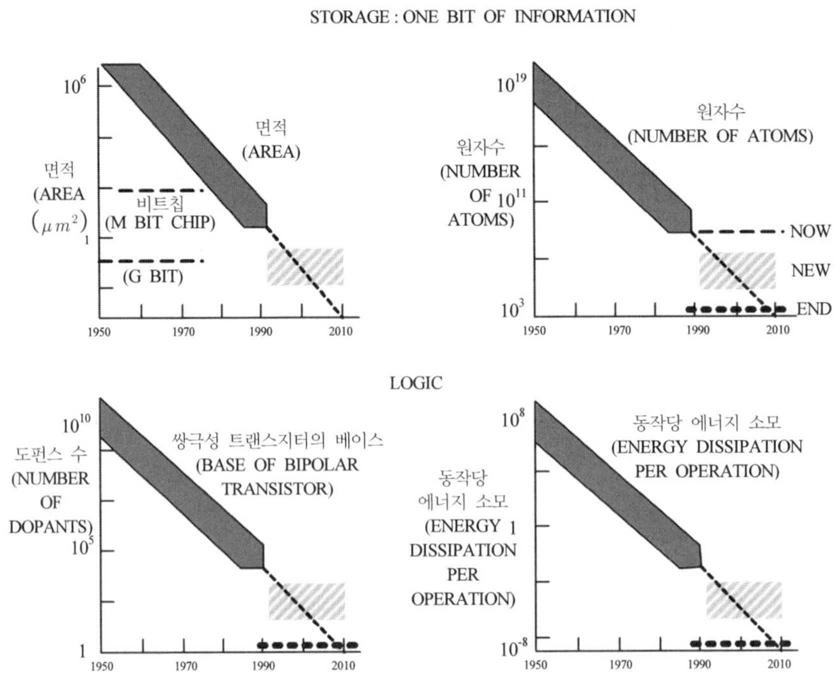

[그림 8.1] 정보처리(information processing) 산업분야에서의 소형화 발전 정도
(Ref. R. W. Keys : IBM J. Res. & Develop. 32. (1998) 24.)

소형화의 현재 발전 정도를 대략적으로 볼 수 있는 예로써, 소형화가 전반적으로 가장 인상적으로 이루어졌던 자료처리(data processing) 산업 분야의 예를 [그림 8.1]에 도시하였다. [그림 8.1]에서 보듯이 자료처리 산업 분야에서의 소형화(miniaturization)는 지난 4~50년 동안 꾸준히, 지수함수적으로 발전해왔고 앞으로도 그러한 추세가 계속될 것이다.

밀리미터에서 마이크로미터 레벨로의 한 단계 발전은 의심할 바 없이 기술적으로 위대한 업적이었다. 하지만, 그러한 발전에 필요한 과학적 지식이나 기술 및 계측 장비 등이 미리 충분히 개발되어 있었다는 관점에서보면 그리 평가할만하지는 않았다. 양자 역학(quantum mechanics)은 훨씬 이전부터 발전된 상태였고, 전자 현미경 기술도 20년 전쯤에 이미 개발된 상태였으며, 반도체의 물성도, 마이크로 전자공학에 필요한 물질들도 이미 트랜지스터가 발명되기 1~20년전에 광범위하게 연구되어 왔다. 그리고 물성(material properties)이나 어떤 현상(또는 효과)도 마이크로미터 스케일이나 밀리미터 스케일에서는 본질적으로 동일하기 때문에 마이크로미터 스케일에서의 물성은 여러모로 밀리미터 스케일에서의 스케일만 줄이면 예견될 수 있는 정도였다. 이는 당분간 50나노미터 스케일이나 마이크로미터의 정도의 스케일까지는 유효할 것이다. 하지만 불행하게도 이러한 낙관적인 관점은 과학이 미세전자공학 분야의 앞으로의 발전에 별 도움이 되지 않을 것이라는 생각을 우리에게 가져다 주었다. 그 결과, 예측가능하고 위험성이 없는(no-risk) 과학적 연구가 이루어졌으며 과학이 원래 지니고 있었던 기술 분야에 대한 필요한 선도구실을 상실하고 있다는 점은 시정되어야 할 것이다.

한번 더 강조하건데, 이미 논의한 바와 같이 관련 분야의 과학발전이 미리 이루어졌기 때문에 미세 기술(microtechnology)이 존재하는 것이며 이와 마찬가지로 나노 스케일에 대한 과학이 발전을 통해서만이 나노 기술(nanotechnology)이 나올 수 있는 것이다.

8.2 새로운 나노 세계(The New Nanometer World)

소형화는 물리법칙(physical law)들이 기존의 거시적인(macroscopic) 양들과의 관계와 다른 양상을 띠는 그러한 상황에서는, 전혀 다른 승부처가 된다. 이러한 상황에서는 우리가 관심을 갖는 물질의 물리적 크기도 특성길이(characteristic)와 비교할 정도가 되며, 수송이론(theory of transport)의 경우도 기존의 법칙과는 다른 법칙을 따르게 되고 표면효과(surface effect)와 계면효과(interface effect)가 주로 부각되기 때문에 (다루게 되는 물리적인 체적이 매우 작아지므로), 거시적인 세계에서 우리가 친숙함을 얻었던 개념들은 더 이상 유용하거나 의미를 갖지 못한다.

나노 스케일의 세계에서 새로운 몇 가지 예를 생각해보자. 먼저 역학적인 성질을 다룰 때에, 벌크(bulk) 성질은 더 이상 다루지 않고 화학적 결합(chemical bond)을 다루어야 한다. 작용력은 $10^{-12}N$ 정도에 이를 정도로 극히 작지만 변형력(strain)이나 압력은 매우 커서 압력이 10^{12}Pa에 이른다. 역학 시스템의 고유 진동수(eigenfrequency)도 10^{12}(Tera) Hertz에 달한다. 따라서 나노 스케일을 다루는 나노 기계공학이나 나노 화학은, 기존의 전자공학적 기술의 접근방법에 대한 적합한 대안이 될 수도 있으며 기존의 전자공학적 기술을 훌륭히 보완할 수도 있어서, 우리 미래 기술의 유망한 발전 방향이 될 것이다.

상호작용의 세기(interaction intensity)면에서 살펴보자. 작은 영역에 국한된 전계, 예를 들어 단위 옹스트럼당 수 볼트에 해당되는 전계는 주사 터널링 현미경(STM: Scanning Tunneling Microscope)의 적용 영역에서 유용하게 사용될 수 있다. 그 정도의 전계는 원자들이 치밀하게 배열되어 구성된 표면으로부터 각 원자나 원자 집단(atom cluster)을 떼어낼 정도가 된다.

전자의 수송(transport) 현상에도 양자적 효과(quantum effect)가 주된 구실을 하게 될 것이며 간섭효과(interference effect)도 중요한 역할을 할 것이다. 최근 들어 메소스코픽(mesoscopic) 스케일 영역에서의 수송현상을 이해하려는 측면에서 이룩된 발전도 나노미터 스케일 시스템이나 분자 스케일 시스템 영역으로서의 확장 연구에 중대한 도움이 될 것이다. 여기에서 메소스코픽 스케일 영역이란 양자 역학의 고전적 근사(approximation)가 타당한 영역을 의미한다. 생각해보라. 양자 역학은 미소계를 설명하는 체계이고 고전역학은 충분히 거시적인(macroscopic) 계를 설명하는 체계이므로 메소스코픽 스케일은 중간 정도에 해당되는 계를 의미한다고 보면 된다.

열적인 이완시간(thermal relaxation time)도 10^9분의 1초(nanosecond)보다 충분히 작은 영역도 다루어야 할 것이며 궁극적으로는 10^{12}분의 1초, 또는 10^{15}분의 1초 정도가 되는 경우에도 다룰 수 있는 새로운 개념들을 개발하여 사용해야 할 것이다.

8.3 국부 탐침 방법(Local Probe Method)

국부 탐침 방법은, 어떤 의미로 보면, [그림 8.2]에 도시된 바와 같이 실험 장치의 중요한 일부를 나노미터 차원으로 스케일을 축소한 경우, 즉 실험 장치의 규모를 소형화한 것으로 볼 수 있다. 조사하려는 대상(객체)의 성질이 [그림 8.2]에서와 같이, 국부 탐침(local probe)과 조사하려는 객체간의 상호작용에 의하여 탐지되거나 조사될 수 있다.

실험 과정에서의 국부 탐침 방법은 물리적인 크기와 동시에 탐침과 조사대상으로써의 물체 간의 거리에 의해 주어진다. 즉 원자 크기 정도의 분해능(resolution)을 갖기 위해서는 탐침의 물리적인 크기와 동시에 탐침과 물체 간의 거리가 모두 원자 크기 정도이어야 한다. 탐침과 조사 대상으로서의 객체(또는 물체)간의 거리에 따라 상호 작용이 급격히 감쇄하는 경우, 탐침과 조사 대상으로서의 물체가 차지하는 공간적인 영역은 각각 원자 규모의 크기를 갖는 영역이어야 한다. 물론 탐침과 객체(조사대상으로서의)간의 거리도 매우 가까워야 한다. 따라서 실험 과정에서의 중요한 영역(탐침과 객체와 그리고 이들간의 거리까지 포함된)의 크기는 원자 규모 정도로 축소되어야 한다.

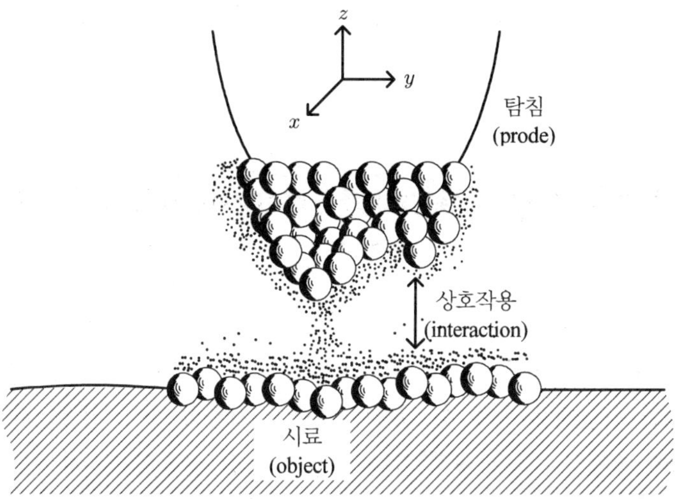

[그림 8.2] 국부 탐침 방법(local probe method) – 각각의 구(sphere)는 탐침과 물체(조사대상으로서의) 내의 원자들을 의미하고 탐침과 물체간의 거리 또는 원자 크기 규모 정도이다. 탐침은 $x \cdot y \cdot z$ 방향으로 주사(scan)될 수 있다.

국부 탐침 방법은 여러 가지 관심을 끌만한 장점을 지니고 있다.

첫째, 다양한 상호작용(탐침과 시료(조사 대상으로서의 물체 또는 객체))을 통하여 매우 다양한 물성을 탐지할 수가 있다. 가장 간단한 예로서, 시료와 탐침간의 상호작용을 일정하게 유지하도록 영상을 얻으면 그 영상은 시료 표면의 높낮이(topography)에 대한 정보를 포함한다. 일반적으로 국부 탐침 방법 기술은 탐침과 시료간의 다양한 상호작용들을 분리 선택하여 사용하게 되는데 한 예로서, 시료와 탐침간의 여러 가지 상호작용 중에서 한가지 상호 작용력을 분리하여, 즉 쿨롱의 힘이나, 접착력(adhesive force) 또는 반데르 발스힘(Van Der Wahls' force)들은 제외하고 오직 자기력(magnetic force)에 관련된 상호 작용력을 선택하여 시료 표면의 높낮이(topography)에 대한 정보와 자기력에 대한 정보를 지닌 영상(image)을 얻을 수 있다.

둘째, 국부 탐침 방법은 초진공(ultrahigh vacuum)상황이나 전해질 용액(electrolyte)과 같은 다양한 주변 상황(여건)에도 용이하게 적용될 수 있다. 이러한 장점은 나노미터 크기의 성질이나 기능이 항상 주변 상황(여건)에 매우 민감하기 때문에 특히 중요하다. 생체의 미세 분자들이 그 생생한 예가 된다.

셋째, 탐침과 시료간의 상호작용을 충분히 강하게 할 수 있으므로 나노미터 크기 정도 수준의 조작이나 변형이 가능하다. 이외에도 여러 가지 장점이 있으나 위에 기술한 장점 때문에 국부 탐침 방법은 나노미터 세계로 향한 소형화 기술에 절대적으로 필요한 선행 필수 기술이 된다는 것은 아무리 강조해도 지나치지 않다고 할 수 있다.

8.4 소형화 기술 이후(post-miniaturization)

"보다 작게 (만들고), 보다 빠르게 (만들면서), 보다 싸게 만드는" 기술을 의미하는 소형화(miniaturization) 기술의 발전은 앞으로 2~30년 내에 더 이상 발전할 수 없는 완벽한 수준에 도달할 수 있다는 예측도 가능할 수도 있겠는데, 앞의 세 가지 모토(motto) 중에서 "보다 싸게"라는 내용이 가장 중요할 것이다.

소형화 기술이 충분히 발전된 이후에는 소형화 기술로 만들어진 각 소자들을 조합하여 만들어낼 수 있는 전체적인 성능을 구현하는 데 필요한 복잡도(complexity)를 극복해가는 과정에서의 발전이 기대된다. 즉 소형화 기술 이후의 기술적 발전의 유력한 행로는 분자 크기 정도의 소자들을 복잡한 기능별 단위로 조립해가는 기술 분야 쪽으로의 발전이 될 수 있을 것이다. 이러한 경우 과학의 가장 중요한 임무는 거시적 세계(macroscopic world)와 분자 크기 레벨의 기능성 소자간의 접속을 위한 적합한 조립 기술이나 방식을 연구해나아가는 것이다.

이러한 상황하에서는 학제(interdisciplinary)간 공동 노력이 가장 요구되는데 이러한 노력은 생물학이나 초분자 화학(supramolecular chemistry)의 중요성을 부각시킬 것이다. 이러한 맥락에서, 고체 물리 과학(solid state science)은 밀리미터 단위에서 나노미터 단위로 그 영역이 발전되어온 반면에, 화학은 독자적으로 작은(원자 몇 개로 구성된 분자) 크기의 레벨에서 마이크로 분자(micro-molecule) 단위로 발전해온

과정을 생각해보면 흥미롭다. 이러한 발전과정의 내용을 [그림 8.3]에 도시적으로 나타내었다.

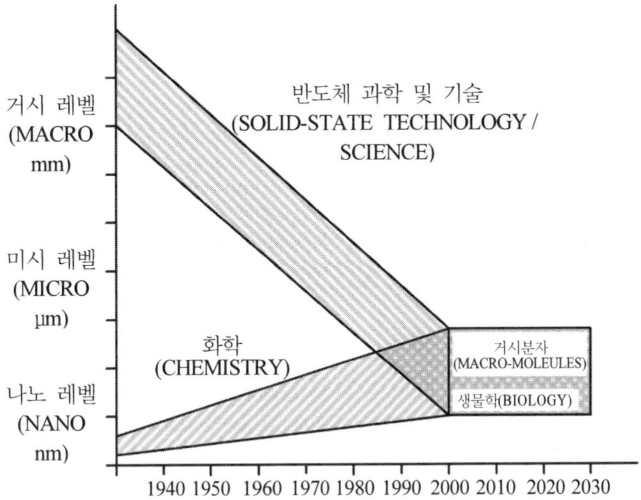

[그림 8.3] 화학과 고체 물리 관련 분야의 과학과 기술의 발전

궁극적으로 초분자(supra-molecular) 화학이 포스트 소형화 시대, 즉 소형화 기술 이후에, 각각의 기능을 지닌 소형화 된 (예를 들어 나노스케일의) 소자들에 대한 조립의 시나리오(assembly scenario)를 제공할 것이다. 그리고 신호의 탐지, 신호의 전송 등에 대한 생물학에서의 개념들이 우리를 그와 같은 새로운 길로 안내할 것이다.

끝으로 [그림 8.4]에서 시사하는 바와 같이, 새로운 수치적 접근 방법들이 나노미터 세계에서의 물성이나 기능 및 물리적 현상의 변화 및 진행 과정에 대한 이해의 폭을 넓히는 데 매우 중요한 역할을 할 것이다. 따라서 고체 물리 과학 분야와 기술 분야에서 이룩해왔던 발전을 보충할 수 있는 나노 세계에서의 발전을 일구어 가게 될 것이다.

■ **전망(outlook)**

국부 탐침 방법이 나오면서 처음 10여 년간은 주로 원자 스케일까지 내려가는 영상 기술을 가져다 주었다. 그리고 나노 세계의 물질에 대한 이해에 있어서 의미 있는 진전은 여러 가지 형태의 상호 작용(탐침과 시료간)을 이용하여 훨씬 다양한 정

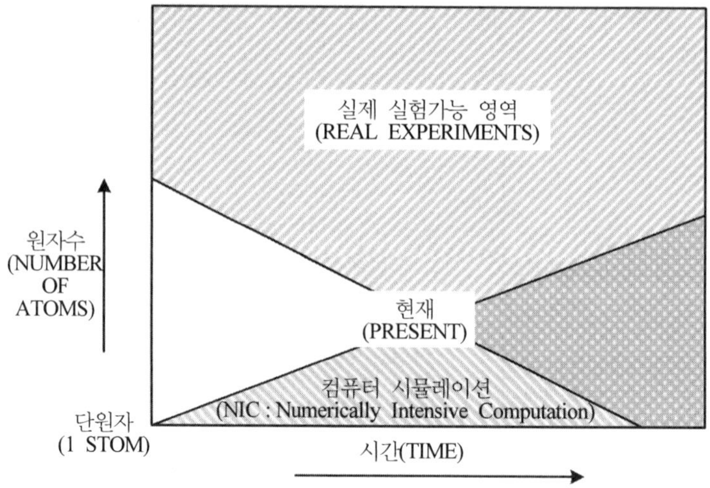

[그림 8.4] 실제 실험 가능 영역과 컴퓨터시뮬레이션의 발전 단계(Ref. Proc. 6th Int. STM Conf., STM 91, Interlaken, Switzerland, Aug 12–16, 1991, Ultra-microscopy 42–44(1992)1.)

보를 얻을 수 있는 가능성에 근거하여 이루어졌다.

여러 가지 다양한 상호 작용(탐침과 시료간)을 결합한 영상 기술 방법은 유기 시대 분자(organic macromolecule)나 생물학적 시대 분자(biological macromolecule)와 같은, 무르고 변형되기 쉽고 비균질의 물질에 대한 이해의 폭을 넓혀주었다.

원자 규모나 분자 규모로 물질을 다루거나(manipulation) 변형할 수 있는 기술은 - 그러한 기술이 원자나 분자 규모의 소형화 형태이거나 또는 대규모(large scale)의 응용 분야에서 사용될 수 있는 형태에 적용되든지간에 - 도전할만한 가치 있는 새로운 방향으로의 길을 열어주었다. 이러한 새로운 시대에 최근 여러 해 동안 전계 방출(field-emission) 연구 분야에서 축적되어온 기술적인 노하우(know-how)들이 당연히 큰 도움이 되어줄 것이다.

소형화 과정의 일반적인 경향으로서, 나노 세계에서 물질을 다루거나 변형시키는 기술이 확보되고 나면, 분자 크기로써 주어진 기능을 지닌 소자들에 대한 이해, 그리고 그러한 기능들을 제어하고 변형할 수 있는 기술적인 방향으로 발전해나아가면서 이러한 각 소자들을 조합하여 어떤 요구되는 성능을 갖도록 하게끔 하는 조립 시나리오를 구성해가는 행보를 시작할 것이라는 이야기를 할 수 있다.

이렇게 되면 "보다 작게"라는 모토에 "보다 성능이 유기적으로 결합된(more complex)"이라는 모토가 추가될 것이다. 한 예로 수조 달러의 인간 유전자 프로젝트

(human genome project)는 DNA의 영상(image)을 얻어낼 수 있는 소형화된 국부 탐침 기술의 발전에 힘입어 인간의 질병이나 건강과 관련된 분야와 직결되는, 보다 정밀한 DNA 판독 장치 또는 시스템을 갖추게 될 것이다.

나노 기술 시대, 즉 세분화된 학문 분야의 장벽이 없는 협동적인 연구가 요구되는 시대(age of interdisciplinarity)에는 단순히 과학적이거나 기술적인 논점을 넘어 새로운 상황에 직면하게 된다. 당연한 귀결이겠지만, 그간의 학문 분야별 소아 병적 이기주의적 경쟁이나 장벽이 아니라 협동적 연구와 개방성(openness)이 절실히 요구될 것이다.

그리고 소형화 기술이 나노 시대에 접어들게 되면 인류 사회에 엄청난 영향력을 행사할 것이다. 국부 탐침 방법, 즉 근거리 주사 현미경 기술(Near Field Scanning Microscopy)을 포함한 여러 기술의 발전으로 인하여 원자 또는 분자 단위의 영상(image)이나 세포 단위의 영상을 얻게 되어 생명공학 기술(biotechnology)이나 나노 기술(nanotechnology) 등이 비약적으로 발전될 것이다. 그리고 관련 기술력은 국가별로 더욱 편중될 것이다. 동시에 한 국가 내에서도 기업별로 그러한 관련 기술력이 더욱 편중될 가능성 또한 높아질 수 있다. 세계화(globalization) 추세가 불가피한 상황에서는 더욱 그러할 것이다.

09 나노 세계(분자 전자공학 또는 나노 전자공학)의 측정 방식

9.1 근접장 주사 광학 현미경 개념

최근 들어 근접장 주사 현미경(Concept of Near Field Scanning Optical Microscopy)에 대한 연구가 급속히 활성화되고 있다. 그 이유는 보다 나은 해상도를 지닌 영상을 얻을 수 있기 때문이다. 물론 이를 이용하여 분자 크기의 영상도 얻어낼 뿐만 아니라 이른바 초소형 집적회로 표면에서의 결함 등을 찾아낼 수도 있는 비파괴 검사(non-destructive testing)도 가능하게 된다. 여하튼 이러한 근접장 주사 현미경 개념을 이용하여 우리 인류는 새로운 눈(eye)을 지니게 되었다고 표현할 수 있을 것이다.

근접장 주사 광학 현미경 개념을 살펴보기 위하여 기존 현미경에서의 해상도(resolvability)의 척도로 쓰이는 레일리 판별기준(Rayleigh criterion)에 대하여 살펴보기로 한다. 먼저 아래 [그림 9.1]에서와 같이 좁은 슬릿(y 방향으로 일정한) 광원이 있다고 하면 스크린에 두 개의 회절상이 나타난다.

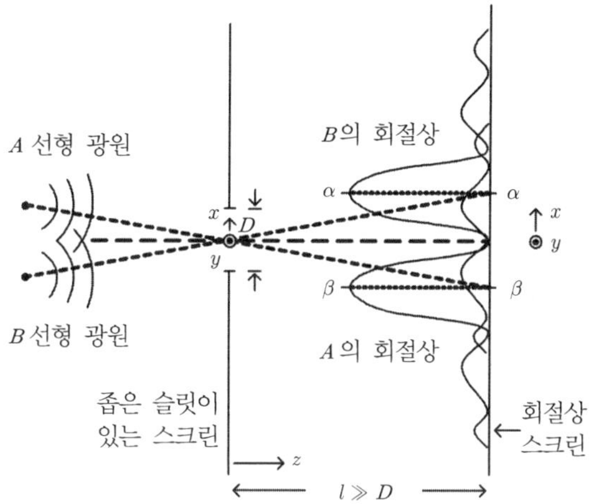

[그림 9.1] 두 개의 선형 광원에 있을 때 좁은 슬릿을 통한 회절상(diffraction image)

여기에서 선형 광원이라 함은 y축 방향으로 일정한 line source를 의미한다.

단일 슬릿에 의한 회절상이 슬릿에서의 광원분포(또는 전계)와 서로 푸리에 변환 관계식으로 주어진다는 사실은 잘 알려져 있다. 따라서 선형 광원 A와 B에 의한 두 회절상은 [그림 9.1]과 같이 주어질 것이다. 이러한 두 회절상에서 최대값들이 회절상 스크린 상(α와 β의 위치에서)에서 구별이 가능하면 우리는 선형 광원이 2

개가 있다는 사실을 알 수 있으나 두 회절상의 최대값이 회절상 스크린상에서 서로 근접하게 되어 거의 포개질 정도가 되면 두 개의 회절상을 분간할 수 없게 된다. 이러한 판단 기준은 유일하게 정의되는 것은 아니지만 편의상 적절하게 정의될 수 있는데 널리 쓰여지고 있는 것이 바로 레일리의 판단기준이다. 레일리는 앞에서 다룬 좁은 슬릿 구조 대신에 반경이 D인 원형 개구(circular aperture)에 의한 회절상에 대한 표현식을 이용하여 "판단기준"을 구하였다. 먼저 단일 슬릿에 의한 회절상부터 살펴보자.

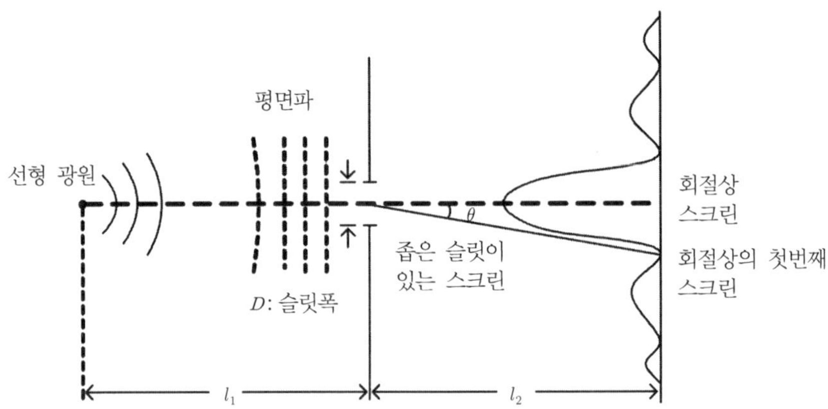

[그림 9.2] 선형 광원과 슬릿과의 거리가 충분히 클 때에는 선형 광원에 의하여 슬릿에 입사되는 파를 평면파(plane wave)로 볼 수 있으며 이때의 회절상은 슬릿에서의 광원 분포의 푸리에 변환으로 주어진다.

[그림 9.2]에서와 같이 선형 광원이 슬릿으로부터 충분히 멀리 떨어져 있을 때에는 선형 광원에 의하여 슬릿으로 입사되는 파를 평면파로 볼 수 있으며 이 경우에 회절상의 첫 번째 최소점에 해당되는 각도 θ는 $\theta \approx \sin\theta = \lambda / D$(여기에서 λ는 사용 파장)로 주어진다. 편의상 선형 광원과 슬릿의 중심과 회절상의 최대치가 되는 지점이 모두 한 직선상에 있는 경우를 도시하였다.

선형 광원이 슬릿에 가까이 있는 경우에는 다음 [그림 9.3]과 같이 렌즈를 사용하여 좁은 슬릿에 입사하는 파를 평면파로 만들어준다. 물론 이 경우에 렌즈를 사용하지 않으면, 선형 광원에 의하여 슬릿에 입사하는 파는 평면파가 아니다.

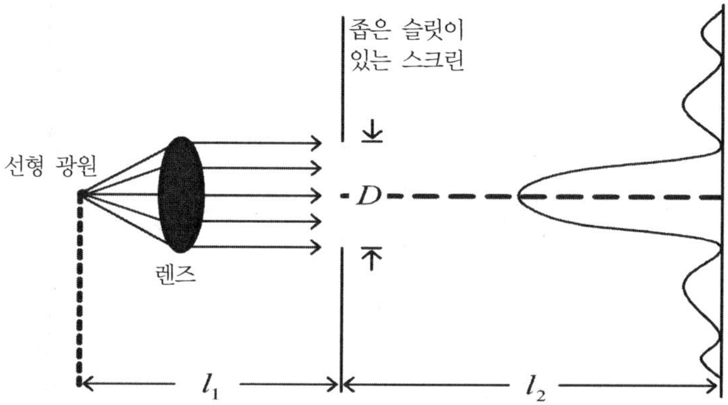

[그림 9.3] 선형 광원과 슬릿간의 거리가 작을 때는 렌즈를 사용하여 슬릿에 입사하는 파를 평면파로 만들 수 있다.

따라서 선형 광원과 슬릿간의 간격이 작은 경우에는 렌즈를 사용하여, 슬릿에 입사되는 파를 평면파로 만들게 되어 본질적으로 l_1이 충분히 큰 경우, 즉 렌즈 없이도 선형 광선의 입사파가 슬릿 영역에서 평면파가 되는 경우와 동일한 문제가 된다. 물론 여기에서의 렌즈는 지면 속의 방향으로 일정한 2차원의 원통형의 렌즈를 의미한다.

선형 광원(지면 속의 방향으로 균일한) 대신에 점광원을 사용하고 좁은 슬릿 대신에 원형 개구를 사용하면 다음 [그림 9.4]와 같이 레일리가 그의 판단기준을 정의하는 데 사용했던 구조가 되는데 좁은 슬릿에 의한 회절상의 경우와 달리, 회절상의 최대값으로부터 가장 가까운 최소치에 해당되는 θ가 $\theta = \frac{1.22}{D}\lambda$로 주어지게 된다. 좁은 슬릿의 경우와 오직 1.22의 수치만 다르다는 것을 알 수 있는데 이는 슬릿이나 원형 개구에 따르는 개구(aperture)의 기하학적 구조에 따라 변하는 인자로 받아들이면 된다.

렌즈에 의하여 변환된 평면파 에너지가 모두 원형 개구로 통과하는 경우에 원형 개구가 있는 스크린을 제거할 수 있으므로, 두 개의 점광원에 의한 회절상을 살펴보기 위한 구조로 [그림 9.5]를 생각해보자. [그림 9.5]에서 두 개의 점광원(또는 물체)이 서로 가깝게 인접하여 있으므로 회절상들이 어느 정도 겹치는 경우를 도시하였다.

두 개의 물체(또는 점광원)가 매우 근접해 있을 때의 회절상을 보면, 두 개의 영상이 중첩되어 있는 것인지 또는 하나의 영상인지를 알 수가 없다. 이러한 판단근거는

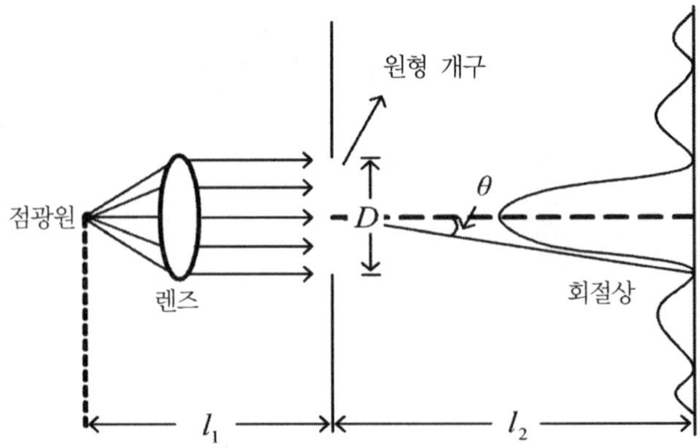

[그림 9.4] 점광원과 렌즈를 사용하여 원형 개구에 입사파를 평면파로 만들어 준 경우

관찰자에 따라 다를 수 있는데 지금까지 널리 쓰이는 판단기준이 바로 레일리 경(Lord Rayleigh, 1842~1919)에 의하여 다음과 같은 의미로써 제안된 것이다.

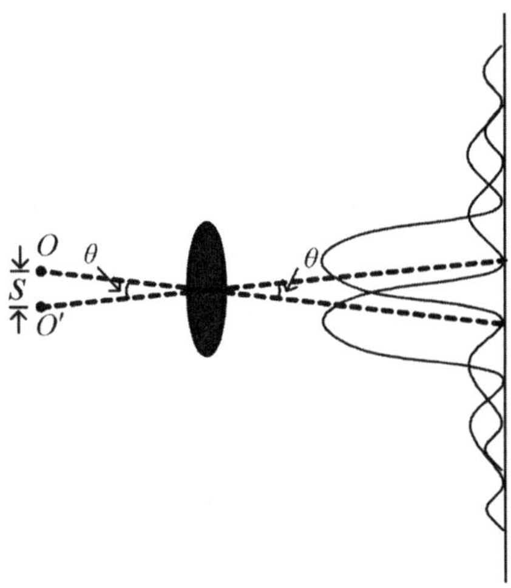

[그림 9.5] 레일리의 판별기준(Rayleigh criterion)

"두 물체의 영상(image)은, ([그림 9.5]에 도시된 바와 같이) 한 물체의 영상의 최대치가 다른 물체의 영상의 첫 번째 최소치와 일치하는 경우에 식별 가능할 수 있다."

원형 개구에 의한 회절상의 경우, 한 물체의 회절상 중앙의 최대치로부터 $\theta = 1.22\lambda/D$일 때 첫 번째 최소값에 해당되므로 두 물체의 각도가 θ가 $\theta = 1.22\lambda/D$

로 분리되어 있을 때 식별 가능하게 된다. 이것이 바로 빛의 파동성에 의하여 일어나는 회절(diffraction)이라는 현상 때문에 기인되는 분해능(resolution)의 한계(limit)가 된다.

계속해서 근접장 주사 현미경의 원리에 대하여 살펴보기로 하자. 아래 [그림 9.6]과 같이 평행 평판 도파관의 개구면의 바로 바깥에 무한 도체면으로 테두리 친(flanged) 구조를 생각해보자. 이러한 구조를 플랜지가 있는 평행 평판 도파관(flanged parallel plate waveguide) 구조라 부르는데 여기에서 이런 구조를 택한 것은 전자기학적인 해석의 편이를 위해서이다.

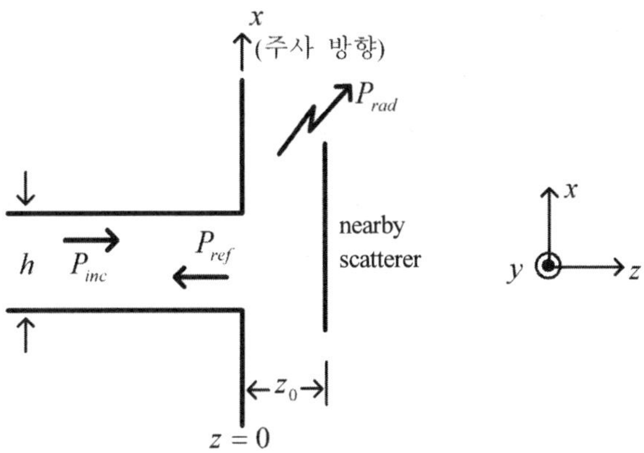

[그림 9.6] 단순화된 근거리 주사 현미경 모델

[그림 9.6]에서 볼 수 있듯이 평행 평판 도파관 내부에서는 TEM 모드의 입사파가 개구면 쪽으로 입사하고 있으며 이렇게 급전되고 있는 평행 평판 도파관 구조를 주어진 주사 방향(여기에서는 $\pm x$ 방향)으로 주사(scanning)하면서, 인접한 산란체(nearby scatterer)에 대한 영상(image)을 얻는 데 필요한 물리적인 자료(또는 실험결과)를 얻고자 한다.

먼저 인접한 산란체가 없는 경우에, TEM 모드의 전자파가 [그림 9.6]에서와 같이 평행 평판 도파관 내부에서 개구면쪽으로 입사하고 있는 상황에 대하여 생각해보자. 평행 평판 도파관의 높이 h가 파장 λ에 비하여 매우 작게 되면 도파관의 왼쪽에서 개구면 쪽으로 입사되는 TEM(전계가 오직 x방향 성분만을 갖는) 모드의 전자파 에너지의 대부분이 개구면(즉 $z=0$)에서 반사하게 된다. 즉 대부분의 입사 전력 P_{inc}가 반사전력 P_{ref}으로 반사되고 도파관 외부로 빠져나가서 복사되는 전력(P_{rad})이 매우 작게 된다. 그러나 인접한 산란체(nearby scatterer)가 개구면 근처에 있게 되면 물리적 상황이 크게 변하게 된다. 즉 인접한 산란체가 없을 때는 도파관에서 개구 쪽으로 입사되는 전력 P_{inc}의 대부분이 반사되며 이 경우에 개구면 근처에 리액티브(전계) 에너지가 축척되는 반면에(개구에 가까운 도파관 내부와 외부에 주로 축척되는데 도파관의 높이 h가 작을수록 도파관 외부의 축적 에너지 도파관 내부쪽의 축척 에너지에 비해 훨씬 커지게 된다.), 인접 산란체가 도파관 외부에서 개구면 쪽으로 가깝게 위치하게 되면, 개구면 근처의 축척 에너지를 만들어주는 전계와 인접 산란체간의 전자기적 결합현상 때문에, 개구면에서의 반사 전력 P_{ref}와 복사 전력 P_{rad}이 (인접 산란체가 없을 때에 비하여) 상당히 변화하게 된다.

따라서 평행 평판 도파관의 개구면과 인접 산란체간의 간격 z_0를 사용 파장에 비하여 매우 작게 한 채로 유지하고 플랜지가 있는 평행 평판 도파관을 탐침으로 보고, 인접한 산란체의 존재 유무를 검사해야 하는 상황이라고 가정하면, 우리가 해야 할 일은 프루브를 x방향으로 주사(scanning)하면서 프루브에서의 반사계수를 측정하면 된다. 이 때 얻어지는 실험 데이터는 예를 들어 [그림 9.7]과 같이 주어질 것이다.

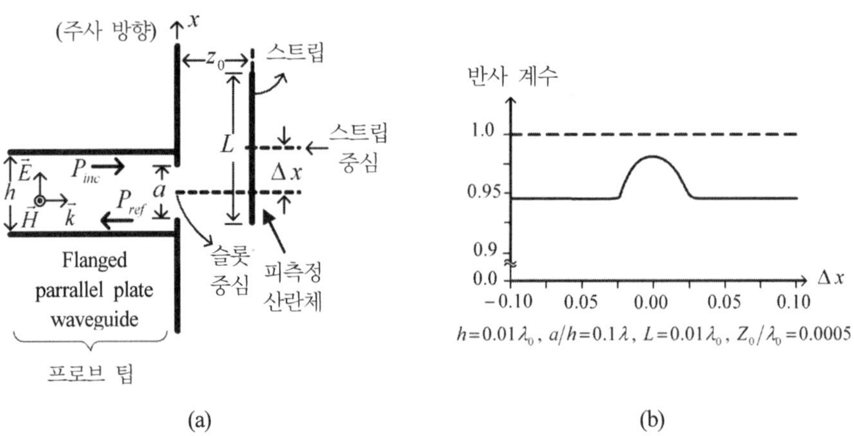

[그림 9.7] 단순화된 근접장 주사 현미경 모델(a)과 실험 데이터(반사계수)

[그림 9.7(b)]로부터 알 수 있듯이 인접 산란체가 탐침(평행 평판 도파관)에 매우 가까이 위치할 때만 반사계수의 변화를 관찰할 수 있다. 좀 더 자세히 살펴보기 위하여 다음 [그림 9.8]에, 탐침 (즉 플랜지가 있는 평행 평판 도파관) 내부에서 개구면을 기준면으로 했을 때의 반사계수의 크기와 위상을 조사한 결과를 도시하였다.

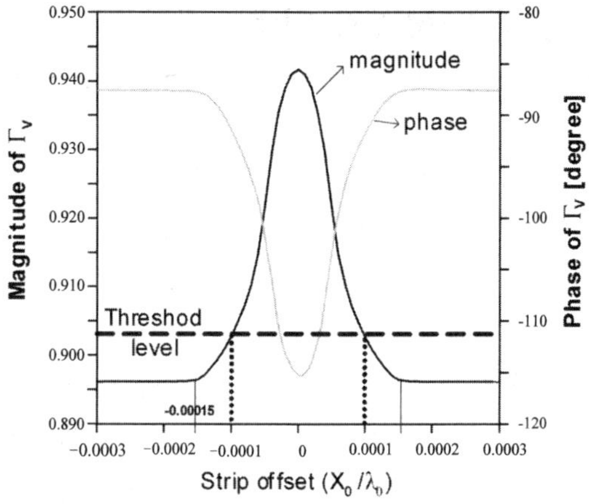

[그림 9.8] 탐침(평행 평판 도파관)의 개구면에서 측정된 반사계수의 크기(magnitude)와 위상(phase)

[그림 9.8]의 반사계수의 크기의 변화를 관찰해보면 다음의 두 가지 사실을 얻어 낼 수 있다.

첫째, $|\Delta x/\lambda_0| > 0.00015$인 범위에서 반사 계수의 크기 $|\Gamma_V|$는 인접한 산란체가 없는 경우와 동일하다. 이러한 관찰 결과는 지금 우리가 논의하고 있는 근접장 주사 현미경 시스템의 해상도가 사용 파장과는 관계 없이 탐침의 개구 크기에만 달려 있다는 것을 시사하고 있다.

둘째, 우리가 만일 문턱값(threshold value)을 0.0903($=|\Gamma_V|$, 예를 들어)으로 선택했다면, 인접 산란체는 $|\Delta x/\lambda_0| > 0.0001$의 위치에 놓여 있는 것으로 판독되어지며 그러한 영상으로 복원처리된다.

다시 한번 강조하건데 이러한 시스템에서의 해상도는 일반적인 광학 현미경에서의 해상도를 다룰 때에 레일리의 판단 기준으로부터 주어지는 해상도의 한계가 파장과 관련되어 있었던 것과는 달리, 오직 탐침의 크기에 달려 있다는 것이다. 따라서 근거리 주사 현미경 기술에서는 탐침이 물리적인 크기만 줄일 수 있다면 얼마든지 해상도를 개선할 수 있다는 것이다. 여기에서는 해석의 편의상, 탐침(probe)과 인접 산란체(우리가 그 영상을 얻고자 하는)를 모두 2차원적(지면에 수직한 방향으로 모든 구조가 균일한)으로 단순화하였지만 여기에서 관찰하여 얻은 물리적 내용들은 실제의 근접장 주사 현미경 시스템에서도 타당하다.

9.2 주사 터널링 현미경의 개념

아마도 분자 전자공학 분야에서 가장 중요한 기술은 다양한 전자 소자의 기능(현재까지 전자공학 분야에서 부품 및 소자들이 갖는 각각의 기능들을 의미)을 갖는 분자규모의 소자의 설계, 즉 기능성 분자의 설계가 될 것이다. 이러한 역할은 지금까지 화학 분야의 연구자들이 주로 담당해왔다. 이러한 기능성 분자 설계에 있어서 필요 불가결한 장치가 바로 주사 터널링 현미경(STM: Scanning Tunneling Microscope)이 될 것이다. 간단히 이야기해서 STM이란 전자의 터널링 효과를 이용해서 물질의 미세구조, 즉 분자 구조의 영상을 얻을 수 있는, 따라서 미세 분자 구조에 대한 정보를 조사하는 장치라고 말할 수 있다.

1981년 스위스의 IBM 취리히 연구소의 비니히(G. Binig)와 로러(H. Rohrer)는 시료 표면의 전도도를 연구하기 위한 장치를 만들면서 지금의 STM 형태를 만들어냈다. 이것의 작동원리는 터널링(tunneling)이라고 알려진 양자 역학적 현상에 근거를 두고 있는데, 여기에서 터널링이라고 하는 것은 전자의 파동성 때문에 전자가 고체 시료의 표면을 뛰어넘어, 고전 물리 법칙으로는 도달할 수 없을 것이라고 생각되는 곳까지 뚫고 나가는 현상을 일컫는다. 이렇게 터널링된 전자를 발견할 확률은 시료 표면으로부터의 거리가 증가함에 따라 지수 함수적으로 감소한다. 따라서 STM은 시료 표면으로부터 방출된 전자를 발견할 수 있는 확률, 즉 그러한 전자가 탐침에 도달할 확률이 시료표면으로부터의 거리에 대하여 민감하게 변화한다는 점을 이용한 구조이다. 일반적으로 텅스텐으로 만들어진 뾰족한 바늘(tip)의 끝이 시료 표면으로부터 수 Å(옴스트롱) 정도의 거리에 놓인다. 이 탐침과 표면 사이에 소량의 전압을 인가해주면 전자가 이 간격(틈) 사이를 터널링하게 된다. 이러한 탐침의 표면을 따라(TV 화면의 주사 과정같이) 움직이면서(주사해가면서), 터널링 전류를 일정하도록 하면서 탐침과 시료 표면과의 간격(틈)을 조정하여 기록하게 되면 이렇게 기록된 정보로부터 시료 표면의 높낮이(즉 지형)에 대한 상을 얻을 수 있게 된다. 이 때의 해상도는 한 개의 원자의 크기에 해당될 정도로 뛰어나다. 해상도가 기껏해야 200 정도인 광학 현미경의 성능과 비교해 보라. 가시광의 파장이 수천 옴스트롱이니까 원자 크기만한 크기를 식별한다는 것은 도저히 상상도 할 수 없다.

전자의 드브로이 물질파($\lambda = h/P$, h: 플랭크 상수, P : 전자의 운동량)를 이용하는 전자 현미경(electron microscope)의 경우에도 아주 이상적인 경우로서 0.2의 해상도를 갖기 위하여 필요한 속도는 광속의 2% 정도가 되어야 하고 이 때 전자의 운동량 P는 $P=1000\ eV/C$가 되어야 한다. 그런데 이 정도의 속력을 지닌 전자는 흑연 시료인 경우(예를 들어 시료가 흑연으로 되어 있는 경우를 가정하면) 흑연 내부로 그대로 침투해들어가게 되어 시료 표면에 있는 각 탄소 원자에 대한 정보를 줄 수가 없다. 그런데 STM으로 흑연 시료 표면을 조사하면 다음 [그림 9.9]에 주어진 바와 같이 계란을 담는 판과 같은 영상을 얻게 된다.

이미 앞에서 살펴본 바와 같이 STM의 분해능은 기존의 광학 현미경은 물론 전자 현미경에 비하여도 매우 뛰어나다. [그림 9.10]에 STM의 동작원리를 설명하기 위하여 STM 구조를 도시하였다.

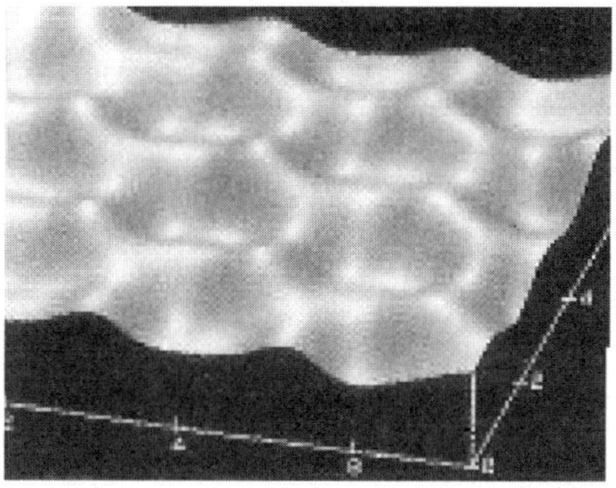

[그림 9.9] 흑연 시료 표면에 대하여 STM으로 얻은 영상. 표면을 따라서의 분해능은 0.2nm이고 면에 수직한 방향으로의 분해능은 0.001nm이다.

[그림 9.10]에서와 같이 조사하고자 하는 시료 표면(sample surface) 근처에 도체로 된 매우 뾰족한 팁(very sharp tip)이 위치하고 있다. 팁과 시료 표면의 간격(매우 좁은)은 에너지 장벽(barrier)에 해당되며, 팁과 시료 표면이 전위 우물(potential well)의 두 벽을 구성하고 있다. 인가전압이 시료 표면을 + 단자로, 팁을 − 단자로 하여 연결되어 있는 상황이다. 이 경우에 고전 역학적으로는 불가능한 일이지만 양자 역학적으로 설명이 가능한 터널링(현상의 특성) 전류(tunneling current)가 시료 표면으로부터 팁쪽으로 흐르게 된다. 물론 시료 표면에 있는 원자 주위의 전자들이 터널링 전류를 구성한다. 이러한 방식으로 팁을 통하여 시료 표면에 분포되어 있는 전자들이 샘플링되는 것이다.

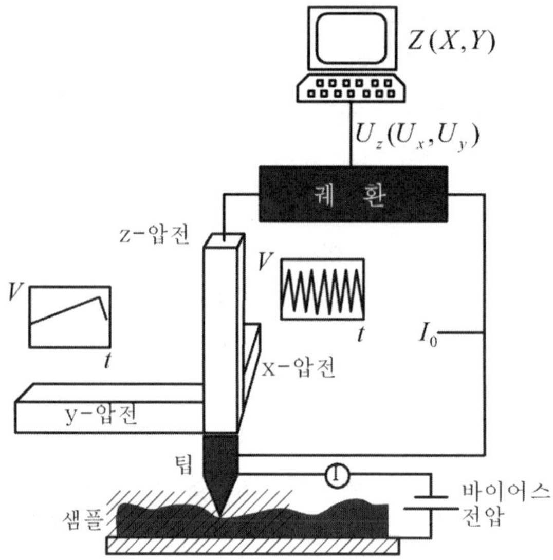

[그림 9.10] STM(scanning tunneling microscope)의 구조

이러한 양자 역학적 터널링 때문에, STM은 팁과 시료 표면 사이의 간격, 즉 에너지 장벽의 두께에 매우 민감하다. 그 이유는, 팁과 시료 표면 사이의 공간에서 전자의 파동 함수가 그 간격(팁과 시료 표면 사이)에 따라 지수 함수적으로, 즉 파동함수의 진폭이 0.1nm정도의 감쇄길이(decay length)에 대하여, $1/e$로 감소하기 때문이다. 따라서 간격(팁과 시료 표면 사이의) z가 $1nm$보다 크게 되면, 즉 원자 직경의 수배를 넘게 되면, 본질적으로 터널링이 일어날 수 없게 된다. 이러한 이유로 시료 표면으로부터 팁으로의 터널링 전류가 그 간격(팁과 시료 표면)에 매우 민감하게 되는 것이며 이러한 민감도 때문에 STM의 뛰어난 분해능이 가능한 것이다. 팁을 시료 표면 바로 위를 주사하면서 터널링 전류를 모니터링하면 시료 표면의 전자 분포에 대한 지형도(topography)를 얻게 되어 앞에서 흑연 시료 표면에 대한 영상과 같은 결과를 얻게 되는 것이다. 그 영상에서 시료 표면의 높이에 대한 분해능은 대략 0.001nm가 되는데 이는 대략 원자 반경의 1/100에 해당된다.

터널링 전류 J_t는 대략적으로

$$J_t \propto C(V)\exp(-A\varphi^{1/2} s)$$

로 주어지며 이 표현식에서 $C(V)$는 팁과 시료 표면에서의 전자 밀도와 관련된 정보를 포함하고 있는 상수이며 s는 팁과 시료 표면간의 간격으로 보통 수 옴스트롱에 해당되며 전위 장벽 ϕ는 일 함수(work function)를 의미하고 대략 수 전자 볼트(electron volt)에 해당된다. 지금까지의 설명 내용에 입각해서 터널링 전류를 사용하여 팁과 시료 표면간의 간격을 제어하거나, 시료 표면의 국부적인(local) 영역에서의 물리적인 성질을 조사할 수 있다.

앞의 [그림 9.10]에 주어진 STM의 구조로부터 프루브 팁(probe tip)이 압전 드라이브(piezodrive)에 고정되어 있음을 볼 수 있는데, 그 압전 드라이브가 세 개의 서로 수직인 압전 변환기(piezoelectric transducer)로 구성되어 있다. 팁은 x축 압전 변환기에 톱니 파형의 전압(sawtooth voltage)을 인가한 채로, xy평면을 주사하도록 되어 있다. z축 압전 변환기에 연결된 궤환 루프(feedback loop)를 이용하여 터널링 전류를 일정하게 유지하도록 하면서 팁을 시료 표면을 따라 주사하게 되면 팁은 시료 표면으로부터 동일한 거리를 유지하게 되어 시료 표면의 높고 낮음, 즉 표면의 윤곽을 따라 주사하게 된다. 즉, 시료 표면의 위치(x, y)의 함수로써 팁의 수직 위치 z를 모니터링하게 되면, 터널링 전류가 일정하게 유지되는 팁의 수직 위치(z방향의)를 시료 표면의 위치(x, y)의 함수로써 알게 되어 시료 표면의 윤곽에 대한 영상(image)을 얻게 되는 것이다.

터널링 전류는 일정하게 유지하기 위하여, z축의 압전 변환기(z-piezo)를 제어하는데 사용되는 궤환 회로(feedback circuit)는 [그림 9.11]과 같은 형태로 주어진다.

먼저 터널링 전류(대략 0.01 mA에서 50 mA사이의 값을 갖는)를 전류 증폭기(current amplifier)를 사용하여 전압(voltage)으로 변환하고 나서, 팁과 시료 표면 사이의 간격(터널링 전류가 이 간격에 지수함수적으로 변한다는 사실을 주목할 것)에 대하여 선형적인 응답을 얻기 위하여 로그앰프(logarithmic amplifier)를 거치도록 한다. 그리고 나서 로그앰프의 출력은 기준 전류치(reference current)로서 사용되는 미리 정해진 전압치(predetermined voltage)와 비교된다. 이 때 비교한 두 값의 차이에 해당되는 신호(error signal)와 궤환 회로의 출력이 z축의 압전 변환기에 인가되어 미리 정해져 있는 전류치와 터널링 전류간의 차이를 되도록 작게 유지하도록 한다. 이러한 과정을 통하여 터널링 전류가 일정하게 유지되는 것이다. 물론 신호대 잡음비(SNR: Signal to Noise Ratio)를 되도록 높은 값으로 유지하도록 주의해야 하고 궤환의 반응시간(response time of the feedback) 또한 정확도를 유지하도록 하면서, 최소화되어야 한다.

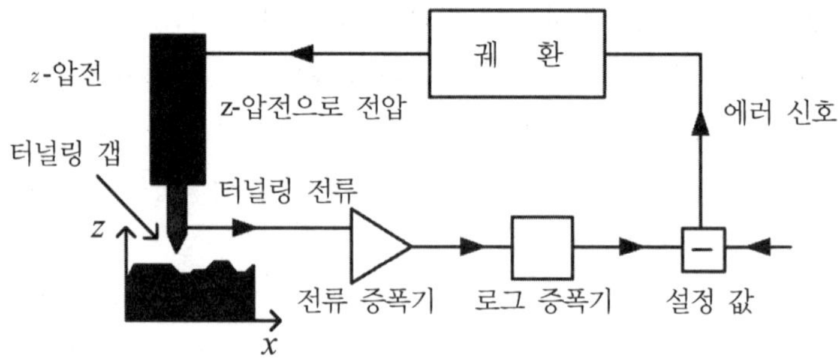

[그림 9.11] STM에서 일정한 터널링 전류를 유지하기 위한 궤환 회로의 일례

지금까지 논의한 STM은 나름대로의 큰 제약을 갖고 있다. 즉 STM의 동작은 시료 표면과 팁의 전기 전도도(electrical conductivity)에 달려 있다는 것이다. 따라서 전기 전도도가 낮은 시료에는 적용될 수 없다는 것이다. 심지어 금속의 경우도 일단 산화되면 비전도성의 산화물로 덮치게 되는 상황을 생각해보라. 이러한 경우에는 원자력 현미경(AFM: Atomic Force Microscope)이라는 형태가 쓰이게 되는데 이러한 ATM은 시료가 도체이건 부도체(절연체)이건 사용될 수 있다는 점에서 STM에 비하여 커다란 장점을 가지고 있다.

9.3 AF 마이크로스코프의 개념

여기서 논의하는 AFM(Atomic Force Microscope: Scanning Force Microscope이라고도 함)도 역시 앞에서 다룬 STM과 같이, 시료 표면에 대한 매우 뛰어난 분해능을 주며, 주사 방식(scanning technique)을 사용한다. 그러나 STM에서 터널링 전류를 모니터링(조정)했던 것과는 전연 달리 AFM에서는 팁과 시료 표면 사이의 상호 작용력(interaction force)이라는 물리량의 크기(physical magnitude)를 모니터링한다.

팁과 시료 표면 사이의 상호 작용력은 [그림 9.12]에서 볼 수 있듯이 캔티레버(외팔보) 형태의 스프링에 뾰족한 프루브 팁(probe tip)을 부착시키고, 프루브 팁에 작용하는 힘에 의하여 얼마나 캔티레버가 편향되었는가를 탐지하여 모니터링(조정)하게 되어 있다.

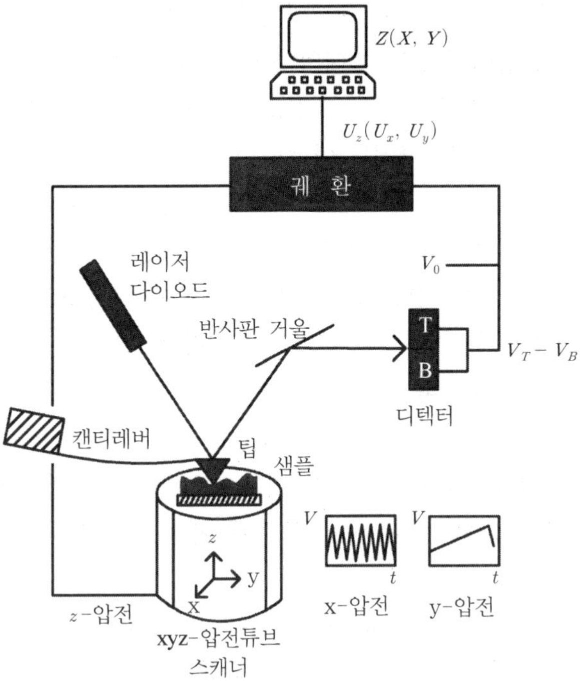

[그림 9.12] AFM(Atomic Force Microscope)의 구조

어떤 두 물체가 서로 근접하게 되면 한 물체의 표면에 있는 원자와 다른 물체 표면에 있는 원자간의 작용력이 언제나 존재하기 때문에 AFM을 이용하여, 시료가 도체건, 절연체건 관계 없이 시료 표면을 원자 스케일로 정밀하게 탐지해낼 수 있는 것이다.

1986년 비니히(Binig)에 의해 고안된 이래, AFM의 여러 가지 동작 모드들이 도입되고 캔티레버의 변위(또는 편향)를 측정할 수 있는 다양한 방식들이 제안되고 채택되어왔다. 이온과 이온간의 척력(ion-ion repulsion force)이 모니터링되는 소위 접촉 모드(contact mode) 방식이, 레이저 빔을 이용한 편향 탐지 기술(laser beam deflection detecting technique)과 결합되어 가장 광범위하게 사용되고 있다.

다시 [그림 9.12]에 도시되어 있는 AFM의 구조를 살펴보자. 시료가 z방향 압전 변환기 위에 부착된 채로, 캔티레버의 한쪽 끝에 뾰족한 팁이 장착되어 있으며 그 팁의 끝이 시료 표면에 접촉상태에 있다. 원통형 압전 변환기의 위면과 아래면 사이에 압력이 가해지면 z방향 압전 변환기(z- piezo)에 전압이 유기되고, 원통 주위를 따라 중심각이 90°로써 사분된 영역으로 도시되어 있는데, x축 방향으로 서로 마주

보고 있는 두 전극 사이에 톱니파 형태의 전압이 인가되고, y축 방향으로 서로 마주 보고 있는 두 전극 사이에 램프 형태의 전극이 가해지게 되어 압전 효과로 인하여 원통형의 압전 변환기 위의 시료가 주사(scanning)되는 것이다. 팁과 접촉 상태에 있는 시료 표면에 있는 원자들간에는 이온과 이온 사이의 척력(repulsive power) 때문에 캔티레버가 위쪽으로 수직한 방향으로, 후크의 법칙에 따라 $F=k\Delta z$에 상응하는 힘을 받아 변화(편향)될 것이다. 여기에서 k는 스프링 상수이며 Δz는 캔티레버 수직 방향으로의 변위를 의미한다. Δz는 레이저 빔 편향 기술(laser beam deflection)을 사용하여 모니터링(조정)된다. 물론 캔티레버의 위쪽면은 거울과 같은 반사면이어야 한다. 레이저 다이오드로부터 오는 빛은 캔티레버의 위쪽 뒷면에서 반사되고, 캔티레버의 변위에 따르는, (반사된) 레이저 빔의 편향은 위치에 매우 민감한 디텍터(PSD: Position Sensitive Detector)에 의하여 모니터링(조정)된다. 여기에서 PSD는 위쪽(Top)과 아래쪽(B)으로 분리되어 설치된 두 개의 광 다이오드(photo diode)로 구성되어 있다.

위쪽의 광 다이오드 T와 아래쪽의 광 다이오드 B에 유기되는 전압간의 차이 $V_T - V_B$는 캔티레버의 수직 편향에 매우 민감한 척도(measure)로서의 AFM 신호를 준다. x축과 y축의 압전 변압기를 사용하여 xy평면에서 주사되는 동안 z축 압전 변환기 (z-piezo)는 궤환 시스템으로 입력된다. 궤환 루프는, 캔티레버의 편향 Δz가 일정하도록 시료의 z좌표 위치, 즉 수직 위치를 조정해 줌으로써 두 개의 광 다이오드의 전압차이에 해당되는 신호를 일정한 값 V_0로 유지하도록 하는 데 사용된다. 따라서 V_0에 해당되는 Δz_0는 일정한 힘 $F_0(=k\Delta z_0)$에 해당된다. 궤환 회로의 출력 U_z(z축 압전 변환기 신호)는, x축과 y축 압전 변환기에 인가되는 전압 U_x와 U_y에 의하여 결정되는 (x, y) 좌표의 함수로서 기록된다. 따라서 일단 압전 상수(piezo coefficient), 즉 x축과 y축 압전 변환기에 가해진 전압과 x축과 y축의 변위에 대한 관계식만 주어진다면 $U_z(U_x, U_y)$는 $z(x, y)$로 변환되어 우리가 원하는 시료 표면에서의 높낮이에 대한 윤곽(topography)을 얻게 되는 것이다. AFM의 이러한 동작 모드를 일정한 힘(constant force) 모드 또는 일정한 캔티레버(constant cantilever) 모드라 부르는데 앞에서 다루었던 STM에서의 일전한 터널링 전류(constant tunneling current) 모드와 개념적으로 유사하다.

■ AFM(Atomic Force Microscope)에서 원자력(atomic force)이란 무엇인가?

AFM에서 팁과 시료 표면 사이에 작용하는 물리적 힘 때문에 이러한 초고해상도

(원자 크기와 비교할만한)를 얻을 수 있었다. 그렇다면 그러한 물리적 힘이란 무엇일까? 일단 두 물체가 근접하게 되면 두 물체간에는 많은 형태의 힘이 작용하게 된다. 반 데르 발스 힘(Van der Waals force), 이온-이온 척력(ion-ion core repulsion), 모세관 힘(capillary force), 부착력(adhesion), 마찰력(friction), 그 외 이온 결합이나 공유 결합이나 금속 결합에 기인된 힘들이 그것들이다.

먼저 반 데르 발스 힘은 거리가 수 옴스트롱에서 수백 옴스트롱에 해당되는 범위에서 중요한 힘인데 인력일 수도 있고 척력일 수도 있다(동일한 원자들간에는 언제나 인력이지만). 반 데르 발스 힘에는 다음의 세 가지 종류의 힘이 주된 기여를 한다.

첫째, 방위력(orientation force)으로서, 영구 쌍극자(또는 다극자)간의 작용력을 의미하는 힘이 있고, 둘째, 유도력(induction forces)으로서, 쌍극자와 이러한 쌍극자에 의해 유기된 쌍극자(영극 쌍극자 능률을 지닌 쌍극자는 주위에 있는 비극성 분자들에 분극을 일으킬 수 있으므로)간의 작용력을 의미하는 힘과 그리고 셋째, 오직 양자 역학적으로만 설명이 가능한 분산력(dispersion force)이 있는데 이러한 종류의 힘은 원자 주위 전하의 시간적 변화에 따라 시간적으로 변하는 순시치 분극 현상에서 기인되는 것이다. 이러한 성분의 반 데르 발스 힘은 모든 형태의 원자나 분자간에 존재한다.

반 데르 발스 힘에 의한 두 분자간의 위치 에너지(potential energy)는 가장 낮은 차수의 근사로서,

$$U_{vdw} = -\frac{C_{vdw}}{r^6}$$

와 같이 표현되며 여기에서 $C_{\alpha dw} = C_{orient} + C_{\in d} + C_{disp}$ 이고 각 상수들은 앞에서 논의한 3가지 종류의 반데르 발스 힘의 각각에 해당되는 상수이며, r은 두 분자간의 거리를 의미한다. 일반적으로 C_{disp}가 가장 큰 값을 갖는다. 만일 상호 작용력이 등방향성(isotropic)이고 가산적(additive)이며, 지연이 없는(nonretarded) 경우로 가정한다면, 거시적인 두 물체간의 상호 작용 포텐셜은 쉽게 계산된다. 물체마다 고유한 r^{-1}의 승수나 Hamaker 상수 A_H등이 정의될 수 있다. 예를 들어 간격이 D인 두 평면간의 상호작용 에너지는 단위 면적당 $-\frac{A_H}{12\pi D^2}$으로 주어지고 반경이 R인 구와 평면간에는, $R \gg D$인 경우, 상호 작용 에너지는 $-\frac{A_H R}{6D}$로 표현된다. 여기에서 Hamaker 상수

A_H는 $A_H = \pi^2 C_{vdw}\, \rho_1 \rho_2$로 주어지고 ρ_1과 ρ_2는 각각 단위 체적당의 원자수를 의미한다.

이온-이온 척력은 오직 두 물체간의 거리가 각 물체의 원자간 평형 거리(equilibrium)보다 작을 때에만 존재한다. 두 개의 원자가 서로 매우 가까이 위치하게 되면 전자운(electron cloud)이 상당 부분 서로 겹치게 된다. 이렇게 되면 핵 주위 전자들이 핵의 양전기에 의한 힘을 상쇄시킬 수가 없기 때문에 두 원자핵간의 척력, 즉 핵에 의한 쿨롱의 척력이 작용하게 된다. 이러한 종류의 힘은 거리가 매우 작을 때($\approx 1\,\text{Å}$)에만 의미를 지니며 보통 r^n에 비례하게 되고 여기에서 n은 9보다 크거나 또는 지수 함수로 주어진다. 과학적 모델 계산에 광범위하게 사용되는 성공적인 원자간 포텐셜에 대한 표현식은 장거리 영역과 근거리 영역에 대한 식을 결합해서 사용하는 레나드-존스(Lennard-Jones) 포텐셜인데, 이는

$$U_{LJ} = \left(\frac{C_1}{r}\right)^{12} - \left(\frac{C_2}{r}\right)^{6}$$

로 주어진다. 이 표현식에서 첫째 항은 척력으로 단거리 영역의 이온-이온 척력을 나타내고 두 번째 항은 인력으로 장거리 영역의 반 데르 발스 힘을 의미한다.

끝으로 마찰력(Friction)과 부착력(Adhesion)에 대해 간단히 살펴보자. 마찰력이란 어떤 물체가 다른 물체와 접촉한 상태에서 운동을 시작하려고 할 때나 또는 운동 중일 때, 접촉 표면으로부터 받는 저항력을 의미한다. 두 표면간의 마찰력은 두 표면간의 부착력과 밀접한 관계에 있다. 부착력의 경우도 원자간 상호 작용의 형태에 밀접히 관계되어 있으며 따라서 두 고체간의 체적 및 표면의 근본적인 성질에 밀접히 관계 되어 있음은 물론 표면 상태에도 큰 영향을 받는다. 부착력은 당연히 고체의 탄성적 변형이나 플라스틱 변형의 관점과 연계해서 검토해야 한다. 하지만 현재까지 마찰력과 부착력에 관한 미시적 관점에서의 포괄적인 이해나 그들간의 관계에 관한 포괄적인 이해는 아직까지 미흡하다고 하겠다.

지금까지 앞으로 학문 발전의 불가피한 추세로서 나노 기술 시대를 겪어나가면서 가장 중요한 측정기술에 대하여 살펴보았다.

10 전자공학의 흐름과 전망

지난 반세기 동안 전자통신공학 분야에서 사용되어온 전자 소자들은 부단히 소형화, 경량화 저가화를 향해 달려왔다. 물론 성능은 더 개선되어가면서도 그러한 경향을 추구해 왔다. 집적회로는 정말 좋은 예이다. 참으로 집적회로의 소형화는 적어도 지난 40년간 부정할 수 없는, 확실한 추세였다. 그러나 아무리 이러한 경향을 낙관하는 사람도 지금까지의 소형화 기술의 발전속도가 단순히, 그대로 유지하리라고 전망하지 않는다. 그 이유는 소형화 추세가 가속적으로 이루어지기 때문이다. 2001년도에 열렸던 "International Technology Roadmap for Semiconductors"의 결론은 "향후 10년에서 15년 사이에 그 동안 잘 알려지고 축적되어왔던 기술적 성능들은 기술적인 한계에 접근해가고 있거나 이미 도착해 있을 것이다."였다.

집적회로는 극히 제한된 물질들을 소재로 하여 구현된 것이었다. 즉 대부분의 집적회로에서 사용되어온 소재라고 해봐야 단 결정 실리콘, 몇 가지 종류의 도너 원자(dopant atom), 실리콘 다이옥사이드, 나이트라이드 그리고 알루미늄이나 구리 정도가 주를 이루었다.

그러나 요즘의 상황은 전혀 달라지고 있다. 요즘 연구자들과 엔지니어들은 기존의 전자공학 분야에서 사용되는 소재들에 비하여 훨씬 새롭고 다양한 소재들의 실용가능성을 위하여 노력하고 있다. 더구나 새로운 분자(소재)들은 기존의 고체 물리 소자들이 할 수 없었던, 즉 다른 분자들과는 다른 반응을 보여줌으로써 다른 분자를 식별하기도 하고, 스스로 일정형태로 결합하여 단순한 구조로 만들어가는 등의 기능들을 할 수 있다. 물론 이론적으로 분자 형태의 많은, 다양한 소재들은 고체 물리소자가 할 수 있는 기능을 모두 할 수 있으며 상대적으로 매우 작은 면적의 칩으로, 동시에 저전력소모와 저가로서 구현할 수 있다는 뛰어난 장점을 지니고 있다.

이러한 것들의 몇 안 되는 성공 사례로 디스플레이 스크린에서 사용되는 액정 물질(liquid crystalline material)을 들 수 있는데, 이는 이미 전자공학 분야의 중요 소자로서의 위치를 차지하고 있으며 널리 사용되고 있다. 그리고 분자 형태를 이용해서 구현되는 메모리 칩들과 같은 것도 단순히 과학적 픽션에 머물지 않고 현실에서의 상용화를 가까이 두고 있다.

아주 최근까지만 해도 분자들로 이루어진 거시적인 물질로부터 분자 한 개의 단위를 떼어내는 것은 어려웠고 또한 어떠한 성질 (분자의)들이 유용한 소자의 특성을 주는가 또는 각 분자들이 어떻게 구성되어 거시적인(측정 가능한) 물리량을 주는가에 대한 답변도 불명확했다. 그러나 근래에 들어서 주사 터널링 현미경 방법과 같이 단일 분자를 측정하거나 섬세하게 다룰 수 있는 방법들이 개발됨에 따라 전술한 질문들에 대한 궁극적인 해답들이 서서히 얻어지고 있다. 이와 동시에 분자 성질에 대한 측정을 통하여서도, 어떻게 하면 그러한 분자들의 성질들을 이용하여 기존의 고체 물리 소재로 구현했던 전자소자들의 기능을 만들어낼 수 있는지에 대한 학문적인 연구와 새로운 실험적인 연구들이 큰 힘을 얻기도 하였다.

이러한 맥락에서, 1990년대 후반에 분자계산 분야(molecular computing)는 DARPA (Defense Advanced Research Projects Agency)로부터 엄청난 지원을 받았다. 학계나 정부 연구소 쪽으로의 엄청난 자금 투입에 힘입어, 정보 전송이나 메모리, 그리고 정보처리를 목적으로 한 분자소자의 제조기술(fabrication), 측정 기술 및 이론적인 분야에서 협동 연구를 통한 폭발적인 발전이 이루어졌다.

흥미롭게도 (앞으로 기술 전망으로 적절하게) "Science" 잡지는 2001년도 "올해의 과학적인 발전 분야"로서 분자 전자공학을 선정했다. 또 이 해는 인간의 유전자 지도(draft human genome)가 완성된 해이기도 하다. 회사들 또한 분자 전자공학 분야의 활성화되어가는 연구 분위기에 보조를 맞추기 시작했다. HP, IBM, 그리고 Bell Lab과 같은 대형 회사 및 연구소들은 분자 전자공학의 다양한 가능성을 타진하기 위하여 연구 담당 부서를 신설하였고 십여 개에 달하는 신설회사들도 기존의 전자 소자의 성능을 갖는 분자 소자 제조를 위한 연구를 진행하게 되었다.

저가의 유기 LED(organic LED)나 고집적도의 플래시 메모리, 그리고 유기-무기의 복합체로 구성된 광전소자(photo-voltaic device) 등이, 그러한 결과로서, 급속히 시장 규모를 확대해나가고 있거나 그러할 전망이다.

이러한 분자 전자공학 분야의 연구에 전기전자공학 분야가 도와주어야 할 영역은 다음의 네 가지로 요약될 수 있다.

첫째, 측정 영역이 있는데 이는 실험적인 영역으로 분자 구조에서의 전자전달(electron transport) 이론과 밀접한 관계가 있는 전기 전도도나 또는 (예를 들면, 분자 결합에 의하여 스스로 형성된 분자의 단층구조에서) 분자 구조내의 전하 함유 용량 성질(charge retention property) 등을 측정하는 일이 이러한 분야에 포함된다. 이러한 측정을 위하여는 특히 도체 전극 구조가 필요한데, 이 때 도체 전극 구조와 분자 구조 매질 구조에서의 접합문제의 해석과 실험 문제에 대한 해석이 먼저 이루어져야 한다. 따라서 접합 문제들의 이론적 및 실험적 연구를 전자공학 분야에서 도와주어야 한다.

둘째, 분자 구조 매질(물질)의 특성 모델링(characterization)도, 전자공학에서 일반적으로 널리 사용되는 거시적인 물리량(macroscopic physical quantity)인 전도도, 유전율, 투자율, 이동도(mobility)와 같은 개념들을 사용해서 연구해야 하므로 이 또한 전자공학 분야의 도움이 원활히 이루어져야 한다.

셋째, 메소스케일(mesoscale)이나 미시적인 스케일의 어떠한 물리적인 현상들이 그러한 거시적인 물리량을 주는가에 대한 연구 또한 원활히 이루어져야할 것인데, 이는 물리, 화학, 전자 분야의 학제간 공동연구를 통하여 이루어질 것이다. 이는 이론적이고도 실험적인 병행 연구를 요할 것이다. 새로운 영역의 이론 연구에 해당될 것이다.

넷째, 분자구조 매질로 구현된 각 소자들을 엮어 요구되는 성능을 갖는 시스템을 구현하기 위한 지식은 철저히 전자공학 분야에서 도움을 주어야 한다. 물론 가까운 미래에는 그 동안 전자공학에서 이루어져왔던 전자공학적 지식, 전자공학의 기본 요소로서의 거시적인 물리량들 즉 전도도, 유전율, 투자율에 대한 정의, 소자의 I(전류) - V(전압) 특성의 해석이나 의미 부여체계(증폭, 여파, 주파수 체배 등의 각 기능을 갖는 소자들의), 그리고 요구되는 시스템(여러 가지 소자들의 결합으로 구성되는) 설계지식 등이 단기간 내에 어렵지 않게 물리 분야나 화학 분야나 그 외 인접 과학 분야의 연구자들에게 상식적(common sense)으로 공급될 수 있는 지식 공급 체계 또는 지식 공유체계가 구축될 것이다.

이미 1970년대 중반에 각각의 분자들을 회로 소자로 하여 컴퓨터를 구현하겠다는 꿈이 시작되었다. 그러나 1980년, 이 분야의 관련 연구자들에게, 각각의 분자들을 분자 규모에서 관찰하고, 분자 하나를 떼어내고 조작할 수 있는 수단을 제공할 수 있는 주사 터널링 현미경(scanning tunneling microscope) 기술이 나오기 전에는 단지 허황된 꿈에 지나지 않았다.

하지만 그러한 주사 터널링 현미경 기술의 개발에 힘입어 1990년대 후반에 분자 전자공학 분야의 연구가 폭발적으로 진행되었으며, 이러한 결과로 각각의 분자가 현재 마이크로프로세서의 빌딩 블록인 도선이나 반도체와 같이 전도할 수 있다는 사실이 밝혀졌다. 따라서 각각의 분자들이 필요한 전자 소자로 사용될 수 있는 시대도 다가올 수 있을 것이다.

1997년 알라바마 대학의 메쯔거(Robert Metzger)와 예일 대학의 쪼우(Chong-Wu Zhou)가 이끄는 연구팀은 칩 설계에 가장 기본적이고 필수적인 소자 중의 하나인 다이오드(molecular diode)를 분자 규모로 구현하였다. 이어서 1999년 7월, UCLA

(University of California, Los Angeles)의 히스(James Heath) 교수와 스토다트(Fraster Stoddart) 교수가 이끄는 연구팀이, 전류를 흘리다가 정격전압보다 큰 전류가 흐르게 되면 분자의 배열 형태를 바꾸어 전류를 끊을 수 있는, 가장 단순한 형태의 스위치인 퓨즈를 구현하였다. 그리고 한 달이 채 지나가기도 전에, 예일 대학의 리드(Mark Reed)와 라이스 대학의 투어(Jim Tour)가 이끄는 연구팀이 트랜지스터와 같이 전류를 제어할 수 있는 기능을 갖는 분자 규모의 소자를 만드는 데 성공했다. 그러나 2000년이 지나면서까지도 이러한 각 기능을 갖는 소자들을 결합하여, 요구되는 성능을 갖는 시스템 차원의 연구는 이루어지지 않았다. 그러나 2001년은 달랐다. 각각의 소자만의 성능을 분자 레벨에서 구현해왔던 연구팀들이 협력하여 각 소자들을 합쳐 기본적인 계산 연산(rudimentary computing operation)을 실행할 수 있는 시스템으로 보다 복잡한 회로를 구현한 것이다.

그 해 1월에는 하바드 대학의 리버(Charles Lieber)가 반도체 소재(indiumphosphide)로 된 나노와이어(nanowire)로써 오목한 도형의 구조(ticktacktoe board)를 만들고, 전자 빔 식각법(electron beam lithography)을 사용하여 나노와이어의 끝에 전기적 접촉(electrical contact)을 만들어 신호를 전송할 수 있음(전기가 통할 수 있다는)을 보여주었다. 이 연구는 아직 구체적인 성능을 지닌 회로에 대한 연구는 아니지만 나노와이어가 전기적 접촉을 통하여 서로 연결되어 배열 형태를 구성했을 때에도 전기적으로 활성화(전기를 통할 수 있는)될 수 있다는 것을 보여준 것이다.

이어서 UCLA의 히스(Heath)팀이, 반도체 소재로 십자형(crossbar)으로 만들고 각 접합부에서 트랜지스터 기능을 할 수 있는 로텍세인(Rotaxane)이라는 분자를 배치하고 나서, 각 십자형 도선의 접합의 입력 전압을 제어해줌으로써, 16비트의 메모리 회로를 만들 수 있음을 보여주었다. 계속해서 나노 튜브로 구성된 인버터(inverter) 회로가 발표되었고 이어서 증폭 기능을 할 수 있는 트랜지스터 회로가 발표되었다. 이렇듯이 분자 전자공학 분야는 이제 비현실적이고 공상적인 연구가 아니라 점차 실제적인 기술 단계로 이전하고 있는 것이다. 물론 전하체 캐리어의 숫자 규모가 작아서 실용화되는 데 있어서 중요한 평가 지표로서의 SNR 관점에서의 비관론도 동시에 생각해야 한다.

11 분자 전자공학 즉 나노세계의 주요 화두로서 전도도란 무엇인가?

– 양자 수송 이론과의 연관성 –

본 장에서는 미래의 전자공학 소재들, 즉 예를 들자면 전도성 폴리머라든지 나노튜브라든지, 획기적인 대체 소재들이 성공적으로 출시되거나 실용화되는 과정에서 매우 중요한 화두로서의 전도도에 대하여 정리해본다. 어렵게 느끼는 독자들은 읽지 않아도 되지만 한 번 정도는 꼭 참고 읽어보는 것도 시간의 낭비가 아닐 것이다.

전도도개념은 전자통신 분야에서 매우 중요한 물리량이다. 우리가 전자 공학 분야에서 전도도와 관련하여 배운 것은 오직 옴의 법칙(Ohm's law)에 국한되어왔다. 여기에서 한번 더 지적해야 할 (비판적으로) 내용이 있는데 대부분의 학생들이, 옴의 법칙에서 다루는 전하체의 유동속도(drift velocity)와 전송선 이론에서 다루는 신호의 전파속도(광속과 비교되는)에 대하여 그 차이점을 명확히 이해하지 못하고 있다는 점이 그것이다. 그리고 이와 동시에 옴의 법칙의 경우에 다루게 되는 저항에 의한 줄 열(Joule's heat)에 의한 손실 또는 흡수 손실의 개념과, 손실이 있는 얇은 박막(thin film)에 전파를 입사시켰을 때 얇은 박막에서의 흡수율(absorption rate)(전자의 전도도에 의한) 개념과의 차이점 또한 명확한 이해가 요구되는 문제로 남아 있다.

이러한 전도도 문제는 전도성 폴리머(conducting polymer)나 분자 구조의 도선 문제를 다루어야 할 때 반드시(실험적이거나 이론적이거나) 정량화해야 할 문제에 해당된다. 따라서 여기에서는 이러한 문제들에 대하여 생각해보기로 한다.

도체(conductor), 반도체(semiconductor) 그리고 부도체(insulator)의 보다 엄밀한 규정은 현대 물리학에서는 전자의 양자 에너지(quantum energy) 상태 개념을 바탕으로 하여 전자가 가질 수 있는 양자 에너지 상태(quantum energy state 또는 quantum level)가 밀집되어 구성되는 에너지 띠(energy band)라는 개념을 사용하여 분류하는데 여기에서는 먼저 고전적 의미에서의 전도도에 대하여 생각해보기로 한다. 도체 내에는 원자의 인력에 거의 영향을 받지 않고 자유롭게 돌아다닐 수 있는 전자들이 있는데 이를 자유전자(free electron)라 한다.

이러한 자유전자의 개수가 많은 물체들이 좋은 도체들이다. 예로 구리(Cu)나, 금(Au), 은(Ag)과 같은 금속(metal)들은 많은 자유전자를 가지고 있다. Cu 원자의 경우 29개의 전자 중에서 28개의 전자는 원자핵의 인력에 구속되어 있지만 하나의 전자가 구리 원자 하나당 자유로운 상태(자유전자 상태)이다. 물체를 구성하는 원자와 분자의 개수의 기준이 되는 숫자는 Avogadro 수(Avogadro number)인, $N_A \approx 6.023 \times 10^{23}$개/mole이다. 고체 상태의 1mole 상태의 부피는 대략 $1cm^3$ 정도이며, 구리의 경우는 10^{22}개/cm^3의 자유전자가 있는 것으로 알려져 있다. 이러한 많은 개수의 자유전자의 집단적 상태를, 운동이 자유로운 분자의 모임인 기체 상태와 비교하여 자유전자 기체(free electron gas)라는 용어를 많이 사용한다. 그리고 자유전자를 하나 잃은 원자 상태는 전기적 균형이 깨어져서 양전하를 띤 상태(양이온: positive ion)가 된다. 이러한 양전하를 띤 원자 상태를 일컫는 용어로 이온 코어(ion core)라는 용어를 많이 사용한다. 고체 상태는 원자가 일정한 간격을 유지하여 배열되고 이러한 배열 상태를 격자(lattice)라고 한다. 따라서 고체 상태 내부의 이온 코어(ion core)인 원자 배열을 이온 코어 격자(ion core lattice) 또는 많은 경우에는 간편하게 격자라고 한다.

위의 개념들을 사용하면, 도체는 격자와 그 사이를 채우고 있는 자유전자 기체(free space gas)로 구성되어 있다. 고전 물리학적으로 전류 현상을 설명하는 대표적 유형으로 이러한 도체의 구성 상태를 자유전자 기체 모형이라고 한다.

자유전자 기체 모델을 바탕으로 전류 현상을 설명하는 개념적 요소들 중에는, (a) 전자의 열적 운동(thermal motion)을 기술하는 요소들인, 전자의 열적 속력(thermal velocity of electron) ν_{th}와 전자가 격자와 충돌한 시각부터 다음 충돌 시각까지의 시간의 평균치, 즉 충돌 사이의 평균 시간 t_c, 전자가 격자와의 충돌 사건 사이의 움직이는 평균 거리 개념인 평균 자유 거리(mean free path) l_{th}들이 사용되고, (b) 외부에서 인가된 전장 $\vec{E}$의 영향하에서 전자들의 운동을 기술하는 유동속도(drift velocity) ν_d와 이러한 운동 과정중에 일어나는 전자와 격자간이 충돌 사건 사이의 평균 시간 개념인 이완 시간(relaxation time) τ가 사용된다.

한편 도체 내의 전자 집단의 흐름의 정도를 전류(current) I로 정의하면 $I \equiv \lim_{\Delta t \to 0} \frac{\Delta Q}{\Delta t} = \frac{dQ}{dt}$로 주어지는데 여기서 Q는 전류 방향에 수직한 단면 A를 Δt동안 관통하여 흘러간 전하량을 의미한다. 물론 이 경우에 단위 면적당의 전류로서 정의되는 전류 밀도 J는 $J=1/A$로 주어진다.

자유전자 기체 모형에서 외부의 인가 전장이 없는 경우, 도체 주위의 온도가 T일 때 열 에너지(thermal energy)에 의하여 자유전자들은 격자 사이에서 모든 방향으로 무질서한 운동을 한다. 이러한 상태를 무작위적인 운동(random motion)이라고 한다. 자유전자들과 격자들과의 충돌 후에도 자유전자들의 운동 상태는 무작위적인 운동 상태이다. 이러한 열적 운동(thermal motion)을 N개의 자유전자들의 운동으로 도식화하면 [그림 11.1(a)]와 같다. $\vec{\nu_1}$, $\vec{\nu_2}$, $\vec{\nu_3}$ ⋯ $\vec{\nu_n}$은 1번 전자, 2번 전자, ⋯ N번째 전자의 열적 속도 벡터로 하여 도체의 한 지면을 중심으로 [그림 11.1(b)]와 같이 도식화하면 한 지점을 통과하는 자유전자들의 열적 속도의 벡터적 합 $\vec{\nu}_{th}$는 $\vec{\nu}_{th} = \sum_{i}^{N} \vec{v}_i = 0$이다.

(a) 무작위적 운동 모습　　(b) 열적 속도의 벡터적 합은 0이다.

[그림 11.1] 격자 내 자유전자들의 무작위적 운동

따라서 도체 내의 단면적 A를 통과하는 자유전자들의 전체적 이동효과는 "0"이고 따라서 열적 운동만으로는 전류 현상이 이루어질 수 없다. 그러나 각각의 자유전자들은 온도 T에 해당하는 열 에너지에 의한 속력 ν_i를 갖고 있다. 따라서 개별 자유전자의 열적 속력(thermal speed)의 평균값을 자유전자의 열적 속도 ν_{th}로 $\nu_{th} = (\sum_{i=1}^{N})/N = <\nu_i>$로써 표현하는데 이 값은, 전도도의 온도 의존성과 같은, 전류 현상의 열적 성질을 설명하는 데 유용하게 사용된다. 이렇게 정의된 자유전자의 열적 속도 ν_{th}는 고전 열역학에서의 에너지 등분배 법칙(equipartition)을 사용하여 표현할 수 있다. 즉 에너지 등분배 법칙의 표현식

$$\frac{1}{2}mv_{th}^2 = \frac{3}{2}k_B T$$

로부터

$$v_{th} = \sqrt{\frac{3k_B T}{m}}$$

로 주어지는 데 여기에서 k_B는 볼쯔만 상수(Boltzmann constant)로서 $k_B = R/N_A$이며 R과 N_A는 각각 이상기체 상수 및 아보가드르 수(=6.023×10^{23}개/mole)를 의미한다. 열적 속도 ν_{th}를 고전 통계 역학적으로 보다 정확한 계산을 하면

$$v_{th} = \sqrt{\frac{k_B T}{2\pi m}}$$

로 구해진다. 또한 자유전자의 열적 운동에 의한 평균 자유거리 l_{th}는 ν_{th}에, 충돌 사건 사이의 시간 평균치인 평균 자유시간(mean free time) t_c를 곱하여 $l_{th} = \nu_{th} \cdot t_c$로 표현되는데 여기에서 평균 자유거리는 보통 격자 간 거리인 10^{-8}m정도이고, 평균 자유시간 t_c는 상온(room temperature)에서 약 10^{-14}정도이다. 그리고 전자의 열적 속도 ν_{th}는 $\nu_{th} \approx 10^6 m/\sec$로서 광속의 1/100인 정도로 큰 속력을 지닌다.

격자와의 충돌 후의 전자의 열적 속도 ν_{th}는 충돌 전의 속도와는 독립적으로 해석한다. 즉 전자가 격자와 충돌하는 순간에, 충돌 직전에 가지고 있던 속도의 운동 에너지(kinetic energy)를 격자의 진동 에너지(vibration energy)로 빼앗기고 충돌 순간의 열적 속도 ν_{th}는 $\nu_{th=0}$이 된다.

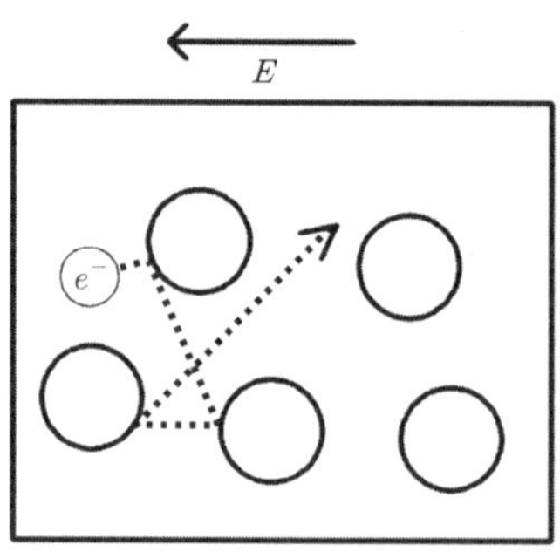

[그림 11.2] 전장 인가시 전자의 운동

도체 외부에서 전장 $\vec{E}$를 인가하면 전자의 운동은 [그림 11.2]와 같이, 전기장의 반대 방향으로 평균적으로 기술할 수 있는 운동을 하게 된다. 즉 충돌과 충돌 사이에 인가 전장에 의해서 가속을 받아 전장 $\vec{E}$와 반대 방향으로 속도가 증가하게 된다. 이러한 속도의 평균치(연속된 충돌사건 사이의 시간에 걸쳐)를 유동 속도(drift velocity) ν_d로 표현한다. 또한 충돌과 충돌 사이의 평균 시간 간격을 이완시간 τ로 표현한다.

지금까지의 논의에 입각해서 외부에서 전장 $\vec{E}$가 인가되었을 때 시각 t와 $t+\Delta t$ 사이에 면적이 A인 단면적을 통과하는 전하량 Δq를 구하면

$$\Delta q = neAv_d \Delta t$$

로 주어진다. 물론 여기에서 ν_d는 외부 전장에 의한 전자들의 평균속도의 의미를 갖는 유동 속도를 의미하고 n은 단위 체적당 전하체(전자) 밀도(개수)이며 e는 각 전하체가 지닌 전하량을 의미한다. 따라서 전류 I는, 전류 I의 정의식으로부터,

$$I = \lim_{\Delta t \to 0} \frac{neAv_d \Delta t}{\Delta t} = nev_d A$$

로 표현되고 이로부터 전류 밀도 J는 $J = I/A = nev_d$로 주어진다.

지금까지 논의한 내용은 자유전자 기체 모델(free electron gas model)에 입각해서, 개별 자유전자들의 운동 상태를 근거로 전류 I와 전류 밀도 J의 표현 방식을 다루어 본 것이다. 전류 밀도 J에 대한 이러한 표현식, 즉 $J = nev_d$는 현재에도 금속과 반도체 등의 전류현상을 설명하는 데 광범위하게 적용되는 관계식이다.

11.1 고전적인 드루드 모델과 옴의 법칙

도체에 전기장 $\vec{E}$를 인가하면 도체 전류가 관측되고, 전기장에 의해 도체에 유기되는 전류 밀도 $\vec{J}$는 인가 전장 $\vec{E}$의 세기에 비례(선형적으로)하여 증가한다. 이러한 현상은 극저온 영역을 제외하고는 보편적으로 성립하는 법칙이다. 이 법칙이 전류 밀도 $\vec{J}$와 인가전장 $\vec{E}$사이에 성립하는 관계식인 옴의 법칙이다. 보통 전류 밀도 $\vec{J}$가 전기장 $\vec{E}$에 비례하여 증가하는 기울기를, 도체에서 전류가 흐르는 정도를 나타내는 개념으로써, 전도도 σ로 표현한다. 이러한 전도도 σ를 사용하여 옴의 법칙을 표현하면

$$\vec{J} = \sigma \vec{E}$$

가 된다. 한편 자유전자 기체 모델에서 도입된 유동속도 ν_d는 전자와 격자의 충돌과 다음 충돌 사이에 전기장에 의해 가속되는 현상에서 얻은 개념으로, 충돌 사이의 가속되는 시간의 평균치를 의미하는 이완 시간 τ로 표현하면

$$v_d = \frac{eE}{m}\tau$$

가 되며 이를 이용하여 전류 밀도 J를

$$J = nev_d = \frac{ne^2\tau}{m}$$

로 표현할 수 있으므로 전도도 σ는

$$\sigma = \frac{ne^2\tau}{m}$$

로 주어지게 된다. 이러한 σ의 표현식을, 고전 물리적인 자유전자 기체의 드루드 (Drude) 모델이라고 한다.

이러한 드루드 모델의 전도도는 물질(도체)에 따라 결정되는 이완 시간 τ에 의해 주어지는 표현식이다. 물질(도체)의 전도(또는 전류) 현상의 원자적 차원의 미시적 배경은, 자유전자와 격자의 충돌 현상이며 그러한 미시적 충돌 현상을 대표하는 물리량이 유동 속도 ν_d와 이완 시간 τ이다.

이러한 이완시간 τ를 열적 운동에서의 충돌 사이의 시간 t_c와 같게 $\tau = t_c$로 놓으면 전도도 σ의 온도 의존성이 설명된다. 즉 열적 운동에 의한 평균 자유 경로 l_c가

$$l_{th} = v_{th}\,t_c \cong \sqrt{\frac{k_B T}{2\pi \mathrm{m}}}\cdot\tau \cong v_{th}\,\tau$$

로 주어지므로, 이로부터

$$\tau = \frac{l_{th}}{v_{th}} = l_{th}\sqrt{\frac{2\pi \mathrm{m}}{k_B T}}$$

을 얻게 되어 전도도의 온도 의존성을

$$\sigma(\tau) = \frac{ne^2 l_{th}}{m}\sqrt{\frac{2\pi \mathrm{m}}{k_B T}}$$

와 같이 얻게 된다. 이 결과식은 고전 물리학에서 근거를 둔 근사적인 온도의 의존성을 보여주는 표현식으로써 도체의 온도 T가 증가하면서 전도도 σ가 감소하는 경향을 설명하고 있다.

유동속도 v_d의 온도 의존성 또한

$$v_d = \frac{eE}{m}\tau = \frac{eEl_{th}}{m}\sqrt{\frac{2\pi m}{k_B T}}$$

이 되는데, 이로부터 인가 전장 E와 유동속도 v_d의 비례상수(즉, $v_d = v_E \cdot E$)를 전자의 이동도(mobility) μ_E로서 정의하면

$$\mu_E \equiv \frac{e\tau}{m} = \frac{\sigma}{ne} = \frac{el_{th}}{m}\sqrt{\frac{2\pi m}{k_B T}}$$

으로 주어진다.

전도도의 역수로써 비저항 $\rho(\equiv \frac{1}{\sigma})$를 정의하고 이렇게 정의된 비저항에 도체의 기하학적 인자를 결합하여(도선의 단면적이 A이고 길이가 l인 경우)

$$R = \rho\frac{l}{A}$$

이 되는데 이러한 저항의 개념을 사용하면, 전기장 E의 개념이 도입되고 나서 전자기학 법칙이 정립되기 이전에 옴이 발견한, 도체에 인가되는 전위차 V와 전류량 I와의 비례 관계 법칙인 옴의 법칙이 설명된다.

즉, $J = \sigma E$의 양변에 Al을 곱하고 앞에 주어진 R에 대한 표현식을 사용하면 (물론 $El = V$식도 사용)

$$V = IR$$

의 표현식을 얻게 된다.

11.2 양자 역학에서의 전도도

고전적인 전도(전류) 현상은 양자 역학 영역에서는 양자 상태의 에너지와 운동량($\hbar k$)의 변화로서 설명된다. 즉 인가 전장 $\vec{E}$가 가해지면 고전 물리에서의 유동속도 ν_d는 양자 역학적으로 k공간에서의 운동 상태의 변화량 δk로 기술된다. 양자 역학적 드루드 모델에서도 이완시간 τ가 여전히 상수적 의미를 가지는 미지의 값으로 남아 있다는 것에 주목할 필요가 있다. 전자의 운동 과정에서의 충돌 효과와, 가장 긴밀한 관계를 맺고 있는 이완시간에 대한 보다 정밀한 설명 체계는 뒤에 소개할 양자 수송이론(quantum transport theory)을 바탕으로 하여 주어질 수 있다. 결국 도체 물질 내부에서의 전하체(전자)의 전도 현상을 설명하기 위해서는 다음의 개념들이 필요하다.

(a) 에너지띠(energy band)와 에너지띠간 에너지(band gap energy)
(b) 페르미 분포식(Fermi distribution function)
(c) 격자 진동 에너지의 음향 양자인 포논(phonon)

계속해서 고전적인 드루드 모델과 양자 역학적 모델에 대한 논의를 개략적으로 해보기로 한다. 이미 진술한 바와 같이 드루드 모델은 자유전자 기체 모델에 입각한 것인데 그러한 드루드 모델의 전도도 $\sigma = \dfrac{ne^2\tau}{m}$은 현재까지도 전도 현상에 대한 근사적인 설명에 유용하게 사용되고 있다. 그러나 다음과 같은 한계를 지니고 있다.

(a) 열적 충돌시간 t_c와 외부전장에 의해 가속되는 시간 개념인 이완 시간 τ와의 관계가 명확하지 못하다. 자유전자 기체 모델(electron gas model: Drude model)에서는 $t_c = \tau$로 보고 전도도의 온도 의존성을 설명한다.
(b) 이완 시간 τ와 열적 충돌시간 t_c를 상수로 즉 $t_c = \tau = \text{const}$로 놓은 물리적 배경이 명확치 않다. 따라서 전도도의 온도 의존성이 명확하지 못하다.
(c) 격자와의, 운동량과 에너지 교환의 상호작용 설명이 단순히 유동 속도 ν_d나 이완시간 τ의 개념으로 대치되었다.
(d) 시간에 따라 변하는 외부 전장이 인가되는 경우의 전도도가 외부 인가 전장의 진동수에 어떻게 의존하여 있는가에 대한 설명이 명료하지 않다.
(e) 전도도의 비선형적인 특성에 대한 설명이 제한적이다.

한편 양자 이론적으로 전도 현상을 설명하는 경우에도 고전 물리학적인 자유전자 기체 모델을 그대로 유지한다. 고전 물리학적으로 전자의 입자성에 대표적 물리량인 운동량($m\nu$)과 운동 에너지($1/2m\nu^2$)를 양자 이론적 바탕에서, 전자의 파동성에 관련된 대표적 물리량인 파수 벡터(k)와 진동수(w)에 대응하여 해석하는 것만 차이가 있다.

따라서 양자 역학적인 해석에서 슈뢰딩거 방정식에 근거를 두고 전자의 양자 상태와 상태 에너지가 함수 구조로 해석되고 이를 바탕으로 에너지띠와 띠간 에너지가 설명되어진다. 그러나 양자 역학적 모형에서도,

(a) 전자의 에너지 상태가 구해지는 경우가 제한되어 있다.
(b) 많은 입자, 즉 전자와 배경 입자들이 모여서 구성된 다 입자계의 설명이 충분하지 않으며, 따라서 배경 입자와의 상호 작용에 대한 설명이 미흡하다고 볼 수 있다.
(c) 무엇보다도 양자역학적 해석은 절대 영도(T=0)인 물리계를 전제로 하고 있다는 한계점을 지니고 있다.

이러한 면에서 보면 양자 역학적으로 전도 현상을 설명하는 방식도 고전 물리학적전도 현상을 설명하는 틀을 그대로 유지하고 있다고 볼 수 있다.

즉, 옴의 법칙에 대한 가장 근본적인 질문인 (a) 인가 전압과 유도 전류간에 일정한 비계 상수가 성립하는 이유와 (b) 물질마다 그러한 비례율이 다른 이유에 관한 질문에 대한 설명에는 고전 물리학적인 자유전자 기체 모델 또는 드루드 모델의 틀(frame)이 그대로 유지되고 있는 것이다.

11.3 양자 수송이론과 전도 현상

여기에서는 전도 현상에 대하여 양자 수송이론을 사용하여 얻을 수 있는 결과들을 중심으로 소개하겠는데 무엇보다도 전자파(빛과 같은) 에너지는 어떤 물질에 입사했을 때 물질 내부에서 일어나는 빛 에너지(전자파 에너지)의 흡수율이, 우리가 전자전기공학 분야에서 다루는 저항체의 양단에 전압을 인가했을 때의 저항체에서의 줄 열 손실(Joule’s heat loss)에서의 에너지 손실률과 어떤 관계에 있는지에 대하

여 살펴볼 것이다. 먼저 양자 수송이론에 대한 기술적인 논의를 간단히 하고 양자 수송이론을 사용하여 전도 현상에 대하여 얻은 결과를 개념적으로 설명하고자 한다. 독자에 따라서는 양자 수송이론에 대한 개론은 생략하고, 전도 현상에 대한 결과 부분만을 읽어보는 것도 괜찮다고 생각된다.

전도도 현상의 보다 미시적인 배경을 설명하기 위해서는 양자 통계 역학(quantum statistical mechanics) 체계를 근간으로 하는 양자 수송이론을 사용하여야 한다. 이러한 이론 체계가 도입되어야 하는 이유(필요성)는 실제로 물질(도체)속에서 자유롭게 이동할 수 있는 자유전자의 개수가 Cu(구리)의 경우 대략 $10^{22}/cm^2$정도로 매우 크므로 전자 집단의 상태나 운동을 기술하는 물리량들의 통계적 평균값들이 기대치(또는 대표량)로서 거시적인 물리량에 대응되기 때문이다.

다른 한편으로는 전자 입자 집단의 온도에 관계되는 특성이 절대 영도의 시스템을 전제로 한 양자 역학적 체계로서는 충분히 설명되지 않기 때문에 양자 통계학적 해석의 도입이 필요하게 되는 것이다. 양자 통계 역학은 고전 열역학 법칙들의 미시적 배경을 설명하고자 하는 과정에서 체계화되었기 때문에, 열역학적인 관점에서 거시적인 물리량인 온도 T와 압력 P, 그리고 체적 V등의 변수들을 입자 집단 내부의 미시적 에너지 상태(microscopic energy state) 또는 양자적 에너지 상태(quantum energy state)를 바탕으로 설명하는 체계이다. 양자 통계 역학을 체계적으로 기술하는 것은 내용이 방대하므로 여기에서는 전자 입자 집단의 현상을 설명하는 데 필요한 가장 근본적인 개념들만을 살펴보기로 한다. 먼저 입자의 개수가 N이고, 체적이 V이고, 온도가 T인 계(system)들의 모임을 보통 정준 앙상블(canonical ensemble)이라고 한다. 여기서 앙상블은 N, V, T와 같은 일정 변수가 같은 계들의 집합으로 이해한다. 또 앙상블을 이루고 있는 계들의 미시적 에너지 상태가 $\epsilon_1, \epsilon_2, \epsilon_3 \cdots \epsilon_n$인 경우를 생각한다. 이러한 미시적 에너지 상태는 대부분의 경우 슈뢰딩거 방정식(Schrdinger equation)의 에너지 고유 값(eigen value)에 해당한다. 깁스(Gibbs)에 의한 체계화된 앙상블(Ensemble) 이론에 의하며 (임의의) i번째 에너지 상태인 ϵ_i에 입자가 존재할 최적 분포(most probable distribution)의 함수 구조는

$$g = e^{-\varepsilon_i/K_B T}$$

로 주어지며 이를 깁스 인자라 한다. 이러한 최적 분포를 계의 미시적 상태 전체에 대하여 합한 것을 상태화 방정식(partition function) Z라고 하며

$$Z = \sum_{i=0}^{n} e^{-\varepsilon_i/K_B T}$$

로 표현한다. 따라서 입자가 i번째 에너지 상태에 있을 확률 P_i는

$$P_i = \frac{e^{-\beta\varepsilon_i}}{Z}, \ \beta = \frac{1}{K_B T}$$

로 주어지므로, 계에서 임의의 물리량 A의 통계적 평균치 $< A >$는

$$< A > = \sum_i A_i P_i \Big/ \sum_i P_i = \sum_i A_i P_i$$

로 구해지는데 보통 $\sum_i P_i = 1$로 정규화한다.

한편 열역학 변수인 헬름홀츠 자유 에너지(Helmholtz free energy) $F = U - TS$는 볼츠만 원리에 바탕을 둔 통계학적 체계를 통하여 다음의 관계식으로 연결되어 있다.

$$F = -K_B T \ln Z$$

따라서 Z를 구하면 계의 미시적 상태를 바탕으로 F를 구할 수 있게 된다. 헬름홀츠 자유 에너지 F의 통계적 해석을 기초로 해서, 열역학적 내부 에너지 U와 엔탈피(enthalpy) $F \equiv U + PV$와 깁스 에너지 $G \equiv U - TS + PV$와 F에 관계되는 다음의 4가지 열역학 방정식(thermodynamic equation)인

$$dU = T\,dS - P\,dV$$

$$dH = T\,d + V\,dP$$

$$dF = -S\,dT - P\,dV$$

$$dG = -S\,dT + V\,dP$$

의 관계식을 활용하면, 열 역학적 거시적 변수들인 P, V, T, S들을 미시적 에너지 상태 ϵ_i를 바탕으로 해서 확률적 평균인 거시적(macroscopic) 물리량의 정보를 설명하는 것이 양자 통계 역학 체계이다. 즉,

(a) 미시적 에너지 상태 ϵ_i를 구하고

(b) 상태화 방정식 $Z=\sum_i e^{\theta\epsilon_i}$를 구하고

(c) $F=-K_B \ln Z$ 를 구하고, 열역학 방정식들로부터 열역학 변수들을 해석하고

(d) 확률 $P_i=\dfrac{e^{-\theta\epsilon_i}}{Z}$를 사용해서 거시적인 평균치 $<A>=\sum_i A_i P_i$를 해석한다.

이러한 통계 역학적 과정이 양자 역학 체계와 연결되면 평행 상태 밀도 행렬

$$\rho_s \equiv |\psi_s><\psi_s| \text{ 는}$$

$$\rho_s \equiv |\psi_s><\psi_s| = \frac{e^{-\beta H_s}}{\sum e^{-\beta H_s}} = \frac{e^{-\beta H_s}}{Z} = e^{-\beta H_s}$$

로 주어지게 되고, 평균 상태(equilibrium state)의 역학 변량(dynamic variable) A의 양자 통계적 평균 $<A>$는

$$<A> = T_r\{A\rho_s\} \equiv \sum_i \langle \psi_i | A\rho_s | \psi_i \rangle$$

로 표현된다. 여기에서 첨자 S는 평형 상태 또는 정적 상태(stationary state)를 의미한다.

평형 상태에 있는 계의 헤밀토니안(Hamiltonian) H_s는 평형계의 운동 에너지 T와 포텐셜 에너지 V의 합 $H=T+V$로 주어지는데 이를 연산자(operator) 개념을 사용해서 표현하면

$$H_s = \frac{-\hbar^2}{2m}\left(\frac{\partial^2}{\partial x^2}+\frac{\partial^2}{\partial y^2}+\frac{\partial^2}{\partial z^2}\right)+V(x,y,z)$$

가 된다. 가장 간단한 예로써, $V=0$인 자유 전자계를 가정하고 x, y, z축으로 각 변의 길이가 a, b, c인 직육면체 상자 속에 있는 자유전자의 파동 상태는 슈뢰딩거 방정식으로부터 구하면

$$\psi(x,y,z) = \sqrt{\frac{8}{abc}}\cdot\sin\frac{n_x\pi}{a}x\cdot\sin\frac{n_y\pi}{b}y\cdot\sin\frac{n_z\pi}{c}z$$

가 되고 에너지 고유치(eigen value) E는

$$E_{n_x,n_y,n_z} = \frac{\hbar^2 \pi^2}{2m} \cdot \left\{ \left(\frac{n_x}{a}\right)^2 + \left(\frac{n_y}{b}\right)^2 + \left(\frac{n_z}{c}\right)^2 \right\}$$

로 표현된다.

외부에서 인가 전장이 작용하지 않은 경우($V=0$), 전자의 열적 요동에 의한 x-방향의 전류 밀도는

$$J_{th}^x = \frac{eP}{m} = ic\hbar\frac{\partial}{\partial x}, \quad C = \text{constant}$$

(한 예로서 $C=\dfrac{n \cdot e}{m^*}$를 주어질 수 있는데, 이 경우 n은 전자 밀도 e는 전자의 전하량이고 m^*은 전자의 유효질량을 의미한다.)로 기술하여 전류 밀도 평균 $<J_{th}^x>$을 구해보면

$$< J_{th}^x > = \sum_n < \psi_n | ic\hbar \frac{\partial}{\partial x} \frac{e^{-\beta H_s}}{z} | \psi_n > = 0$$

이 되어, 열적 요동에 의한 전류가 관측되지 않는다는 것을 미시적 에너지를 바탕으로 하는 양자 통계적 체계로 설명할 수 있음을 볼 수 있다. 위의 연산 과정을 간단히 설명하면 $|\Psi_n(x)>$이 sin 함수이고, 앞에서의 연산자 방정식에 의해 x에 대하여 두 번 미분되어 다시 sin 함수가 되며 ($\frac{\partial^2}{\partial x^2}\sin x = \sin x$) 다시 미분되어 cos ($\frac{\partial}{\partial x}\sin x = \cos x$) 함수가 된다. 이러한 cos 함수의 양자 상태 $|\Psi_n(x)>$가 sin 함수인 양자 상태 $<\Psi_n(x)|$와 내적을 취하게 되면, 두 양자 상태의 양자 지수가 n으로 같으므로, '0'이 된다. ($\because \int_0^\infty \sin x \cos dx = 0$)

전자가 포텐셜 V가 작용하고 있는 계에서 운동할 때의 파동 상태 $|\Psi_n>$과 에너지 고유값 ϵ_n을 구하는 과정은 다소 복잡하다. 전자공학에서 자주 사용되는 에너지 장벽과 구속 포텐셜(confined potential)이 작용하는 계의 파동 함수와 고유치를 구하는 과정은 양자 역학 분야의 관련 교재에 잘 기술되어 있다.

평형계가 외부장(external field)의 영향에 의하여 시간적으로 변화하는 물리적 과정을 이해하고자 하는 것이 양자 수송이론(quantum theory of transport)의 주된 이론 체계를 구성한다. 여기서 다루고자 하는 전도 현상에서 중요한 출발점은 시간적으로 진화된 확률 밀도 행렬을 구하는 것으로 시작된다. 밀도 행렬은 계(system)의 거

시적 물리량들의 시간적 평균과 계의 특성에 의해 주어지는 평균량(예를 들어, 입자의 상호 작용 효과 등)들의 해석에 가장 중요한 바탕을 이룬다. 즉, 계 내부의 미시적 평형 상태(internal microscopic equilibrium state)에 의해 주어지는 물리량(임의의 물리량) A의 평균치(대표치)는 계의 평형 행렬 밀도(확률 밀도) ρ_{eq}에 의해 결정되며 그 표현식은

$$< A >_{eq} = T_r \left\{ A \rho_{eq} \right\}$$

로 주어지는데 이 표현식은 양자 역학적 해석에 입각해서 얻는 표현식인

$$< A >_{eq} = \int \psi(\vec{r}) A \psi(\vec{r}) d\tau \ (\text{여기에서} \ d\tau \equiv d^3 x d^3 p)$$

에 대응된다. 상대적으로, 시간에 따라 변화하는 외부장의 영향하에서의 계의 상태 변화나 대표값의 시간적 변화에 대한 기술(description)은 다소 복잡하다. 양자 역학적으로는 시간 의존 슈뢰딩거 방정식(time-dependent Schrödinger equation)

$$H(t)\psi(t) = i\hbar \frac{\partial \psi(t)}{\partial x}$$

의 해를 구해야 한다. 그러나 시간 의존 슈뢰딩거 방정식의 일반 해를 구할 수 있는 경우는 지극히 제한되어 있다. 양자 수송 이론 체계는 슈뢰딩거 방정식에 대응하는 밀도 행렬(density matrix)에 대한 운동 방정식인 리오빌 방정식(Liouvill equation)

$$i\hbar \frac{\partial \rho(t)}{\partial x} = [H(t), \rho(t)] \equiv L(t)\rho(t)$$

에서 $\rho(t)$의 형식적 해를 구하는 것으로부터 현상 해석이 시작된다. 여기에서 계의 헤밀토니안 $H(t)$는

$$H(t) = H_{eq} + H'_{ext}(t)$$

로 주어지는데 H_{eq}는 $H_{eq} = H_0 + H_B + H_{int}$인데 여기에서 H_0는 주된 입자의 헤밀토니안이고, H_B는 주된 입자들의 주위 배경을 구성하는 물질계 내부의 배경 입자 헤밀토니안이며, H_{int}는 주된 입자와 배경 입자간의 상호 작용 헤밀토니안을 의미한다.

예로서 전자계 현상에서의 주된 입자는 전자이며, 이러한 경우 H_0는 전자의 운동 에너지(kinetic energy)와 전자가 경험하는 평형 상태에서의 포텐셜 에너지가 된다. 좀더 구체적으로, 자유전자의 경우 H_0는

$$H_0 = \frac{|\vec{P}|^2}{2m} = \frac{\hbar^2 k^2}{2m}$$

이 되고 정적 자기장(static magnetic field)이 작용하는 계인 경우

$$H_0 = \frac{|\vec{P} + e\vec{A}|^2}{2m}$$

이 되는데 여기에서 $\vec{A}$는 벡터 포텐셜을 의미한다. H_B는 배경 입자의 종류에 따라서 다양한 에너지 값으로 주어진다. 하나의 예로 배경 입자가 음향 양자(phonon)인 경우 제 2 양자화 표현은

$$H_B \equiv H_{ph} = \sum_q \hbar\omega_q b_q^+ b_q$$

로 주어지며 q는 음향 양자의 파 벡터(wave vector), w_q는 파수 벡터(wave vector)가 $\vec{q}$인 음향 양자의 진동수, $b_q^+(b_q)$는 음향 양자의 생성 연산자(소멸 연산자)를 의미한다.

H_{int}은 주된 입자와 배경 입자간 상호 작용의 포텐셜이며 물질계의 구성 요소에 의해 다양하게 주어진다. 양자 수송이론 체계도 계의 주된 입자의 평형적 에너지 상태, 즉 헤밀토니안을 해석하는 것을 출발점으로 한다. 헤밀토니안이 주어지면 슈뢰딩거 방정식을 통하여 계의 미시적 상태 ψ_α와 미시적 에너지 상태 E_α를 구하게 되는데, 여기에서 E_α는 계의 시간 진화 에너지 상태의 해석 기반이 되며, ψ_α는 계의 시간 진화 물리량들의 평균을 해석하는 기반이 된다.

시간적으로 변화하는 외부장에 의한 헤밀토니안 $H'(t)$는 외부장의 종류와 외부장의 영향을 수용하여 반영하는 계 내부의 상황에 의해 정해진다. 한 예로써, 진동하는 전기장이 전자계에 가해지면 전자의 변위에 의한 분극 에너지(polarization energy) $H'_{ext}(t)$는

$$H'_{ext}(t) = -\sum e\vec{r}\cdot\vec{E}(\omega,t)$$

로 표현된다. 지금까지의 내용을 요약해서 정리하면, 양자 수송이론은

(a) 먼저 주된 입자의 운동 에너지와 입자 에너지 상태의 환경을 구성하는 평형 포텐셜 에너지의 결정을 통하여 주된 입자의 헤밀토니안 H_0를 구하고,
(b) 슈뢰딩거 방정식 $H_0\Psi = E\Psi$의 해를 구해서 E_α와 Ψ_α를 구하고,
(c) 배경 입자의 헤밀토니안을 결정하고(예를 들어, $H_B \equiv H_{ph} = \sum_q \hbar\omega_q b_q^+ b_q$)
(d) 또한 외부장에 의하여 공급되는 계의 내부 에너지의 헤밀토니안 $H'_{ext}(t)$를 결정하고
(e) $\frac{\partial \rho(t)}{\partial x} = iL(t)\rho(t)$의 형식적 해를 구하는데 여기에서 $L(t)X = (L_{eq} + L'(t))X \equiv [H_{eq} + H'(t),\ X]$이며 $\rho(t) = \rho_{eq} + \rho'(t)$로 주어진다.
(f) 계속해서, 구하고자 하는 계의 물리량 A의 평균치(대표치)를 $\langle A \rangle_t = T_r\{A\rho(t)\}$로 구하고
(g) 최종적으로 결과를 분석하는 것으로 구성된다.

11.4 양자 수송이론으로부터 구한 결과로써의 전도도

양자 수송이론에는 여러 가지 방법론이 개발되어 왔는데 그 중의 하나인 평형 평균 사영 연산자 방법(EAPS: Equilibrium Average Projection Scheme) 체계에 의하면, 외부에서 진동수 w로 인가되는 전장에 의하여 유도되는 w공간에서의 유도 전류의 시간적 평균치 $J(w)$는

$$J(\omega) = \frac{j_\alpha^2\ \Delta f \cdot \gamma}{(\omega - \omega_c)^2 + \gamma^2} E(\omega)$$

로 주어진다. 따라서 w 공간에서의 전도도 $\sigma(w)$는

$$\sigma(\omega) = \frac{j_\alpha^2\ \Delta f \cdot \gamma}{(\omega - \omega_c)^2 + \gamma^2}$$

로서 로렌츠 함수(Lorentzian function) 형태로 주어진다. 여기에서 J_α^2는 유도 전류의 양자 상태 전이값으로서 $j_\alpha^2 = <\alpha + 1 | j^+ | \alpha> = e^2[2(\alpha+1)\hbar\omega c/m]$을 의미하고

$\Delta f = f_{\alpha+1} - f_\alpha$이며, f_α는 α상태의 페르미 분포 함수 $f_\alpha = \frac{1}{e^{-\beta E_\alpha} - 1}$이고, w_c는 싸이클로트론 주파수로서 $w_c = \frac{eB}{m}$이며, γ는 산란 인자(scattering factor)로서 일반적으로 복잡한 함수 형태로써 표현된다. 여기에서 광 흡수율(photo absorption rate) P는 $\sigma(w)$에 비례하는 양(量)($\because P \propto \frac{1}{2}\sigma E^2$)이므로 다음 [그림 11.3]과 같은 형태의 그래프로 표현된다.

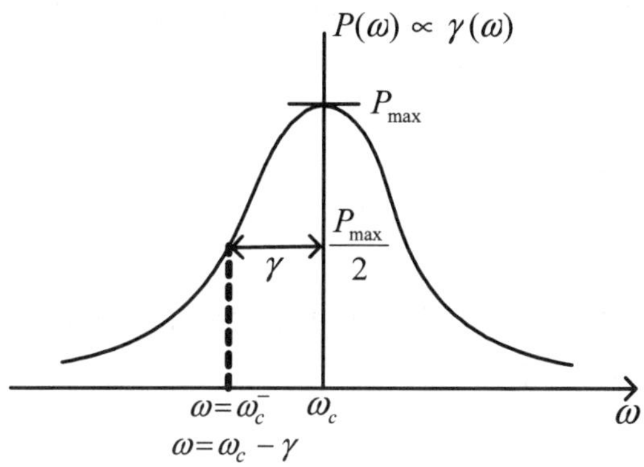

[그림 11.3] 주파수에 따르는 광 흡수율

실제로 G_e반도체 슬랩(박막)에 진동수가 w인 빛을 입사하여 w를 가변하면서 광 흡수율을 측정하면 [그림 11.3]에서와 같이, 전자 공학에서의 공진 특성과 동일한 형태의, 로렌츠 함수 형태꼴의 곡선을 얻게 된다.

전도도의 최대치 $\sigma_{max}(w)$는 $w = w_c$일 때의 값

$$\sigma_{max}(\omega_c) = \frac{j_\alpha^2 \, \Delta f}{\gamma}$$

로 주어지며 $w = w_c + \gamma$ 일 때

$$\sigma_{max}(\omega_c + \gamma) = \frac{j_\alpha^2 \, \Delta f}{2\gamma}$$

가 되므로 산란 인자 함수(scattering factor function) $\gamma(w)$는 광 흡수율이나 전도도의 반진폭의 의미를 갖는다. 앞에서 살펴보았던 고전적인 드루드 모델에서 얻은 결과였던

$$\sigma_{\max} = \frac{ne^2 \tau}{m}$$

와 비교해보면 $\gamma = \frac{1}{\tau}$에 대응되어, 고전적 운동론에서의 산란 인자 $\frac{1}{\tau}$과 같은 의미를 갖게 됨을 볼 수 있다. 그러나 양자 수송 이론에서는 $\gamma(w)$의 연산 과정에 반도체계 내부의 전자와 배경 입자 그리고 전자와 배경 입자의 상호 작용에 의한 양자 전이의 에너지 등의 미시적인 양자 상태의 배경들이 복합적으로 포함되어 있다. 또 $\gamma(w)$에는 전자의 분포 함수로

$$f_\alpha = \frac{1}{e^{-\beta E_\alpha} - 1}$$

로 표현되는 페르미-디랙 분포 함수와 배경 입자의 분포 함수−예를 들면 음향 양자(phonon)의 분포 함수−인

$$n_q = \frac{1}{e^{-\beta \hbar W_q} + 1}$$

이 포함되어 있다. 여기에서 $\beta = \frac{1}{k_B T}$이고 $k_B = \frac{R}{N_A}$이고 R과 N_A는 각각 기체 상수 및 아보가드로 수를 의미한다. 즉 β에 포함된 온도 변수 T에 의해서 γ는 $\gamma(w, T)$와 같은 온도 의존성을 표현하게 되어 양자 역학 해석의 한계를 극복하게 된다.

게르마늄 반도체의 경우, EAPS 이론의 결과식은 Kobori group의 실험적 관측과 잘 일치하여 EAPS 이론 체계는 그 타당성이 검증된 체계이므로, 다양한 다른 물질들이나 역학 변량들의 설명에도 유익하게 사용될 것으로 기대된다. 이러한 이론 체계에서는 $\gamma(w, T)$의 함수 구조가 주어지므로 실험적으로 관측되기 어려운 현상도 주어진 함수 구조의 수치 해석으로 추론할 수 있다는 장점이 있다고 보겠다.

이제부터 옴의 법칙에 해당되는 경우에 대하여 살펴보기로 한다. 즉 외부에서 인가되는 전장이 직류로서 $E_0 = const$로서 주어지게 되면 계가 전기적 에너지를 흡수하는 일률이

$$H'_{ext} = J_x E_0 = -ie\hbar \frac{\partial}{\partial x} E_0$$

로 표현된다. 이 경우에 계에 유도되는 전류의 기대치 $< J_{ind} >$도 EAPS 이론 체계를 이용하여 구하면

$$< J_{ind} > = \frac{j_\alpha^2 \Delta f \cdot \gamma}{(\Delta E/\hbar)^2 + \gamma^2} E_0$$

의 형태로 주어지게 된다. 따라서 전도도 σ는

$$\sigma = \frac{j_\alpha^2 \Delta f \cdot \gamma}{(\Delta E/\hbar)^2 + \gamma^2}$$

로서 주어진다. 이 표현식에서 에너지 ΔE와 산란 인자 γ, 그리고 전류 밀도의 양자적 에너지 J_α^2과 페르미-디랙 분포 함수의 차이인 Δf들을 구하기 위해서는 먼저 계의 파동 함수와 에너지 고유치를 구해야 한다. EAPS 이론 체계를 따라서 α상태로부터 이웃하는 $\alpha+1$상태로의 양자 전이만을 고려하면

$$J_\alpha^2 = |< \alpha+1 | j^+ | \alpha >|^2 = \text{상수}$$

$$\Delta f = \frac{1}{e^{-\beta E_{\alpha+1}}+1} - \frac{1}{e^{-\beta E_\alpha}+1} = \text{상수 (T=상수일 경우)}$$

$$\Delta E = E_{\alpha+1} - E_\alpha = \text{상수}$$

가 되는데 γ의 계산을 위해서는 다소 복잡한 양자상태 전이에 관한 계산 과정을 거쳐야 한다. 그렇다고 하더라도 온도 T가 일정한 경우, $\gamma = \frac{1}{\tau}$=상수로 주어지게 되며, 미시적 에너지 상태를 배경으로 전도 현상을 설명할 수 있게 된다. 한편으로 γ는 온도 함수인 페르미 디랙 분포 함수 f_α와 포논의 보제-아인슈타인 분포함수를 포함하므로 전도도의 온도 의존성도 설명할 수 있다. 또한 미시적 에너지 상태인 E_α에 물질 구조 인자가 포함되고, 산란인자 γ에 전자와 배경 입자의 정보가 포함되므로 물질에 따라 좀 더 체계적으로 설명할 수 있다.

여기에서의 논의는 다음과 같이 요약된다. 우리가 일반적으로 박막 형태로 주어지는 시료에 빛 에너지를 조사(입사)하면 일부 에너지는 박막 표면에서 반사되고 일부 에너지는 투과되고 그 나머지 에너지가 박막에서 흡수된다. 이렇게 흡수되는 에너지를 주파수에 따라 실험을 하게 되면 시료에서 흡수되는 에너지가 주파수에 따라 어떻게 변화되는가를 알 수 있다. 이 경우의 흡수되는 에너지는 시료 자체의 전

도도(conductivity)에 달려 있다. 이는 물리학 전반에 걸쳐 적용되는 논리인데 이러한 전도도와 우리가 일상적으로 전자공학 분야의 회로 이론에서 논의하는 옴의 법칙에서의 전도도가 어떤 관계에 있는지를 살펴본 것이 본 절의 내용이다. 살펴본 바와 같이 두 개의 전도도는 서로 조화롭게 정의되어질 수 있다. 즉 빛을 쬐어서 시료에서의 에너지 흡수율을 측정하여 구한 전도도와 시료를 저항체로 만들어 양단에 인가 전압을 가하여 발생하는 줄 열에 의하여 구한 전도도는 전자의 경우에 대한 표현식(로렌츠 함수 형태의)에서 w를 '0'으로 대입하고 w_c 대신에 $\Delta E/\hbar$를 대입함으로써 얻을 수 있다는 결과를 얻은 것이다. 이는 앞으로 다가올 유기 전자공학이나 분자 전자공학에서 도체로 사용될 전도성 폴리머나 분자 구조에서의 전도도를 측정하고 정의할 때 매우 중요한 개념적 도구(conceptual tool)로서 유익할 것으로 생각된다. 끝으로 이러한 거시적 세계와 미시적 세계의 연계성의 탐구가 오늘날 첨단 산업의 바탕이 되는 것을 고려할 때 전자공학 등으로 대변되는 공학적 탐구와 물리학과 수학과 같은 기초 학문의 탐구가 보다 넓은 범위의 공유된 탐구의 영역으로 융화되고 재결합(reunion)되는 것이 중요하다.

12 분자 전자공학(Moletronics) 관련 개발 현황

반도체 업체인 인텔은 기존의 실리콘 기반 반도체 기술이 오는 2013년 이후에는 기술적인 한계에 봉착할 것으로 예상, 실리콘 이후의 기술, 즉 포스트 실리콘 기술 개발에 연구력을 집중하고 있다(실리콘 스트래티지스 보도). 현재 인텔이 연구하고 있는 차세대 반도체 기술은 트라이-게이트 트랜지스터 탄소 나노튜브, 실리콘 나노 타이어, III-V 기반 칩, 스핀트로닉스 등이다. 인텔은 다가오는 2013년에서 2019년 사이에 이 같은 차세대 반도체 기술이 실제 제품에 적용될 것으로 예측하고 있으며, 이 같은 로드 맵을 염두에 두고 2007년과 2009년 그리고 2011년에 각각 45나노, 32 나노, 22나노 노드에서의 트라이-게이트 트랜지스터를 출시한다는 계획이다. 이미 주요 대학과 협력을 통해 100여 개의 달하는 연구 프로젝트를 진행하고 있는데 현재 초기 형태의 탄소 나노튜브와 나노튜브 FET 등에 대한 연구가 집중적으로 이루어지고 있다. 인텔의 한 관계자는 탄소 나노튜브 등 차세대 반도체 연구에 집중하는 이유에 대해 22나노 미터 노드에서 벌크 실리콘이 일부 한계를 지니고 있기 때문에 이를 극복하기 위한 것이라고 설명했다.

한편 탄소 나노튜브 반도체는 같은 크기를 갖는 기존의 트랜지스터보다 속도는 3배 빠르지만 소모전력은 비슷하다. 또한 회로선 폭이 나노 미터 수준이어서 현재보다 만 배정도 집적도가 높은 칩을 만들 수 있는 것으로 알려지고 있다(전자신문 2004년 10월 26일).

13 분자 전자공학 소자

앞에서 논의한 바와 같이 분자 전자공학(Molecular electronics 또는 줄여서 Molectronics) 분야의 대표적인 기술로는 양자점 셀룰라 오토마타(quantum dot cellular automata), 단일 전자 트랜지스터(single-electron transistor), 분자 전자공학(molectronics), 분자 계산 및 양자 계산(molectronics computing and quantum computing) 및 내결함(耐缺陷) 계산 구조(defect-tolerant computing structure) 등이 있는데 여기에서는 중요한 개념인 양자점(quantum dot)과 단일 전자 트랜지스터에 대하여 살펴 보기로 한다. 분자 구조로의 합성으로서 논리회로를 구성하는 분자계산(molectronics computing)이나, 양자 상태(quantum state)를 이용하여 정보를 저장하고 읽어내고 조작하는 양자계산(quantum computing)에 관하여는 관련 참고문헌이나 논문을 참고하기 바란다. 먼저 양자점(quantum dot)에 대하여 살펴보자.

13.1 양자점(quantum dot)

컴퓨터 칩을 만드는 데 사용되는 발전된 기술은, 여러 면에서 인공 원자(artificial atom)와 같이 행동하는, 제 각각의 위치 에너지 우물(potential energy well)을 형성하는데 이용될 수 있다. 이러한 위치 에너지 우물과 같은 구실을 갖도록 만든 구조를 양자점이라 부르는데 이 구조들은 전자광학(electron optics)이나 컴퓨터 기술(computer technology) 분야에 매우 중요하게 응용될 수 있다.

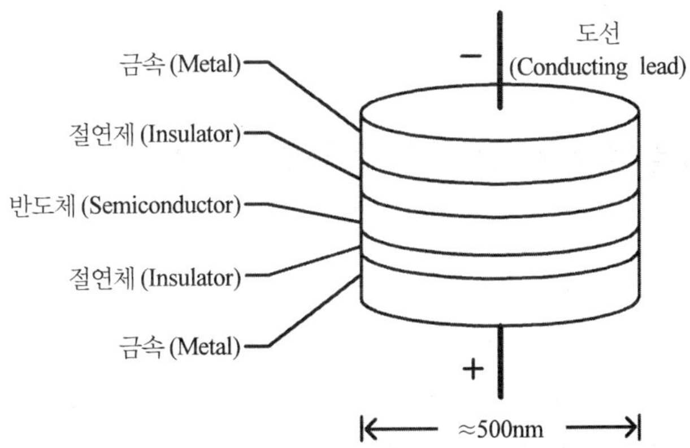

[그림 13.1] 인공 원자(artificial atom)로서의 양자점

그러한 양자점 구조는 [그림 13.1]에서와 같이 얇은 반도체층(semiconducting layer)이 두 개의 절연체층 사이에 샌드위치 형태로 끼워져 있는 형태로 주어지는데 두 절연체층에서 한 층이 다른 절연체층에 비하여 매우 얇은 구조를 갖고 있다.

가운데 층에 있는 반도체층은 위치 에너지 우물로써 전자가 포획(trap) 될 수 있는 지점이다. 반도체층 아래에 위치한 절연체층의 두께는 위에 위치한 절연체층에 비하여 매우 얇은데, 적절한 바이어스 전압이 양 리드선 사이에 인가될 때 전자가 반도체층으로 터널링 현상에 의하여 옮겨가서 포획되거나 또는 이와 반대로 반도체층에 있었던 전자가 빠져나와 소거될 수 있다. 두 절연층에서 두 리드선 쪽으로 도체층이 각각 추가적으로 형성되어 있으며 절연체층과 반도체층의 물질은 전자의 위치 에너지가 반도체층에서 가장 낮게 되도록 선정되어, 중앙에 위치한 반도체층이 위치 에너지 우물(potential energy well)의 구실을 하도록 되어 있다. [그림 13.1]에서 알 수 있듯이 반도체층 아래에 있는 절연체층은 위층에 비하여 상당히 얇은 층으로 구성되어 있기 때문에 두 리드선 양단에 가해진 전위차를 적절히 선택해주면 얇은 (반도체층 아래에 위치한) 절연층을 통하여 전자들이 터널링될 수 있다. 이러한 방법으로 반도체층에 형성된 위치 에너지 우물에 가둘 수 있는 전자수를 제어할 수 있게 된다.

따라서 이러한 구조는 원자들의 주위에 존재하면서 원자를 구성하고 있는 전자들의 개수가 제어될 수 있다는 점에서 인공적인 원자(artificial atom)로 볼 수 있다. 이러한 양자점(quantum dot)을 이차원적 평면 구조의 배열(array) 형태로 구성하게 되면 매우 빠른, 효율적인 속도와 큰 저장 용량을 지닌 계산기 시스템을 위한 훌륭한 기본 구조를 얻게 된다.

13.2 쿨롱 봉쇄와 단일 전자 트랜지스터

나노 크기의 구조에서는 단일 전자의 정전장의 축전 에너지에 의하여 전류의 흐름이 봉쇄될 수 있는데 이러한 단일 전자의 축전 에너지에 의한 전류의 봉쇄를 쿨롱 봉쇄(coulomb blockade)라고 한다. 이러한 쿨롱 봉쇄의 효과에 대한 가장 단순한 예는 다음 [그림 13.2]에서와 같이 한쪽(왼쪽) 리드선에서 오른쪽 리드선으로 고립된 금속 조각(metal island)을 통하여 일어나는 터널링 현상으로부터 살펴볼 수 있다.

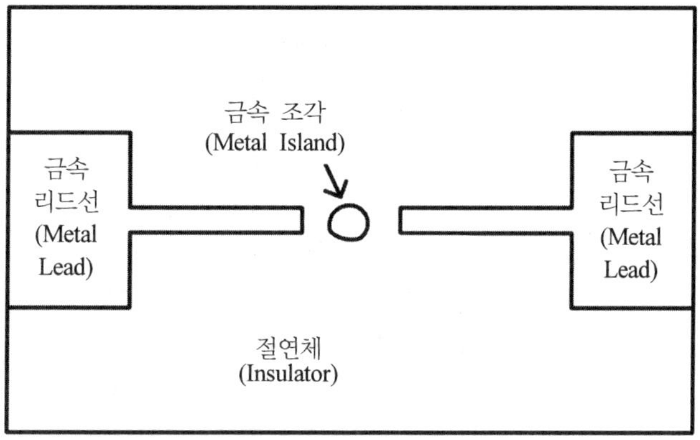

[그림 13.2] 두 개의 금속 리드선 사이에 절연된 상태로 고립되어 있는 금속 조각으로 구성된 터널링 접합(tunneling junction)

이 경우에 금속 조각(metal island)은 매우 작기 때문에 단일 전자로 충전되기 위해서는 상당한 양의 축전 에너지가 요구된다. 이렇게 하여 매우 작은 금속조각에 축전된 단일 전자에 의한 축전 에너지는 에너지 장벽으로 작용하여 두 리드선간의 전류의 흐름을 봉쇄한다. 이러한 메커니즘을 쿨롱 봉쇄(coulomb blockade)라고 한다.

쿨롱 봉쇄는 동작 원리는 다음과 같이 이해할 수 있다. 왼쪽과 오른쪽의 두 리드선으로부터 전기적으로 절연되어 있는 조그만 금속 조각은 충분히 작아서 자체의 커패시턴스 C가 매우 작기 때문에 한 개의 전자만 금속 조각에 충전시켜도 금속 조각의 에너지 상태(고전적으로는 축전 에너지)가 상당한 변화를 겪는다. 즉 이 경우의 에너지 상태는

$$E = \frac{q^2}{2C}$$

로 표현되는데 이 표현식에서 C가 매우 작기 때문에 에너지 E가 상당한 양이 된다. 따라서 왼쪽 리드선 도체내의 전자들 중에서 에너지가 $q^2/2C$에 해당하는 페르미 레벨보다 높은 전자만이 금속 조각으로 이동할 수 있다. 만일에 이러한 크기보다 작은 에너지를 갖고 있다면 왼쪽의 리드선으로부터 금속 조각으로의 터널링이 일어날 수 없기 때문에 전류가 흐를 수 없게 된다. 이렇게 해서 전류가 봉쇄(두절)된다. 물리적으로는 전류의 봉쇄(두절)를 [그림 13.3]에서와 같이 에너지 스펙트럼 상에 나타나는 에너지 띠에 의하여 기인된 것으로 이해할 수 있다.

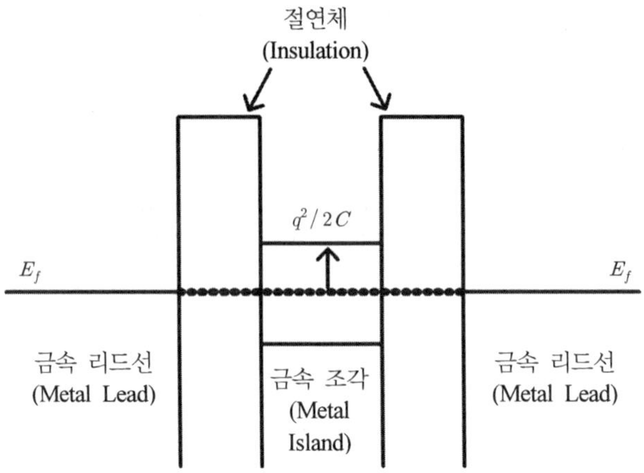

[그림 13.3] [그림 13.2]에 주어진 터널링 접합에 대한 에너지띠 구조

다시 이야기하면, 왼쪽 리드선 내의 페르미 레벨에 비하여 $q^2/2C$ 보다 큰 에너지를 지닌 전자들만 금속 조각(metal island)으로 터널링될 수 있고 동시에 페르미 레벨에 비하여 $-q^2/2C$ 보다 작은 에너지를 지닌 정공(hole)들만 터널링될 수 있다.

즉, [그림 13.3]으로부터 알 수 있듯이, 전자가 왼쪽 리드선에서 절연 공간을 넘어 금속 조각으로 터널링되기 위하여는 $q^2/2C$ 의 에너지를 지녀야 하므로, 이러한 에너지를 얻는 경우에만 터널링이 일어나서 전류가 흐르게 되고 그렇지 않은 경우에는 터널링이 일어날 수 없으므로 전류가 두절(봉쇄)된다.

앞에서 살펴본 절연된 금속 조각을 갖는 접합으로 구성된 소자 구조가 쿨롱 봉쇄(coulomb blockade) 효과를 설명하는 데 유익하기는 하지만 이보다 흥미로운 구조로서 좁은 반전층(narrow inversion layer)을 갖는 MOSFET 구조(gate로서 제어되는)가 있다. 실제의 구조는 [그림 13.4]에 도시되어 있는 바와 같이 두 개의 게이트로 구성되어 양자 도선(quantum wire)이 소스(source)와 드레인(drain) 사이에 형성되도록 되어 있다. 여기에서 양자 도선이란 도선과 같이 도선을 따르는 한 방향만으로 전자가 움직일 수 있는 일차원적인 도선을 의미하는데 앞에서 다룬 [그림 13.2]의 구조와 유사하다. 이러한 소자의 대표적인 그림을 [그림 13.4(a)]에 도시하였고 그러한 구조의 단면도를 [그림 13.4(b)]에 도시하였다. [그림 13.4(a)]에서 반전층(inversion layer)을 소스와 드레인 사이에 샌드위치처럼 끼워져 있는 형태로 도시하였는데 [그림 13.4(b)]로부터 이러한 소자의 동작 원리를 이해할 수 있다.

상대적으로 아래에 위치한 게이트는 접지시키거나 부(minus)의 전압으로 바이어스를 걸고 위에 위치한 게이트를 양의 전압으로 바이어스를 걸어주면 아래에 위치한 게이트의 (분리되어 있는) 두 부분 사이의 얇은 층에 전하의 반전층(inversion layer)이 생겨난다. 따라서 전자들이 이러한 반전층으로 이루어진 (양자) 도선을 통하여 소스에서 드레인으로 흘러갈 수 있게 된다.

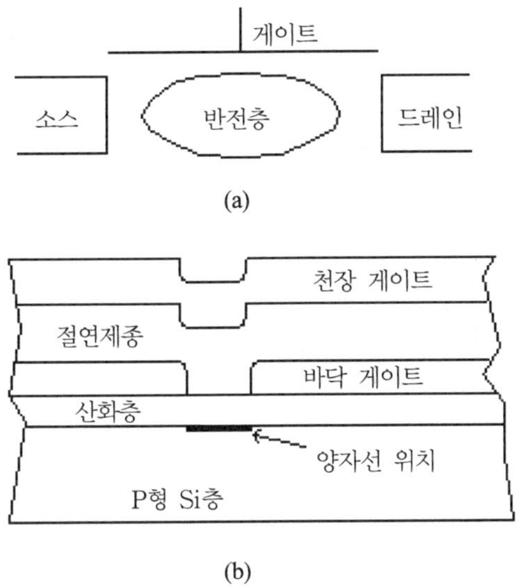

[그림 13.4] (a) 단일 전자 MOSFET 구조 (b) 양자 도선 구조를 갖는 MOSFET 소자의 단면도

지금 다루고 있는 MOSFET의 경우, 게이트 전압을 통한 추가적인 제어를 할 수 있다는 점이 의미가 있는 것이다. 즉 게이트 전압을 인가하게 되면 소스와 드레인 간에 형성된 반전층 내에 있는 전자 수를 제어할 수 있다. 게이트와 반전층 내에 있는 전자계(electron system) 사이의 전위차를 V_g라고 하면 트랜지스터(즉 MOSFET)의 반전층 내에 있는 전하 q의 정전기력 에너지 E는

$$E = -qV_g + \frac{q^2}{2C}$$

로 주어지는데 물론 여기에서 맨 위층 게이트는 양(positive)전압으로 바이어스되어 있는 경우를 다루고 있다. 이 식에서 두 번째 항은 소스와 드레인 사이에 형성된 반전층의 충전 에너지(charging energy)를 의미한다. 그리고 첫째 항이 부(minus)의 값으로 주어지는 것은 반전층 내의 전하와 게이트 전압에 의한 인력적인 상호 작용

(attractive interaction)을 의미하여, 둘째 항이 양의 값으로 주어지는 것은 반전층 내의 척력적인 상호작용(repulsive interaction)을 의미한다.

양자도선 MOSFET 소자가 보이는 매우 흥미로운 특징이 있는데 컨덕턴스가 인가전압에 따라 주기적으로 피크 치를 갖는다는 점이 그것이다. 비주기적인(aperiodic) 피크치들도 관찰되는데 이는 잡음(noise)에 기인된 것이지만 주기적인 피크치는 무엇인가 양자화되어 있다는 것을 의미한다. 이 경우에 양자화된 물리량은 전하량 그 자체이다. 주기적인 피크치, 즉 주기적인 변화의 원인은 다음과 같이 이해할 수가 있다. 컨덕턴스의 주기적인 변화(주기적인 피크치)는 온도에 의존적이라는 사실이 밝혀졌고, 이러한 사실만으로 어떤 트랩핑 메커니즘(trapping mechanism: 전자가 어떤 포텐셜 우물에 갇히는 현상)에 의한 작용에 기인된 것으로 이해될 수 있었다. 이러한 관찰결과는 $Si\text{-}Si0_2$ 경계면에서 불순물 전하분포(impurity charge distribution)가 온도에 의존된다는 사실에서 기인된다. 바로 이러한 경계면에서의 전하들이 반전층 내에서의 전위 장벽(potential barrier)을 만들어주기 때문에 양자 도선에서의 전하의 흐름에 대항하는 터널 장벽(tunnel barrier)을 형성하게 된다. 따라서 반전층에 추가적인 전자를 주입하기 위해서는, 전자들이 경계면에서 불순물 상태(interface impurity state)에 의하여 형성된 터널 장벽을 터널링 과정을 거쳐서 통과해야 한다. 지금 다루고 있는 구조(즉, 양자도선 MOSFET 구조)의 경우, 전형적으로 두 개의 불순물 상태가 반전층 채널에 존재하므로, 평균적으로 반전층 채널 내부에 두 개의 전위 장벽이 포함되어 있다. 이러한 이유로 전자들이 소스에서 드레인으로 흘러가려면, 다음 [그림 13.5]에 도시된 바와 같은 두 개의 전위 장벽을 통하여 터널링이 되어야 한다. 전술한 바와 같이 두 경계면 상태 전하들은 채널에서의 전자수송(electron transport)을 제한하는 전위 장벽을 형성하게 된다. 따라서 경계면 전하 상태에 의하여 형성된 전위 장벽은 앞에서 설명한 절연된 금속 조각(metal island)으로 구성된 접합 구조에서의 절연층(insulator layer)구조와 동일한 구실을 하게 된다. 이미 언급한 바와 같이 앞의 [그림 13.2]에 주어진 구조에서 금속 조각은 절연된 부분의 전위 장벽에 의하여 왼쪽과 오른쪽이 두 금속 리드선과 고립되어 있다.

이와 마찬가지로 양자 도선을 갖는 MOSFET 구조에서는, 경계면 상태 전하에 의하여 형성된 전위 장벽에 의하여 반전층 채널이 소스 영역이나 드레인 영역으로부터 고립되어 있다. 따라서 유사한 물리적 상황이 벌어지게 되는 것이다. 즉 고립된 영역으로, 다시 말해서, 금속 조각(metal island)이나 반전층 채널로 전자가 주입되려면, 전자들이 전위 장벽을 통한 터널링 과정을 거쳐야 한다는 것이다. 다시 말하면, 전

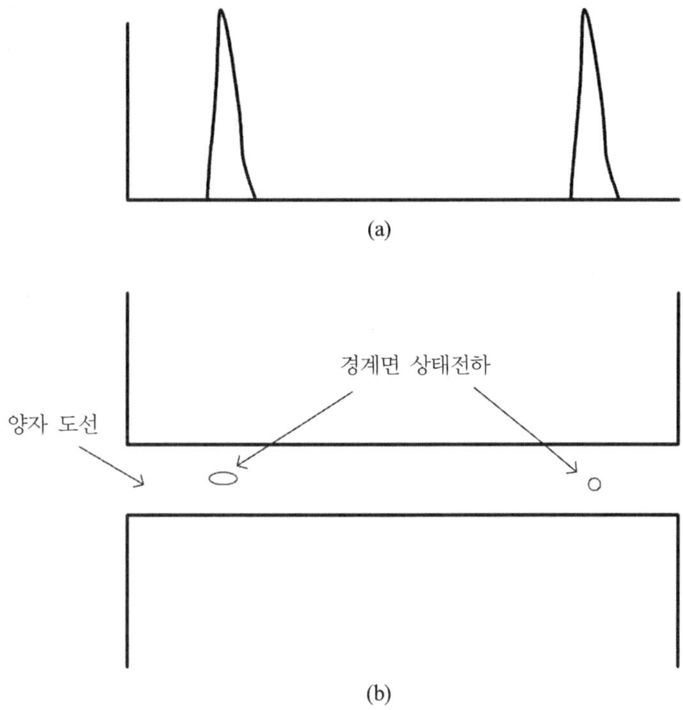

[그림 13.5] (a) 전위장벽 (b) MOSFET 소자 내에 있는 양자 도선 채널 내의 경계면 상태 전하의 공간적 위치

자의 에너지가 에너지 갭 준위(level)에 해당되는 에너지에 해당되지 않으면 쿨롱 봉쇄(Coulomb blockade)에 의하여 전자의 터널링이 일어날 수 없게 된다는 것이다.

따라서 게이트의 전압을 조정해줌으로써 전위 장벽의 크기를 가변하게 되어 소스에서 드레인으로의 전하 이동(전류)을 조절할 수 있게 되기 때문에 증폭과 같은 성능을 구현할 수 있게 되는 것이다. 더구나 본 구조에서의 터널링 과정은 전자 개개의 과정이므로 터널 접합을 통하여 흐르는 전하량은 단일 전하량의 정수배에 해당되는 매우 적은 양이기 때문에 소모 전력이나 스위칭 속도에 있어서 기존의 트랜지스터 소자에 비하여 큰 장점을 지닐 수가 있다.

따라서 고집적화가 가능할 뿐 아니라 전자 1개 만으로 데이터를 처리하므로(전술한 바와 같이) 전력 소비량을 현재 밀리와트에서 마이크로와트 수준으로 획기적으로 줄일 수 있다. 또한 전자 1개가 1비트의 정보를 저장할 수 있으므로 한 예로서 단일전자 트랜지스터를 이용하면 1테라 D램급 이상의 기억소자를 개발할 수 있을 것으로 전망된다.

1997년에 일본 전신 전화(NTT)는 소비전력이 종래의 약 10만분의 1인 저소비 전력 소자인 단일전자 트랜지스터를 집적화한 기술을 세계 최초로 개발하였다. NTT는 단일전자 트랜지스터 2개를 연결한 인버터 회로를 만들어 컴퓨터의 기본회로 제작에 성공했다. 이 회로는 소비전력뿐 아니라 크기도 종래의 약 100만분의 1 이하로 줄이는 데 성공했다.

우리나라에서는 2002년에 과학기술부 21세기 프론티어 연구개발사업의 일환으로 발족한 테라급 나노소자 개발 사업단에서 이를 개발하는 데 성공하였다. 이 개발로 인해 저소비 전력으로 고도의 기능을 갖는 차세대 통신기기와 컴퓨터 등의 개발이 가능해질 것으로 기대되고 있다. 그러나 실용화되기 위하여는 SNR과 같이 현실적인 문제와 직결된 상황에서 더 숙고해야 할 필요가 있다.

제1장 제2장 제3장 제4장 제5장 제6장 제7장 제8장 제9장 제10장

CHAPTER

제17장 제16장 제15장 **제14장** 제13장 제12장 제11장

14 분자 전자공학 특강 구성의 일례

여기에서 생각해 볼 화두는 우리가 분자 전자공학에 관한 강의를 대학교 4학년 과정이나 대학원 과정에서 개설할 때 어떻게 해야 하는지에 관한 것이다. 아직 분자 전자공학(Molecular Electronics)이 정규 과목으로 개설된 대학은 없다. 따라서 우리나라의 경우, 정규 과목으로 바로 도입하지 말고 특강(crash course)의 형식으로 2~3년 정도 이끌어가면서, 연구 방향이나 사용화 가능성 측면에서의 국내외 동향을 면밀히 검토하면서, 정규 과목으로 굳힐 시기를 적절히 선택해야 할 것이다. 여기에서는 미국의 노터데임 대학(University of Notre Dame)에서 2002년의 봄학기에 특강의 형식으로 개설되었던 분자 전자공학 과목의 진행 내용에 대하여 살펴보고자 한다.

최근 들어 분자 전자공학(molecular electronics)에 대한 일반의 관심이 고조되면서, 보다 많은 연구팀들이 이 분야의 연구에 과감히 참여하게 되면서, 이 분야에 대하여 관심을 갖는 학생들의 수도 증가하였다. 우리나라의 경우에 있어서도 유기 화합물을 이용하여 LED(Light Emitting Diode)나 FET(Field Effect Transistor) 그리고 태양 전지(Solar Cell) 등의 전자공학에서 많이 사용되는 전자 소자(electronic device)를 만드는 연구를 나름대로 진행해오고 있다. 우리나라의 경우의 이 분야 연구는 아직 분자 규모(molecule scale)의 전자공학에 다가선 것은 아니지만 앞으로는 분자 규모의 전자공학을 다루게 될 것으로 생각된다. 환언하면 우리의 경우는 아직은 기존의 고체 물리 소자 재료를 유기 화합물(organic material)로 대치하고 있는 수준인데 여기에서는 편의상 이 분야를 유기 전자공학(organo electronics)이라고 부르기로 하자. 이러한 유기 전자공학이 점차 분자 규모 단위로 물성이나 특성이 제어되면서 기존의 전자 소자들이 지니고 있던 성능들을 구현하게 되면 바로 우리가 지금 논의하고 있는 분자 전자공학(molecular) 분야로 옮겨갈 수 있는 것이다.

노터데임 대학의 분자 전자공학 특강은 최근 발표된 논문 중에서 비중이 큰 논문을 여러 편을 선택하여 학생들의 토론을 이끄는(student-led discussion) 방식으로 진행되었다. 학부 4학년생의 경우 1학기 정도였고, 대학원생의 경우 4주 정도의 시간이 할당되었다. 물론 강좌의 시작 부분은 5개 분야의 기본적인 예비지식 영역에 대한 담당교수의 강의로 이루어진다. 이 도입부에서는 담당교수가 특강에 필요한 기본 정보나 참고 자료 등을 정규 강의 형식으로 이끌어 가면서 가르치게 된다. 그리고 나서 특강의 대부분은 선정된 몇 개 논문에 대한 토론으로 진행된다. 학생들이 이러한 토론을 원활하게 그리고 의미 있게 할 수 있는 토론 진행 지침과 분자 전자공학 관련 분야에서 선정된 논문 목록이 제시된다. 이러한 목록에서, 지금 한창 발전해 나아가는 분야(분자 전자공학)에서 정평이 나있는 논문들, 즉 분자 레벨의 정류기(rectifier)에 관한 Aviram과 Ratner에 의한 이론적인 연구나 Adleman의 DNA 관련 계산에 관한 논문을 포함해서 분자 레벨의 컴퓨터 구조, QCA, SETs 그리고 크로스바 소자와 같은 논리 회로 기능이나 기억 소자 기능을 갖는 분자 스케일의 부품에 관한 보다 최근의 연구 결과들을 포함하고 있다. 물론 이와 다른 분야의 많은 논문들, 즉 소자 펩(fabrication)이나 계산 구조 또는 전도성 폴리머(conduction polymer)와 발광 소자(light emitting devices) 그리고 광전압 소자(photovoltaic devices)와 같은 주제에 대한 논문들도 포함될 수 있다. 이러한 주제들은 분자 전자공학이라는 제목 아래 잘 어울리는 주제이지만 이와는 달리 학생들이 원한다면 어떠한 주제라도 포함될 수 있다. 보다 유익한 특강이 되기 위한 노력의 일환으로써 토론의 지침(guideline)을 미리 정하는 것이 바람직하다.

■ **요구되는 기초 지식(Backgroud)**

선정된 논문들을 이해하는 데 필요한 핵심 지식들은 선정된 논문의 본질적 내용과 학생들의 기본 소양에 따라 달라지지만 적어도 본 강좌의 주제는 대략 다섯 부분의 강의로서 개략적으로 다루어질 수 있는데 아래 수록한 정도의 강의로도 (화학을 전공하는 학생들의 경우) 다음 절(section)에 수록된 분자 전자공학 관련 논문을 이해할 수 있는 기초 지식으로는 충분하다.

1) 펩(fabrication)

마이크로칩의 펩(microchip fabrication)[1]을 다루는 어떠한 서적도 광식각법(photolithography)을 이해할 수 있는 충분한 기초 자료가 된다. 또한 200nm 이하의 펩(fabrication)을 위한 다양한 방법들이 개괄적으로 잘 정리된 자료도 있다(Wallruff와 Hinsberg[2]). 최근에는 콜로이드 상태의 금속 입자(colloidal metal particles)에 대한 합성이나 특성 추출에 대하여도 개괄적으로 잘 정리된 자료가 나왔다[Bawendi et al.[3]]. 크로스바 소자(cross-bar device)의 주요 부품이기도 한 탄소 나노튜브[3]나 반도체 나노튜브[4] 또는 금속 나노튜브[5]에 대한 읽을 만한 논문도 발표된 바 있다.

2) 전자 회로 지식내용의 재음미

다이오드나 저항과 같은 회로 소자에 대한 회로적 표현이나 물리적 단위, 그리고 I-V 특성곡선이나 직렬 및 병렬 연결시의 특성 → 전자공학과 관련된 텍스트[예를 들면, Horowitz와 Hill[6]]에 정연하게 정리되어 있다.

3) 일정한 방향성을 지닌 분자 배열 구조

많은 분자 전자공학 소자에서 사용되는 thiol-on-gold SAM과 siloxane-on-oxide SAM에 대하여 완벽할 정도로 개괄적으로 정리된 논문(ulman[7])도 발표된 바 있다. 특히 그의 초기 저작[8]은 Langmuir-Blodget 필름을 상세히 다루고 있으며 LB 필름이나 SAM의 구조를 결정하는 데 사용되는 특성 추출 방법에 관하여 개괄적으로 잘 기술하고 있다.

4) 전기 화학 분야

일반적인 화학분야 텍스트[10]들은 분자의 산화 및 환원의 성질에 대하여 상세히 기술하고 있다. J. Chen. Ed(화학 교육 학술지)[11]에는 전극이나 사이클릭 볼타메트리(cyclic voltammetry)에 대하여 이해하기 쉽게 기술된 글들이 많이 소개되어 있다. 또한 단층으로 구성된 분자층 구조(molecular monolayer)에 전기적 접촉(electrical contact)을 만들고자 할 때 부딪치는 문제점들에 대하여 상세히 다룬 논문(Lindsey et al[12])도 발표된 바 있다. 그리고 분자 궤도 에너지 준위와 진공 에너지 준위간의 관계를 비교적 심도 있게 다룬 논문(Tian et al[13])도 읽을만한 가치가 있다.

5) DNA와 PCR(Adleman의 DNA 관련 계산 논문을 이해하는 데 필요한)

분자 생물학(molecular biology) 관련 분야의 대부분의 텍스트[14]에도 DNA 구조, 염기쌍(base pairing), 용융(melting)이나 부정합(mismatching), 그리고 필요한 열역학(thermodynamics), 프리머(primer)와 효소(enzyme) 그리고 젤 상태의 전기 이동법(gel-electrophoresis)에 대한 논의가 주어져 있다. PCR 기술에 대하여도 초심자들을 위하여 평이하게 기술된 자료[15]도 있고 동시에 보다 기술적으로 깊은 내용을 다룬 논문[16]도 최근에 발표된 바 있다.

■ 선정된 논문들과 그와 관련된 토의 지침

1) Molecular rectifiers, A. Aviram and M.A. Ratner, Chem. Phys. Lett, 29, 277-283, 1974 Alternatively, one could use the review by R. M. Metzger (J. Mater. Chem., 1999, 9, 2017-2036)

라트너(Ratner) 논문의 경우, 정류기(rectifier)가 무슨 기능을 하는가, 그리고 전류-전압(I-V) 특성 곡선이 어떤 형태를 띠어야 하는가를 잘 이해해야 한다. 특강 참석자(학생)들이, Fig.1과 Fig.2에서 어떤 분자들이 Fig.3의 에너지 준위 다이어그램과 어떻게 대응이 되는가에 대하여, 그리고 전자들이 양방향이나 부방향 바이어스 조건하에서 어떻게 운동하는가에 대하여 잘 이해하고 있는지 확인해야 한다. 또한 Fig.4와 Fig.6에 대하여도 잘 살펴보아야 한다. 메쯔거 논문의 경우 라트너 논문과 한 수업에서 논의하도록 하여 한 가지 소자 시스템에 (2031페이지) 초점을 맞추어 펩(fabrication), 특성 추출이나 모델링, 그리고 전기적인 특성 측정에 대하여 상세히 살펴보는 것이 바람직하다. 얻어진 자료에 대한 여러 가지 색다른 해석도 논의되고 있는데 정독이 요구되고 있다.

2) Molecular Computation of Solutions to Combinatorial Problems, L. M. Adleman, Science, 266, 1021-1024, 1994. (see also letters in Science 268, 481-484, 1995)

이 논문의 내용을 잘 이해하기 위해서는 PCR에 대한 충분한 사전적 지식이 요구된다. 1021페이지의 알고리즘과 PCR의 실험적 상황이 어떻게 연관되어 있는지 살펴보는 것이 토의의 관건이 된다. 최근에 발표된 표면에서의 DNA 계산에 대한연구 결과를 살펴 보는 것도 흥미로운 논의가 될 것이다.

3) Conductance of a Molecular Junction, M. A. Reed, C. Zhou, J. Muller, T. P. Burgin, J. M. Tour, Science 278, 252-253, 1997

Fig.1의 개략도와 관련하여 소자의 각 부분의 기능을 명확히 이해하는 것이 중요하며 Fig.3에 주어진 설계 구조와 다른 대안을 생각해내는 것도 흥미로운 문제가 될 수 있다. 이 논문의 주된 내용은 Fig.4에 주어져 있는 실험적인 측정 결과인데, 컨덕턴스가 전류에 따라 어떠한 특성을 보이는지에 대한 이해가 중요하며 학생들이 왜 갭(gap)이 생기는가 그리고 그러한 갭이 접합에서의 분자의 성질과 어떤 관계에 있는지에 대하여 명확하게 파악하고 있는지 확인해야 한다.

4) Self-assembly of single electron transistors and related devices, D. L. Feldheim and C. D. Keating, Chen. Soc. Revs. 27 1-22 1998.

이것은 매우 중요한 논문이면서도 하나의 연속된 수업 시간 이내에 논의될 수 있다. 여기에서는 쿨롱 봉쇄(Coulomb blockade, Fig.4)의 개념을 명확히 이해해야 한다. 그리고 커패시터의 성질을 다시 한번 검토하는 것도 유익할 것이다.

하나 또는 그 이상의 시스템을 뽑아서 펩(fabrication), 특성 추출이나 모델링 그리고 측정에 대하여 잘 살펴보아야 한다. 시간적 여유가 있으면 네 번째 절(section)에 있는 응용 분야 및 범위에 대하여 논의한다.

5) Papers on architecture : a) Device architecture for computing with quantum dots, C. S. Lent and P. D. Tougaw, Proc. IEEE 86, 541-557, 1997, b) A Defect Tolerant Computer Architecture : Opportunities for Nanotechnology, J. R. Heath, P. J. Kuekes, G. S. Snider, and R. S. Williams, Science, 280, 1716-1721, 1998, c) Architectures for Molecular Electronic Computers. I. Logic Structures and an Adder Built from Molecular Electronic Diodes (the pink book), James C. Ellenbogen and J. Christopher Love, Nanosystems Group, The MITRE Corporation, 1999, can be downloaded from

http://ww.mitre.org/technology.nanotech/Arch_for_MolecElec_Comp_1.html (accessed 7 May 2002)

분자 전자공학 분야에서 유용한 소자를 만들어 내기 위하여는 어느 정도의 전체적 시스템 구조에 대한 개략적이 개념들이 있어야 한다. 위에 주어진 세 개의 논문은 각각 단위 수업 시간의 주제로써 채택될 수 있다. 2개 이상의 논문을 한 단위 수업 시간에 논의하려고 할 필요는 없다. 구조(architecture)에 관한 논문의 경우, 어떻게 하여 각각의 기본적인 분자 소자들의 개념들이 결합되어 보다 큰 개념적 틀을 만들어 내는지에 대한 이해에 초점을 맞추어 토의를 진행해나가면 된다. 모든 참여 학생들은 첫째, 각 분자 소자들의 기능이 무엇인지. 둘째, 각 분자 소자들이 다른 분자 소자들과 어떻게 상호 작용을 하는지에 대하여 명확한 이해를 갖고 있어야 한다. 설계된 구조 자체 또한 펩(fabrication) 과정중에 생기는 오차(errors)를 처리할 수 있어야 하며 열 역학적인 변수(thermodynamic factor) 또한 중요한 의미를 지닐 수 있다. 따라서 실제적인 레벨에서의 구현을 논의하는 것이 유용하다. 즉 I/O를 어떻게 처리할 것인가? 구조(architecture)를 펩(fabrication)하는 데 힘든 작업이 무엇인가? 지금 고려중인 구조(architecture)는 다른 가능한 구조들과 어떻게 다른가? 등등의 구체적인 문제점을 따져 보는 것이 중요하다는 것이다.

6) Observation of Switching in a quantum-dot cellular automata cell, G. H. Bernstein, I. Amlani, A. O. Orlov, G. S. Lent, and G. L. Snider, Nanotechnology, 10, 166-173, 1999

앞에 나온 논문 5)의 b)에 대한 논의가 이루어지지 않은 경우라면, QCA 구조(architecture)의 개략적인 모습을 간단히 살펴 보는것을 출발점으로 하여 강의를 시작해도 좋을 것이다. 그러나 만일 이미 논문 5b)에 대한 논의가 이루어진 경우라면, Fig.1에 주어진 셀(cell)과 렌트(Lent)와 투거(Tougaw)에 의하여 논의되었던 셀들간의 차이점에 대한 질문을 출발점으로 시작해도 된다. 이러한 셀에 대한 두 개의 개념적인 표현이 물리적인 구현 형태(physical implementation)와 어떻게 관련되어 있는가에 관한 이해를 확실히 하기 위하여 Fig.3는 보다 상세히 논의되어야 한다. 셀의 전하 분포 상태를 조사하기 위하여 컨덕턴스와 SET 일렉트로 미터(electrometer)의 두 가지 방법이 사용되는데, 이러한 두 가지 방법을 함께 논의하여야 한다. 시간 사정이 용납되는 경우, 학생들에게 물리적으로 보다 큰 스케일의 구현 형태에 대한 문제를 논의할 기회를 주는 것도 바람직하다.

7) Electronically Configurable Molecular-Based Logic Gates, C. P. Collier; E. W. Wong, M. Belohradsky, F. M. Raymo, J. F. Stodart, P. J. Kuekes, R. S. Williams, and J. R. Heath, Science 285, 391-394, 1999

이러한 소자들을 다루어 보는 것은 학생들에게 많은 도움이 된다. 많은 학생들이 실제적으로 소자가 어떻게 구성되고 어떻게 생겼는지 그리고 Fig.1의 개념적인 구조와 어떠한 관계에 있는지를 이해하는 데 어려움을 겪는다. 로텍세인(rotaxane)이 소자에 어떻게 결합되어 있는지를 학생들이 잘 이해하고 있는지 확인해야 한다. 공진 터널링(resonant tunneling) 개념은 매우 중요한 개념이며 Fig.1c와 함께 논의되어야 한다. 그리고 나서 Fig.3에 주어져 있는 실험적 데이터를 상세히 살펴보아야 한다. 여기에서의 목표는, 전극의 페르미 준위(Electrode Fermi Level)가 변하면서 분자에 어떠한 변화가 생기는가를 명확히 이해하는 일이다. Fig.4에서는, 학생들이 기본적인 소자가 어떠한 기능을 하고 어떻게 작동되는지 그리고 동시에 배열 형태의 크로스바 구조에서의 전류 행로(path of current)가 어떻게 구성되는지를 잘 이해해야 한다.

8) Logic gates and computation from assembled nanowire building blocks, Y. Huang; X. F. Duan; Y. Cui, L. J. Lauhon; K. H. Kim; C. M. Liber, Science 294, 1313-1317, 2001. Logic Circuits Carbon Nanotube Transistors, A. Bachtold, P. Hadley, T. Nakanishi, and C. Dekker, Science 294, 1317-1320. 2001

여기에 주어진 두 논문을 잘 이해하기 위하여는 pn 접합과 FET(Field Effect Transistor: 전계 효과 트랜지스터)를 이해하는 데 필요한 예비 지식이 필요한데, 보다 유익한 토론을 위하여 이들 예비 지식에 대하여 간단히 살펴보는 것도 매우 유익하다. 리버(Lieber) 논문의 경우, 먼저 나노 와이어(nanowire)의 도핑 방법과 형성(조립) 방법을 포함하는 펩(fabrication) 과정에 대하여 다루고 난 후 I-V (전압-전류) 특성을 측정하는 방법을 다루고 이어서 Fig.2의 논리 게이트(logic gate)를 논의한다. 여기에서는 물리적으로(최종적으로) 구현된 형태가 회로 다이어그램과 어떠한 관계에 있는지, 그리고 진리치표(truth table)들 중에 적어도 한 단계를 지나가는 단계와 어떤 관계에 있는지를 이해하는 것이 필요하다.

데커(Dekker)의 논문은 전술한 리버의 논문과 밀접한 관계를 지니므로 두 논문을 모두 논의하는 것은 필요하지 않고 동일한 수업 시간에 다루면 된다. 이 논문의 경우도 펩(fabrication) 과정부터 시작하고 나서 십자 형태(crossed)를 지닌 나노튜브의 전기적인 성질에 대한 측정 과정이나 결과를 논의 하면 된다. 어디에서 게이트 전압(gate voltage)이 인가되고, 그러한 인가 전압이 전도도(conductivity)에 어떠한 영향을 주는지를 명확하게 이해해야 한다. 시간적 여유가 있으면 Fig.4에 주어진 소자들 중에서 한두 개 소자를 선택해서 논의하면 된다.

■ 참고 문헌(본 참고 문헌은 14장에 필요한 내용임.)

1. For example, Microchip Fabrication, P. Van Zant, 4th Ed. McGraw-Hill, NY, 2000, chapter 4.

2. Lighographic Imaging Techniques for the Formation of Nanoscale Features. Wallruff, G. M. and Hinsberg, W. D.; Chem. Rev. (1999) 99(7) 1801-1821.

3. Synthesis and Characterization of Monodisoers Nanocrystals and Close-packed Nanocrustal Assemblies, Murray CB, Kagan CR, Bawendi MG, Ann, Rev. Mater. Sci., (2000) 30 543-610.

4. Nanotubes from Carbon, Ajayan, P. M. (1999) 99(7) 1787-1800.

5. a) Synthetic Control of the Diameter and Length of Single Crystal Semi-conductor nanowires, Gudiksen, M. S.; Wang, J. ; and Lieber, C. M. J. Phys. Chem. B (2001), 105(19) 4062-4064. b) Template synthesis of metal nanowires containing monolayer molecular junctions, Mbindyo JKN, Mallouk TE, Mattzela JB, et al. JACS (2002) 124(15 4020-4026.

6. The Art of Electronics, 2nd Ed., Paul Horowitz and Winfield Hill; Cambridge, Cambridge University Press: 1989. See Ch. 1 and first half of Ch. 2.

7. Formation and Structure of Self-assembled Monolayers, A. Ulman, Chem Rev. (1996) 96 1533-1554.

8. An Introduction to Ultrathin Organic Films : from Langmuir-Blodgett to self assembly. Ulman, Abraham ; Boston : Academic Press, 1991.

9. For example, Principles of Modern Chemistry, 4th Ed., D. W. Oxtoby, H. P. Gillis, and N. H. Nachtrieb, Brooks/Cole 2002, pp. 174-176 and Ch. 12.

10. Understanding Electrochemistry : Some General Concepts, Larry R. Faulkner, J. Chem. Ed. 1983, 60, 262-264.

11. An Introduction to Cyclic Voltammetry, Gary A. Mabbott, J. Chem. Ed., 1983, 60, 697-701.

12. Making Electrical Contacts to Molecular Monolayers, XD, Zarate X, Tomfohr J, Sankey OF, Primak A, Moore AL, Moore TA, Gust D, Harris G, Lindsay SM, Nanotechnology (2003) 13(1) 5-14.

13. Current-Voltage Characteristics of Self-Assembled Monolayers by Scanning Tunneling Microscopy, S. Datta, W. Tian. S. Hong, R. Reifenberger, J. I. Henderson, and C. P. Kubiak, Phys. Reb. Lett. (1997) 79, 2530-2533.

14. See for example Molecular Cell Biology, 3rd Ed., H. Lodish, D. Baltimore, A. Berk, S. L. Zipursky, P. Matsudaira, and J. Darnell, New York : Scientific Amercal Books : 1995, pp 101-119 and Ch 7. Also of interest : Programmed Materials Synthesis with DNA, Storhoff, J. J. and Mirkin, C. A., Chem. Rev. (1999) 99(7) 1849-1862.

15. PCR, Mullis, K. B., Sci. Am. (1990) 262(4) p. 56-65.

16. Specific Synthesis of DNA in Vitro via a Polymerase-Catalyzed Chain Reaction, Mulis, K. B. and Faloona, F. Methods Enzmol. (1987) 155 335-350.

17. DNA Computing on Surfaces, Liu QH, Wang LM, Frutos AG, Condon AE, Corn RM, Smith LM, Nature (2000) 403 (6766) : 175-179.

15 향후 전자공학

진공관 시대를 거쳐 반도체 시대의 고집적 회로 시대를 맞고 있는 전자공학은 보다 높은 집적도와 소형화를 향하여 발전해 나아가고 있다. 집적도에 관하여는 반도체의 집적도는 1년 6개월마다 2배씩 증가하여 PC가 정보산업 발전의 원동력이 될 것이라는 무어의 법칙이 그 타당성을 인정받아왔지만 이제는 무어의 법칙도 그 타당성을 잃어 갈 듯하다. 최근에 주장된 신성장 이론 즉 컴퓨터는 2005년부터 모바일 기기와 디지털 가전에 자리를 빼앗길 것이며 모바일의 핵심부품은 플래시 메모리가 되고 이 메모리의 집적도는 무어가 주장한 바와 같이 1년 6개월마다 2배로 증가하는 것이 아니라, 1년에 2배, 2년에 4배가 늘어나며 이러한 기술이 향후 반도체 산업의 중심이 될 것이라는 견해도 설득력을 지니고 있는 상황이다.

생각해 보자. 불원간 휴대폰 단말기에도 원래의 통신기능은 물론 방송 서비스까지 흡수하게 되고 휴대 인터넷 서비스까지 포함될 것이다. 따라서 PC가 모바일 안으로 들어가게 될 것이다. 하나의 소형화된 단말기로 다기능의 서비스를 담당하는 시대가 되는 셈이다.

본론에서 살펴본 바와 같이 소형화 추세가 가속화되면서 반도체를 근간으로 하는 집적회로의 소자기술 분야에 새로운 변혁이 시작되어가고 있다. 고체 물리학을 기본으로 하여 이루어졌던 소자와 집적회로들이 마이크로 소자에서 분자단위로 구성되는 소자로 대치되어 갈 가능성들이 열리고 있는 것이다. 제조기술이나 실험기술이 메소스코픽 스케일(mesoscopic scale)의 세계로 옮겨져왔다. 소형화 과정이 계속되면서 전자공학은 소재면에서도 큰 변혁을 겪어 나아가게 되는데, 대표적인 분야가 바로 유기물질을 이용하여 소자를 만들어서 구성하게 되는 유기 전자공학 분야(organ electronics)가 된다. 지난 40년간은 무기물질인 실리콘과 갈륨 아스나이드와 같은 반도체, 실리콘 다이옥사이드(SiO_2)와 같은 절연체와 알루미늄인 구리와 같은 금속 전도체 소자들이 반도체 산업의 근간을 이루어온 것은 잘 알려진 사실이다. 그러나 일각에서는 다양한 합성방법이나 셀프 어셈블리(self-assembly) 기술을 사용하여 유기물(폴리머나 올리고머와 같은)이나 복합체 형태의 물질(organic-inorganic composite)의 반도체적인 성질, 전도성 그리고 발광효율을 발전시키려는 노력이 꾸준히 이루어져왔고 이러한 노력의 결과 형성된 분야가 유기 전자공학(organo-electronics)분야를 구성하게 되었다. 전도성 폴리머는 물론 LED나 FET, 그리고 솔라셀 등이 꾸준히 연구되어 오고 있다.

한편 분자 전자공학(molecular electronics)이라는 용어도 널리 사용되고 있으며 더 나아가서 강의로도 개설되고 있는 상황이다. 줄여서 moletronic라고도 불리는 이 분야는 앞서 논의한 유기 전자공학(organo-electronics)과도 내용상 상당부분 중복되어 있다. 분자 전자공학이 부각되는 이유는 첫째로, 여러 번 논의한 바와 같이 현재의 소형화 추세가 계속된다면 1~20년 내에 트랜지스터와 같이 대표적인 반도체 소자도 분자규모(molecular scale) 정도의 크기로 될 것이며, 둘째, 다양하고 흥미로운 전자적 성질을 지니고 있는 무수히 많은 분자들이 존재하기 때문이다. DNA와 RNA에 관한 구조 연구도 이 분야에 포함된다. 분자구조 제어를 통하여 단일 전자 트랜지스터는 물론 분자 규모의 모터(molecular motor)나 발진기(molecular oscillator)나 센서의 제작도 가능할 것으로 예측되고 있다. 가장 간단한 예로서 단일 유기분자(single organic molecule)를 사용하여 정류기(rectifier)나 그 외 간단한 기능을 갖는 회로를 구현할 수 있다.

그리고 분자 전자공학의 또 다른 중요 연구 분야로는 초분자구조(supra molecular) 설계 분야가 있는데 특히 빛을 흡수해서 여기된 전자를 인접한 분자로 전이해주는 구조를 태양 에너지 변환소자(solar cell과 같은) 관점에서 활발히 연구하고 있다. 이 분야의 연구는 디스플레이나 센서 분야를 포함하는 Photovoltaics 관련 분야의 주요 화두이다. 물론 본문에서 논의한 광합성 문제와도 직결되어 있다.

이와는 달리 최근 부상되고 있는 분야로는 spin-electronics가 있다. 지금까지 반도체 관련 전자공학 분야에서, 집적회로나 트랜지스터와 레이저 소자로서 사용되어 왔던 물질들은 실리콘이나 갈륨 아스나이드(GaAs)와 같이, 전하 수송체의 에너지가 스핀 방향과 관계 없는 비자성 물질(non-magnetic)이 대부분이었다.

하지만 소자 크기가 소형화의 극한으로 접근하게 되는 나노 구조(nano-structure)의 경우에는, 스핀간의 상호작용이 보다 현저해지기 때문에 스핀의 존재가 유익하고도 실제적인 의미를 갖게 된다. 따라서 자성체의 성질과 반도체의 성질을 모두 지니고 있는 자성 반도체(magnetic semiconductor)의 경우의 분자(또는 원자)간의 상호작용(interaction)은 보다 현저하게 스핀과 관련된 현상을 보이게 된다. 재료 과학의 발전으로 말미암아 35족의 복합 반도체(compound semiconductor)가 개발되었으며 이미 전자소자로서 사용되고 있다. 또한 비자성체 분야의 양자 구조와 나노 구조에서 이룩된 연구영역에서의 발전에 힘입어, 전하와 스핀간의 에너지 분배의 자유도(degree of freedom)를 제어할 수 있게 되었다.

반도체 관련 스핀 전자공학(semiconductor spin electronics)은 대략 다음의 두 가지 분야로 분류될 수 있다. 첫 번째 분야는 자성 관련 전자공학 (magneto-electronics) 분야가 되겠는데, 이 분야에서는 자성체의 성질을 띤 반도체나 또는 반도체와 자성체를 결합한 구조를 이용하여 자성체의 성능을 반도체 시료에 병합하여 새로운 기능을 구현하려는 노력들이 시도되어오고 있다. 예를 들어, 이 분야의 연구는, 반도체 소자나 회로부로 집적화될 수 있는 광학용의 아이솔레이터(optical isolator)나 자기센서(magnetic sensor), 그리고 비휘발성의 메모리 소자(non-volatile memories)와 같은 반도체 소자(semiconductor device) 분야의 발전으로 이어질 것이다. 만일에 인가된 전장이나 입사된 빛에 의하여 자성이나 스핀이 제어될 수 있다면, 이전에는 구현이 가능치 못했던 기능들을 지닌, 참으로 새로운 소자들이 개발되는 것이 충분히 가능하게 될 것이다.

두 번째의 다른 분야는 아마도 양자스핀 전자공학(quantum spin electronics)로서 가장 적절하게 표현될 수 있는 분야가 될 것이다. 이 분야에서는 반도체 물질 내에서 스핀의 양자 역학적인 성질을 공학적으로 이용하는 데 그 초점이 맞추어진다. 예를 들자면, 자성을 띠지 않는 비자성 반도체(non-magnetic semiconductor) 내에서 존재하는 다양한 형태의 스핀은 전기적인 분극(electrical polarization)에 비하여 가간섭성시간(coherence time)이 매우 길고 빛이나 전장에 의하여 제어될 수 있기 때문에 스핀을 양자 역학적인 실체(quantum mechanical entity)로서 다루기가 상대적으로 용이하게 된다. 이러한 가능성 때문에 스핀이라고 하는 현상은 고전 물리적이나 양자 역학적인 학문이나 기술분야 모두에서 새로운 시대를 예고하고 있는 것이다.

지금까지 우리는 현재의 전자공학 분야에서 새로이 부각되고 있는 단어들 즉 유기 전자공학(organo-electronics) 그리고 스핀 전자공학(spin electronics)에 대하여 살펴보았는데 이러한 단어들의 뉘앙스로부터 앞으로의 전자공학의 기술적 방향은 기존의 전자공학의 경계를 넘어 나노(10_m^{-9}) 스케일의 물리학과 화학분야로 향해 나아간다는 의미에서 나노 기술(nano technology) 쪽으로 발전할 것임을 확인할 수 있다. 틀림없이 나노 기술은 새로운 소자들을 만들어 내는 데 큰 역할을 할 것이다. 그러나 새로운 해법(solution)을 얻는 문제들을 풀어나아가는 데는 아직도 많은 문제들을 포함하고 있다.

여하튼 전자 몇 개 또는 전자의 스핀 상태를 제어하여 전기적인 신호를 처리하거나 메모리에 저장하는 시대를 맞이할 채비를 하고 있는 시점이다. 이미 살펴본 바와 같이 기원전 6세기경에 그리스 이오니아 지방의 자연 철학자(natural philosopher)들에게 마찰전기(triboelectricity)와 천연 자석(magnet)인 로드스톤은 알려져 있었다. 여기에서 마찰전기 현상이란 두 물체, 예를 들어 호박(amber)와 모피(fur)를 마찰시키면 이러한 물체들이 지푸라기 조각이나 새의 깃털 등을 끌어당기는 힘으로 작용하는 현상을 의미한다. 18C가 되어서야 두 물체를 마찰시킬 때 무언가가 한 물체에서 다른 물체로 옮겨간다는 인식을 하게 되고, 19C 후반 톰슨(J. J. Thomson)에 의하여 음극선관 실험을 통하여 전자(electron)의 존재가 실증되면서, 마찰전기 현상에서 무언가 흘러간다고 하는 그 유체가 바로 전자임이 밝혀지게 된다. 그 직후 러더포드(Rutheford)에 의하여 원자핵이 밝혀지게 된다. 화학 분야에서도 돌턴의 원자설이 제기된 바 있었는데 이러한 모든 과정을 통하여 물질의 구성에 대하여 알려지게 된 것이다. 이렇게 해서 그리스 철학자인 데모크리투스의 원자설에 대한 과학적 인식이 형성되어진 것이 바로 20C 초반에 해당되고 그 직후 양자역학 분야가 발전하게 된다.

한편 18C 프랑스의 앙뻬르는 천연 자석 내부에는 amperian current라고 하는 고리 형태의 전류가 흐르고 있다는 가정을 하였는데 이러한 개념은 자성체의 성질을 형성하는 스핀의 초창기의 개념으로 생각될 수 있다. 여하튼 기원전 6C부터 인식되어졌던 마찰전기와 천연자석이 20C 초반에 와서 전자의 이동과 전하체의 스핀운동에 기인되어진다는 사실이 확인된 셈이다. 이미 전술한 바와 같이 20C 초반에의 인류에서 있어서 지적인 영역이 가장 왕성했던 분야는 물질의 궁극적인 구조를 밝히는 문제와 전파의 실용화 문제였다. 따라서 물리학(특히 양자역학)과 전파의 응용 분야로서의 통신공학이 엄청난 속도로 발전하게 되었고 이러한 통신공학에서의 제조 기술의 발전에 따라, 코히러에서 진공관으로, 진공관 시대에서 반도체 시대로 반도체의 시대는 집적회로(IC) 시대로 옮겨가면서 점차 소형화와 다기능화를 구현하는 시대로 발전되어가고 있다.

마찰전기를 일으키는 물질은 유전물질 종류이며 천연자석은 자성체의 일종이었으며 마찰전기의 물리적 원인은 전자의 이동으로, 자성체의 성질은 전하체의 스핀으로 이해해왔던 역사를 밟아온 것이다.

최근의 전자공학은 다양한 서비스의 통합 시스템으로 움직이면서, 즉 예를 들면 통신이나 방송이나 휴대 인터넷 등의 서비스를 단말기 하나로 구현하는 방향으로 움직여가면서 필요한 전자소자 및 전체 시스템의 소형화 추세로 비약적으로 발전해가고 있다. 유기 전자공학(organo-electronics), 분자 전자공학(molecular electronics) 그리고 스핀 전자공학(spin electronics)의 등장은 참으로 자연스럽게 느껴지는 발전 과정일 수 있다. 인류역사의 시점에서 던져진 두 가지 질문 즉 마찰전기와 자석 현상이 원인으로서의 전자의 이동과 전하체의 스핀은 현재에 들어서 나노 기술(nano-technology) 분야에서 신호처리와 정보저장의 다양한 모습으로 강조되었다.

16 학문적 경향

요즈음 자연과학이라고 하는 것, 즉 물리학, 화학 그리고 생물학 등을 통틀어서 일컫는 자연과학은 실제로는 그리스 자연철학에 뿌리를 둔 자연철학에서 발전되고 분리되어 구성된 분야였다. 즉 학문의 발전에 의해서 자연철학은 해체되고 다양하고, 보다 전문적인 학문으로 세분화되어왔던 것이다. 그러나 요즈음 우리가 겪고 있는 학문의 지대한 발전은 세분화된 전문 분야의 장벽을 제거해가고 있다. 한 예로 소형화 추세가 가속화되면서 모든 소자기술은 나노 테크놀로지 영역으로 들어오게 된다. 소형화 추세에 따른 소자 및 집적회로의 설계 및 제조 기술이 발전의 결과이면서 역으로 그러한 기술의 발전을 촉발시키는 원인으로써의 나노 테크놀로지는 나노미터 구조에 대한 공학적인 조작을 목표로 하게 되었으며 나노 전자공학이나 미생물이나 생화학 분야 등에 커다란 영향을 미칠 것으로 기대되고 있다.

과학적인 관심영역으로 논의한다면 거시적 단계(macroscopic stage)에서 메소스코픽 단계(mesoscopic stage: 고전 물리학과 양자 역학 사이의 영역)를 거쳐 미시적인 단계(microscopic stage)로 관심영역이나 공학적인 제어능력(또는 조작 능력)이 발전되어 이동하고 있는 추세이다. 따라서 기술적 학문적인 최종의 단계는 전하체(전자)의 움직임(AC적 DC적인 경우 모두), 전하체의 분극(polarization), 전하체의 스핀 현상들을 미시적인 규모의 세계 근처 즉, 나노 스케일 영역에서 원하는 성능에 부합하도록 조작할 수 있는 단계가 될 것이다.

이러한 분야의 연구를 위하여 필요한 지식으로는 고체물리(solid state physics)와 전기자기학과 통계 물리가 필수적이라고 말할 수 있는데 특히 양자 수송이론(quantum theory of transport) 분야가 강조되어야 할 것이다. DNA 구조에서의 전도 메커니즘(conduction mechanism)이나 단백질 구조 규명에 있어서도 양자 수송이론이 중요한 역할을 하게 될 것이다. 화학 분야에서 필요한 내용으로는 양자 화학(quantum chemistry)과 초분자 화학(supra-molecular chemistry) 등이 중요한 역할을 할 것인데 양자화학의 내용은 양자 역학과 더불어 그 중요성이 더욱 강조될 것이다. 이러한 지식을 배경으로 하여, 본서에서 논의한 전자공학의 개념적 구성요소(검파, 증폭, 여파, 비선형성 그리고 파라미터릭 증폭, 발진의 개념과 변조 및 압축 등)들을 조합하여 어떠한(필요한) 시스템을 구성할 것인가에 대한 전반적인 견해(overview)를 갖추도록 노력해야 할 것이다.

17 이동통신 기술의 발전 동향

– 표준화를 중심으로 –

이동통신 기술은 1세대 아날로그 통신 이래로 2세대 음성중심의 디지털 통신, 3세대 멀티미디어 지원 초고속 디지털 통신으로 발전하여 왔다. 이러한 각 세대별 기술들은 통신이라는 특성으로 국제 표준화 작업을 거쳐 표준규격으로 제정된다. 제정된 표준기술 기반으로 장비 제조업체는 연동이 되는 시스템과 단말을 제조할 수 있고 서비스 주파수를 확보한 사업자는 장비업체의 시스템으로 핵심망을 구축하고 가입자가 가진 이동단말의 제조사에 관계 없이 안정적인 서비스를 제공할 수 있게 된다.

1세대 아날로그 통신에 있어서, 유럽의 경우 다양한 아날로그 통신방식이 산재했는데 450MHz 대역과 900MHz 대역을 사용하는 스웨덴 및 북구 유럽의 NMT(Nordic Mobile Telephone) 시스템과 450MHz 대역의 독일과 포르투갈 C-450 시스템, 192.5MHz와 428MHz의 대역에서 4개의 대역을 제공하는 프랑스 Radiocom2000 시스템, 영국의 TACS(Total Access Communication System) 등이 대표적이다. 미국은 AMPS(Advanced Mobile Phone Service), 일본은 1979년 시작한 셀룰러 카폰 방식의 1세대 통신 규격을 갖고 있다. 이러한 1세대 통신 방식간에는 호환성이 없어 사용자가 나라나 지역 간의 이동에는 별도의 전용 단말을 사용해야 하는 큰 불편함이 있었다.

2세대 디지털 통신은 음성을 디지털 기술로 처리하여 잡음에 강인한 특성을 가지며 단문 메시지(SMS: Short Message Service)와 같은 데이터 통신도 지원한다. 미국의 경우 흔히 CDMA로 알려진 퀄컴의 IS-95를 미국 전자공업협회/통신산업협회(EIA/TIA)가 정식규격으로 채택하였으며 한국이 이를 바탕으로 한 상용 시스템을 세계 최초로 개발하여 1996년부터 CDMA 서비스를 제공하였다. 전세계 2세대 이동통신 시장의 70% 이상을 점하는 GSM(Global System for Mobile Communication)은 1988년 설립된 유럽전기통신표준협회(ETSI: European Telecommunications Standards Institute)가 GSM 표준규격을 제정하였고 1992년 독일에서 처음 상용화가 이루어졌으며 현재 유럽, 아시아, 아메리카, 오세아니아, 아프리카 120여 개국에서 서비스되는 실질적인 세계 표준방식이다.

2세대 독자 이동통신 규격 PDC (Personal Digital Cellular)를 고집했던 일본은 세계 시장에서 철저히 소외된 경험을 가지고 있어 3세대 이동통신 표준 선점을 위한 준비를 90년 중반부터 시작했다. GSM에 기반한 3세대 이동통신 기술로 5Mhz 반송파 대역폭에 최대 2Mbps의 데이터 전송이 가능한 WCDMA(Wide CDMA)를 유럽의 ETSI와 공동으로 표준기술 제정을 주도해 미국형 3세대 이동통신 기술인 cdma2000에 비해 우월적 시장 지배력을 확보한 상황이다.

4세대 이동통신에 대한 구체적 모습은 드러난게 없지만 일반적인 컨센서스는 다음과 같다. 전송 속도는 50Mbps에서 100Mbps를 지원하고, 주파수와 통신 방식 별 하드웨어로 구현되던 모뎀 기능을 소프트웨어로 구현하는 SDR(Software Defined Radio)을 채용한다. 또한 디지털 방송과 연동되며, IPv6 프로토콜을 수용한다. 그리고 IEEE 802 계열의 무선통신 기술인 와이브로(WiBro), 무선랜(WLAN), 블루투스(Blutooth) 등과의 연동을 지원한다. 현재 4세대 휴대 전화 시스템에 대한 개발 상황은 기본 개념과 기술 개발, 표준화 과제 정도를 정의한 수준으로 4세대에 대한 실용화 연구 및 규격화는 ITU-R WP8F에서의 4세대 이동통신 서비스를 위한 주파수 소요량 연구결과에 따라 4세대 이동통신 주파수 대역이 확정되는 WRC-07(2007년 8월) 이후부터 시작할 예정이다.

용어설명

- IPv6(Internet Protocol version 6) : 128비트의 주소 체계를 가지고 있어 32비트 주소체계에 42억 개의 주소수를 가진 IPv4에 비하여 약 30배에 달하는 주소수를 가지고 있고 유니캐스트 · 멀티캐스트 · 애니캐스트 등 3가지 유형의 주소를 지원한다.
- IEEE 802 : 전미전기전자학회(IEEE)가 제정한 근거리통신기술(LAN: Local Area Network) 표준
- **와이브로** : 이동하면서도 초고속 인터넷을 이용할 수 있는 무선 휴대 인터넷
- **무선랜** : 전파나 적외선 전송방식을 이용하는 근거리 통신망(LAN)
- **블루투스** : 근거리에 놓여 있는 컴퓨터와 이동단말기 가전제품 등을 무선으로 연결하여 쌍방향으로 실시간 통신을 가능하게 해주는 규격. 1994년 스웨덴의 에릭슨(Ericsson)사가 처음 연구하였으며, 1998년 2월 에릭슨이 주축이 되어 IBM · 인텔 · 노키아 · 도시바 등이 참여하여 결성한 블루투스 SIG(Special Interest Group)에 의해 본격화된 후 2001년 12월 마이크로소프트와 3Com · 루슨트테크놀러지 · 모토롤라 등의 참여로 전세계적 규격으로 자리잡음.

맺음말(Concluding Remarks)

여기에서 주어진 논의는 전자공학 즉 IT영역 내부 전공간의 부족한 상호 이해와, 전자공학과 기초과학(물리학이나 화학 및 생물학 등의)간의 편협한 관계나 고립적인 상황을 극복하는 데 도움이 되고자 하는 바램으로 기술된 것이다. 즉, 전자공학과 관련된 삶을 살면서 이러한 삶 속에서 우리의 전공이 자연과학 및 공학에서 어떤 의미를 지니는지를 되뇌어 보고, 앞으로 우리가 지적인(또는 학문적인) 영역에서 무엇을 어떻게 추구해야 하는지에 대한 물음에 우리 스스로의 답변을 준비해야 한다는 의무감을 환기하고자 하는 뜻에서 기술한 것이다. 이를 위하여 우리 각자가 나약한 부분이 되지 말고, 우리가 속한 학문 분야의 전체 속에서, 전체에 대한 충분한 이해의 바탕 위에 보다 나은 전체를 구성하려는 의지를 갖고 사는 '부분'이 되려면 우리가 속한 학문 전체에 대한 우리 나름대로의 종합적인 인식이 필요한 것이다. 이 책은 이러한 필요성에 의하여 집필된 것이다. 이러한 분야의 노력으로써 이제 겨우 걸음마 수준인 것을 누가 모르랴만 이러한 작업은 계속되어야 한다. 이 책은 상당 부분 수정되어야 하는 화두를 담았다. 사회 구성원으로부터 비판받고 수정하고 변화하고 발전해야 할 화두가 던져졌다고 받아들이기를 바란다. 우리가 사는 사회(특히 IT와 관련된 분야)에 의미 있는 화두를 엮는다는 것은 매우 고통스러운 작업이었으며, 그것도 짧은 작업 기한에 마쳐야 하는 힘든 상황이었다. 그렇지만 전자공학 분야(특히 전파공학을 중심으로)의 필요한 역사적 내용과 현재의 우리가 전자공학을 공부하면서 이해해야 하는 개념들에 대한 재음미와 비판, 그리고 전자공학(IT관련 분야)의 현 위치와 앞으로의 발전 방향 등을 담도록 노력했다.

따라서 전자공학 분야에서 (우리가 학부 시절 배울 때) 깊은 생각 없이 받아들여 왔던 페이저 개념이나 임피던스 개념 그리고 KCL(Kirchoff's current law)이나 전자공학 전반에서 개념적으로 중요한 도구인 저항 R과 커패시턴스 C와 인덕턴스 L의 개념들에 대하여 기존의 교재 수준보다 상세하게 설명하고자 노력하였고 전자공학에서의 개념적 단위들을 구성하고 있는 검파, 정류, 증폭, 여파, 도파, 변복조, 압축 등의 개념들을 잘 분류하여 설명하고자 하였다.

본문에서도 논의된 바 있지만, 넓은 의미에서 전자공학은 신호와 에너지를 다루는 학문 영역으로 볼 수 있다. 자연계에서 신호와 에너지를 다루고 있는 분야는 생명체의 신경계(neuron)와 광합성 분야가 된다. 따라서 이러한 주제들을 의도적으로 다루었다. 더구나 이 분야는 BT와 NT 분야에서도 가장 소중한 분야이며 전자공학의 미래의 발전 방향을 시사하고 있는 듯하다.

그리고 점차 나노 기술 시대에 들어서면서 새로운 소재, 즉 전도성 폴리머나 탄소나노튜브 등이 계속적으로 언론에 보도되는 시점에서, 이 신소재들에 대한 실용적 연구로서 중요한 의미를 갖는 양자 수송이론(Quantum Theory of Transport)과 옴(Ohm)의 법칙의 관련성을 부각시키려 노력하였는데 이러한 관련성은 공학적으로, 이론적으로 전자공학 분야의 학생들에게 매우 중요한 주제로 다가올 것이다.

그리고 현재의 IT 분야의 학분이 앞으로 유기 전자공학(organ electronics)이나 분자 전자공학(molecular electronics)과 스핀 전자공학(spin electronics) 등의 다양한 분야로 변화하고 발전해나아가면서 새로운 기술 시대로 진입해가는 과정들에 대하여 논의함으로써 우리가 어떤 식으로 학제간의 공동 연구를 통하여 IT 분야의 학문 및 기술 분야를 발전시켜 나아갈지에 대한 질문에 도움이 되도록 하였다.

글로벌 시대에 중요한 의미를 갖는 표준화에 대한 논의도 간략하게 끝부분에 수록하였다.

찾아보기

[숫자]

2극 진공관 38
2진 PSK 85
4진 PSK 85

[A]

absolute permitivity 138
action potential 151, 153
Adhesion 209, 210
adhesive force 187
Adleman 256, 257
AF 마이크로스코프 206
afferent neuron 149
AFM: Atomic Force Microscope 206
AM 신호의 복조 79
AM: Amplitude Modulation 77
amber 8, 269
amplification 46, 49
Amplitude Modulation 41, 77
AMPS 277
Angle Modulation 77, 80
angular velocity 80
animal electricity 13
Armstrong 83
array 165, 246
artificial magnet 5
artificial photosynthetic system 162
ASK: Amplitude Shift Keying 85
atom cluster 186
Aviram 256
Avogadro number 219
axon 149, 151

[B]

band gap energy 226
bar magnet 4
barrier 203
Bawendi 262
Benjamin Franklin 10
BER: Bit Error Rate 85
Binig 207
biotechnology 161, 191
bipolar transistor 173
Bluetooth 90, 278
Boltzmann constant 221
BPSK: Binary PSK 85

[C]

C 115, 117, 124
calorimetric device 40
canonical ensemble 228
capacitance 33, 131, 132, 138
capacitor 60, 127, 131, 151
capillary force 209
capture effect 84
carbon microphone 18
carrier 41, 81, 172, 177
carrier signal 75
CDMA 177, 277
center of reaction 159, 160, 161
characterization 214
charge packet 6
charging energy 249
Charles DuFay 9

Charles Lieber 216
chemical battery 118
chemical bond 162
chlorophyll 159
Chong-Wu Zhou 215
circular aperture 196
CMOS 174
coenergy 133
coherence time 269
coherer 25, 26, 168
coil 139, 142
combination tone 45
compound semiconductor 174, 268
Concept of Near Field Scanning Optical Microscopy 195
conductance 119
conduction current 112, 117
conductivity 119, 237
conductor 12, 121, 219
confined potential 231
conservation of charge 10
consumer electronics 183
contact mode 207
Coulomb blockade 246, 247, 248, 251
critical frequency 54
crystal detector 29
crystal diode detector 39
cytoplasm 150, 151

[D]

dark reaction 159
DARPA(Defense Advanced Research Projects Agency) 214
data processing 183, 184
decay length 204
deemphasis 84
defect-tolerant computing 245
demodulation 76, 79
dendrimer 162
dendrites 149
density matrix 232
derivatived polymer 162
detector 26
detector structure 25
diffraction 199
diffusion equation 16
Digital Carrier Systems 85
diode detection 80
direct bandgap 174
Discrete Cosine Transform 68
dispersion force 209
distortionless 18
distributed circuit analysis 15
distributed element 57, 109
DNA 191, 256, 257
draft human genome 214
DRAM 58
drift velocity 109, 125, 219, 220, 222
Drude 224
Drude model 226
DSB-LC 79
DSB-SC: Double Side Band-Suppressed Carrier 77
DSB-TC 79
dynamic equilibrium 112
dynamic RAM 60

[E]

EAPS 234
eddy current 139

EEPROM 58
efferent neuron 149
eigen value 228
electric susceptibility 137
electrical conductivity 206
electromagnetic wave 3
electromotic force 50
electromotive force 125
electromotive force: $e.m.f.$ 154
electron beam lithography 216
electron microscope 202
electron optics 245
electron transfer 161
electron transport 161
electron volt 205
electrostatic transmission 11
Elizabeth 8
Embedded 87
$e.m.f.$ 50
energy band 219
equilibrium state 230
ETSI 277
exterior fluid 151
external body fluid 150

[F]

Fairchild 173
FCC 82
FDM: Frequency Division Multiplexing 19
feedback loop 205
Fermi distribution 109
Fermi distribution function 226
FET: Field Effect Transistor 173
filter concept 51
Flash 58
fluid mechanics 119
FM: Frequency Modulation 77
FN tunneling 64
forcing function 50
FRAM 59, 64
Fraster Stoddart 216
Frechet 162
free electron gas 220
free electron gas model 223
Frequency Assignment 76
frequency diversity 177
frequency modulation 41
frequency multiplier 83
friction 209
fringing electric field 122
FSK: Frequency Shift Keying 85

[G]

G. Binig 202
galvanometer 16
Gauss 15
Gaussian surface 106
Gibbs 228
global optimization 86
Gordon Moore 173
GPS 91
GSM 277

[H]

H. Rohrer 202
Hamiltonian 230
Harmonic generation 35
harmonic oscillator 46

HBT 174
Heaviside 17
Helmholtz free energy 229
HEMT 174
Henry 15
Hertz 3
heterojuction 175
high pass filter 56
Hill 256
Hinsberg 256
Hodgkin 154
hole 161, 172, 248
Horowitz 256
Huffman code 71
human genome project 191
Huxley 154

[I]

IEE 16
IEEE 16
IEEE 802 278
Impedance Concept 99
IMT(International Mobile Telecommunication) 2000 176
indirect bandgap 175
induced current 139
induction forces 209
induction loading 18
inertial mass 134
instantaneous frequency 81
insulator 12, 121, 219
integrated circuit 113
Intel corporation 173
interaction force 206
interaction intensity 186
interdisciplinary cowork 166
interface effect 185
interference effect 186
Inverse Fourier Transform 98
inverse square law 7
ion-ion core repulsion 209
ion-ion repulsion force 207
IPv6 278
IRE 16
ITRS 58

[J]

J. Chen. Ed 257
J. J. Thomson 155, 270
James Heath 216
Jim Tour 216
Joule's heat loss 120

[K]

KDP 36
Kirchhoff Current Laws(KCL) 101
Kohlraush 3

[L]

L 115, 117, 124
ladder network 52
Langmuir-Blodget 257
laser beam deflection detecting technique 207
LED: Light Emitting Device 165
Lennard-Jones 210
Lenz's law 139
light reaction 159
light-harvest 162

lightening 13
limiter 83
Lindsey 257
linearity 176
Liouvill equation 232
lipid membrane 162
liquid crystalline material 213
Local Probe Method 186
loop current 5
Lorentzian function 234
LSB: Lower Side Band 77
LSI 173
Lumped element 57, 109, 110

[M]

M. Fizeau 7
Magdeburg 8
magnetic semiconductor 268
magneto-electronics 268
many coupled oscillator structure 51
Marconi 3
Mark Reed 216
Mark Wiser 89
maximum frequency deviation 82
Maxwell 14
MBE 175
mean free path 109
measure 208
microscopic energy state 228
microtechnology 185
Millikan 11
miniaturization 183
MMIC: Monolithic Microwave Integrated Circuit 177
mobility 40
MOCVD 175
modulated signal 75
modulating signal 75
molecular computing 214
Molecular electronics 245
moletronics 179
Moore's law 173
MOSFET 59
most probable distribution 228
motor neuron 149
MSI 173
multi-path fading 176
muscular dystrophy 155
myelin sheath 153
M-ary PSK 85

[N]

nano-structure 268
nanoscience 183
nanotechnology 183
Narrowband FM 82
natural philosopher 269
natural philosophy 15
Near Field Scanning Microscopy 191
nearby scatterer 199
nerve fiber 149
nervous system 149
Neuron 147
NMT 277
node of ranvier 153
noise power spectral density 84
non-conservative 141
non-destructive testing 195
non-heme 166
non-magnetic semiconductor 269

nonlinear relation 43
nonlinearities 34
Norton equivalent current generator 130
NTT 252

[O]

OFDM 177
Ohm's law 97, 110, 117, 119, 219
Oliver Heaviside 17
one-fluid theory 10
organ electronics 267
organic LED 214
organic material 255
organo electronics 255, 268
orientation force 209
Ovonic unified memory 67

[P]

PAN 90
parametric 46
partition function 228
PCR 257
PDC 277
pendulum 46
permanent dipole moment 136
perturbation 41
perturbation procedure 37
phase modulation 41
phonon 226, 233
photo absorption rate 235
photo-voltaic device 214
photomultiplier 39
photon 159, 160
photosynthesis 159
photosystem 160
photo-detector 174
piezo coefficient 208
piezodrive 205
piezoelectric transducer 205
pilot carrier 80
PLL 80
plum-pudding model 28
PM: Phase Modulation 77
polarization 135
polarization energy 233
Polymer 67
pore 150
porphyrin 163
post-miniaturization 188
potential well 203
preemphasis 84
propagation loss 176
PSD: Position Sensitive Detector 208
Pulse Code Modulation 75
pumping frequency 50

[Q]

QPSK: Quadrature PSK 85
quantization 70
quantum device 178
quantum dot 245
quantum dot cellular automata 179
quantum energy 219
quantum energy state 219, 228
quantum mechanics 184
quantum spin electronics 269
quantum statistical mechanics 228
Quantum Theory of Transport 231, 273, 280

quantum transport theory 226

[R]

R 115, 117
radio broadcasting industry 21
radio conductor 26
Radiocom2000 277
RAM 58
Ratner 257
Rayleigh 195
Rayleigh criterion 195
Real-Time Operating System 88
rectification 38
rectifier 38
refresh 60
relative permitivity 137
relaxation time 183
resistivity 119, 121
resolution 186, 199
resolvability 195
resonance energy transfer 160
resonance transfer 160
resonant tunneling 260
resting potential 151, 152
RFID 90
Robert Metzger 215
Robert Noyce 173
ROM 58
Rutheford 270

[S]

salutatory conduction 154
sample surface 203
scanning technique 206
Scanning Tunneling Microscope 186, 202
scattering factor 235
scattering fctor function 235
Schrdinger equation 228
Scots Magazine 12
SDR 278
self resonance 144
sensory neuron 149
shadowing 176
Shannon 174
signal distortion 15
single-electron transistor 178
single-electron transistors 179
SMS 277
SNR: Signal to Noise Ratio 76, 205
SoC: System on Chip 92
Society of Telegraph Engineers 16
sol-gel glasses 162
solid state physics 273
solid state science 188
Special Pair: SP 163
spin-electronics 268
spread spectrum 177
SSI 173
stationary state 230
steady state 112
STM: Scanning Tunneling Microscope 186
STMicroelectronics 66
stray capacitance 125, 144
subcarrier 76
Sulphur 8
super coil 166
surface effect 185
surface polarization charge 136

synapse 149
synchronous detection 79

[T]

TACS 277
telegraph transmission line 15
Thales 8
theory of transport 185
thermal motion 220
thermal velocity 220
thermionic diode 38
thermodynamic equation 229
Thevinin equivalent voltage generator 130
Thomson 110, 167
threshold effect 84
threshold value 151
Tian 257
Tomalia 162
tone modulation 82
topography 187, 204
transient phenomena 124
transient state 112
transistor 60
transmission line concept 51
trapping mechanism 250
triboelectricity 269
triode amplifier 19

[U]

ulman 257
ULSI 173
University of Leyden 13
University of Notre Dame 255
unmyelinated axon 153
USB: Upper Side Band 77
UWB 90

[V]

vacuum tube 119
vacuum tube amplifier 19
Van Der Wahls' force 187
variational calculus 108
VCO(voltage controlled oscillator) 83
VLSI 173
Von Guerick 8
VSB: Vestigial Side Band 78

[W]

Wallruff 256
WCDMA 277
Weber 3
white noise 84
WiBro 278
Wideband FM 82
William Gilbert 8
wireless telegraphy 21
WLAN 278
work function 205

[Z]

zeolite 162
zig-zag 스캐닝 72
ZigBee 90

[ㄱ]

가우스 15
가우스 정리 15
가우시안 표면 106
각변조 77, 80, 81
각속도 80, 81
각주파수 81
간섭효과 186
간접천이 갭 175
갈바니 13
감쇄길이 204
검류계 16
검파 29, 39, 79, 273, 279
검파 구조 25, 30
검파기 25, 29, 31, 40
결함 음조 45
계면효과 185
고리 전류 5
고역 통과 여파기 56
고유 값 228, 231
고조파 생성 35
고집적 회로 전공 92
고착작용 25
고체 물리 과학 188, 189
고체물리 273
공명 에너지 전달 160
공명 전달 160, 161
공진 터널링 260
공진 현상 32, 33
공진 회로 48, 50
과도상태 112, 124
과도현상 124
관성질량 134
광 체배기 39
광 흡수율 235
광계 160
광대역 주파수변조 82
광석 검파기 29
광석 다이오드 검파기 39
광속 14
광자 160
광전소자 214
광탐지 소자 174
광포집 163
광합성 159
구동함수 50
구속 포텐셜 231
구심성 뉴런 149
국부 탐침 방법 186
궤환 루프 205
궤환 회로 205
근거리 주사 현미경 기술 191
근육 장애 155
근접장 주사 광학 현미경 개념 195
기억소자 25, 58
기전력 125, 127, 128, 154
깁스 228

[ㄴ]

나노 구조 268
나노 튜브 216
나노과학 183
나노기술 183
내결함 계산 구조 179, 245
노터데임 대학 255
노턴 등가 전류 전원 130
뉴런 149

[ㄷ]

다결합 공진 구조 51, 52
다이오드 검파 80

다중경로 페이딩 176
단문 메시지 277
단일 전자 트랜지스터 178, 179, 245
단진자 46
단진자의 운동 방정식 48
대역 확산 177
데커 261
덴드라이트 149
덴드리머 162
도약형 전도 154
동기 검파 79
동물 전기 13
동적 평형 112
동조회로 33
드 포레 31
드루드 모델 223
드브로이 178, 202
디엠퍼시스 84
디지털 변조 시스템 85
디텍터 208

[ㄹ]

라디오 방송 산업 21
라디오 콘덕터 26
라이덴 축전기 13
랑비에 마디 153
러더포드 28, 270
레나드-존스 포텐셜 210
레이저 광원 174
레일리 195
레일리 판별기준 195
렌츠의 법칙 139
로러 202
로렌츠 함수 234
로지 26
리 드 포레스트 19
리미터 83
리버 261
리오빌 방정식 232

[ㅁ]

마르코니 3, 7, 14, 168
마이크로프로세서 86
마찰력 209, 210
마찰전기 269
막대자석 4
맥스웰 3, 14
맴돌이 전류 139
명반응 159
모세관 힘 209
무선랜 278
무선장비 175
무선전신 21
무어의 법칙 173
무왜 조건 18
문턱값 151, 201
미세 기계공학 183
미세 기술 185
미세 전자공학 183
미시적 에너지 상태 228
미연방통신위원회 82
민생용 전자공학 분야 183
밀도 행렬 232

[ㅂ]

바딘 172
바레이 25, 26
반 이튼 31
반데르 발스힘 187

반도체 219
반도체 기술 241
반송파 41, 81
반응 중심 159, 161
발광소자 165
방위력 209
배열 165, 246
백색잡음 84
번개 13
범용 운영체제 88
벤자민 프랭크린 10, 13
변조 19, 25, 41
변조신호 75, 77, 81
변환기 205
보어 28
보제-아인슈타인 분포함수 237
복조 76
복합 반도체 268
볼쯔만 상수 221
부반송파 76
부착력 209, 210
부호화 효율 68, 70, 72
분극 에너지 233
분산력 209
분산소자 109
분자 전자공학
179, 245, 255, 267, 270, 280
분자계산 분야 214
분포 소자 57
분포회로 해석 15
분해능 186, 199
브라운 33
브랑리 26
브래튼 171, 172
블루투스 278
비니히 202, 207
비보전적인 전계 127
비선형성 34
비선형적인 관계 43
비자성 반도체 269
비트오류확률 85
비파괴 검사 195
비헴 166
빛 에너지 159, 227
빛의 속도 14

[ㅅ]

사다리 형태의 회로 52
산란 인자 235
산란 인자 함수 235
산란체 199
삼극 진공관 19
상관도 68
상대 유전율 137
상측파대 77
상태화 방정식 228, 230
상호 작용력 206
상호작용의 세기 186
생명과학 분야 161
샤논 174
샤를 듀페이 9
선형성 176
섭동과정 37
섭성시간 269
세공 150
세포질 150, 151
센서 네트워크 90
소형화 183, 184, 188
소형화 기술 이후 188
소형화 추세 178, 213, 267, 270, 273
쇼클리 171

수송이론 185, 226, 231
수신기 45
수초 153
수초 덮개 153, 155
수퍼 코일 166
순시주파수 81
순시치 97
슈뢰딩거 방정식 228
스페셜 페어 163
시냅스 149
시료 표면 203
시스템 온칩 기술 92
신경 섬유 149
신경계 40, 149
신호대 잡음 전력비 76
신호대 잡음비 205
신호왜곡 177
실시간 운영체제 88
쌍극성 트랜지스터 173

[ㅇ]

알렉산드로 볼타 13
암반응 159
암영효과 176
압전 드라이브 205
압전 상수 208
압축 67
앙페르 3, 14
액손 149, 151
액정 물질 213
양공 172
양자 소자 178
양자 수송이론 226, 227, 273, 280
양자 에너지 219
양자 역학 184
양자 통계 역학 228
양자스핀 전자공학 269
양자적 에너지 상태 228
양자점 245, 246
양자점 셀룰라 오토마타 245
양자화 70
양측파대 77
에너지 띠 219
에너지띠간 에너지 226
에드윈 암스트롱 31
에디슨 효과 28
에딘버러 15
여파기 개념 51
역사 14
열 역학적인 변수 259
열량계 소자 40
열역학 방정식 229
열적 속력 220, 221
엽록소 159
영구 쌍극자 능률 136
옴의 법칙 97, 110, 117, 119, 219
와이브로 278
외르스테드 13
외부 체액 150
원심성 뉴런 149
원자 집단 186
원자력 현미경 206
원자의 분극 135
원형 개구 196
윌리엄 톰슨 15
위상고정회로 80, 83
위상변조 41, 77, 81
위트스톤 15
유기 LED 214
유기 전자공학 255, 268, 270, 280
유기 화합물 255

유기전류 139
유도력 209
유동속도 125, 219, 220
유럽전기통신표준협회 277
유무선 네트워크 91
유비쿼터스 네트워크 컴퓨팅 88
유선통신 12
유체 역학 119
유체이론 10
유황 8
윤곽 208
음성변조 75
이동도 40, 215
이동통신 기술 275, 277
이산 여현 변환 68
이온-이온 척력 210
이완 시간 183, 220
인간 유전자 프로젝트 190
인간의 유전자 지도 214
인공적인 광합성계 162
인덕턴스 115, 117
인덕턴스 L 279
인텔 173
일본 전신 전화 252
임계 주파수 54
임계 현상 84
임베디드 시스템 85
임피던스 개념 99

[ㅈ]

자료처리 183, 184
자성 관련 전자공학 268
자성 반도체 268
자승 법칙 40
자연 철학 167
자연 철학자 269
자유전자 기체 220
자유전자 기체 모델 223, 226
자유전자 기체 모형 220
자체공진 144
잔류 측파대 78
잡음전력 스펙트럼 84
저역 통과 여파기 56
저잡음 수신기 175
저항 97, 110
전계 효과 트랜지스터 173, 174
전기 감수율 137
전기 전도도 206
전기자기학 143
전도도 108, 119, 219, 237, 261
전도전류 117
전도체 121
전력증폭기 21
전송선 개념 13, 51
전송선 이론 22, 57
전신용 전송선 15
전역 최적화 86
전위 우물 203
전자 볼트 205
전자 빔 식각법 216
전자 현미경 183, 184, 202
전자광학 245
전자기 유도법칙 14
전자기파 3, 7
전자석 5
전자수송 250
전자의 열적 운동 220
전자전달 214
전파 검출기 26
전파속도 219
전파손실 176

전파전파 58
전하 패킷 6
전하의 보존 10
전화 17
절대 유전율 138
절연체 12, 121
접착력 187
접촉 모드 207
정류 38, 171
정류기 38, 255, 257, 268
정상 상태 112, 124
정적 상태 230
정전 용량 131, 151
정전기의 전송 11
정준 앙상블 228
정지 전위 151
정지 전위차 152
졸-겔 유리물질 162
주사 방식 206
주사 터널링 현미경 186, 202, 215
주파수 다이버시티 177
주파수 다중화 80
주파수 분할 다중방식 19
주파수 체배기 83
주파수변조 41, 77, 81, 85
주파수분할다중 76
주파수편이 키잉 85
주파수할당 76
줄 열 108, 219, 238
줄 열 손실 227
중합 유도체 162
중합체 162
증폭기 18, 19
지능형 헬스 케어 91
지올라이트 162
지질막 162
지형도 204
직접천이 갭 174
직접회로 270
진공관 119, 171
진공관 증폭기 19
진폭변조 41, 77, 85
진폭편이 키잉 85
집적회로 113
집적회로 형태 177
집중소자 57, 109, 110

[ㅊ]

최대 주파수 변이 82
최소 소모 에너지 조건 108
최적 분포 228
충전 에너지 249
측정 영역 214

[ㅋ]

카본 마이크로폰 18
캘빈경 15
커패시터 60, 127, 131, 151
커패시턴스 115, 117, 132
컨덕턴스 119
코일 20, 139, 142
코일 장하 18, 20
코히러 25, 26
쿡 15
쿨롱 봉쇄 246, 247, 248, 251, 258
키르히호프 제 1법칙 129
키르히호프 제 2법칙 129

[ㅌ]

탄소 나노튜브 반도체 241

터널링 전류 202, 208
테브닌 등가 전압 전원 130
텔레메틱스 91
톤 변조 82
톰슨 15, 167, 270
통계 물리 273
트랩핑 메커니즘 250
특성 모델링 214

[ㅍ]

파라미트릭 46
파라미트릭 발진기 49
파일럿 신호 80
펄스부호변조 75
펌핑 주파수 50
페러데이 14
페르디난드 III세 8
페르미 분포식 226
페르미-디랙 분포 함수 236, 237
페이저양 97
펩 256, 258, 259, 261
편향 탐지 기술 207
평균 사영 연산자 방법 234
평균 상태 230
평균 자유행로 109
평행 2선식 110
포논 226
포르피린 163
폴란드의 라이덴 대학 13
표동속도 109
표류 정전용량 144
표류용량 113, 125
표면 분극 전하 136
표면효과 185
표준화 275
푸리에 변환 공식 69
프리엠퍼시스 84
프린징 전계 122, 133
플래밍 29
플럼-푸딩 모델 28
피뢰기 25, 26
피변조 신호 75

[ㅎ]

하측파대 77
학문적 경향 271
학제간 공동 연구 166
해상도 195
향후 전자공학 265
헤르츠 3
헤테로 접합 175
헨리 15
헬름홀츠 자유 에너지 229
현미경 195
협대역 주파수변조 82
형광 159
호박 8, 269
홈 네트워크 89
화학 배터리 118
화학결합 162
화합물 반도체 174
확산 방정식 16
활동 전위차 151, 152
회로부 29
회절 199

■ 저자 약력

조영기

1978년: 서울대학교 전자공학과 (공학사)

1981년: 한국과학기술원 전기 및 전자공학과 (공학석사)

1998년: 한국과학기술원 전기 및 전자공학과 (공학박사)

1981년~현재: 경북대학교 전기전자컴퓨터학부 교수

1992년~현재: 국제전파연합(URSI) Commission B Fields & Waves,
Korean representative

2004년~현재: 한국전자파학회 수석 부회장

정가 15,000원

전자공학의 구조와 흐름

2007년 9월 22일 초판 인쇄
2007년 10월 1일 초판 발행
저 자 : 조 영 기
발행자 : 이 연 우 · 우 명 찬
발행처 : 홍릉과학출판사
주 소 : 서울시 강북구 수유5동 455-60
142-885
등 록 : 1976년 10월 21일 제5-66호
전 화 : 999-2274 ~ 5, 996-8341, 903-7037
팩 스 : 905-6729
e-mail: hongpub@hongpub.co.kr
www.hongpub.co.kr